SECURING THE CLICKS

Network Security in the Age of Social Media

社会化媒体与企业安全

社会化媒体的安全威胁与应对策略

（美） Gary Bahadur　Jason Inasi　Alex de Carvalho　著

姚军　等译

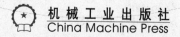

机械工业出版社
China Machine Press

水能载舟，亦能覆舟，社会化媒体在给企业带来机遇和价值的同时，也给企业带来了潜在的威胁。本书通过生动的实例、专家的经验，讲述了在新的社会化媒体中，企业如何建立起一套行之有效的社会化媒体安全策略。书中以一家虚构的公司为例，根据成熟的安全模型，从人力资源、资源利用、财务、运营和声誉五大部分，概述了企业在社会化媒体时代可能面临的安全威胁和相应的对策，不仅提供了社会化媒体使用管理、危机管理、声誉管理中的理论指导，而且提供了许多具有极高操作性的实用管理方法以及软件工具，帮助企业打造安全的网络防御能力，并能够通过模型不断扩展更新自身的安全防御手段。

　　本书按照实施社会化媒体安全框架的过程分为五个部分。第一部分：评估社会化媒体安全，主要介绍了如何确定企业环境中与社会化媒体使用相关的情况。第二部分：评估社会化媒体威胁，深入分析威胁对机构的影响。第三部分：运营、策略和过程，介绍了如何控制组织中社会化媒体的使用方式。第四部分：监控和报告，介绍如何实现监控和报告公司社会化媒体活动（内部和外部）的工具和技术。第五部分：社会化媒体 3.0，汇总了本书的主要知识，以及如何实现本书概述的流程，开发评估机构对社会化媒体利用情况的安全战略。

　　本书适合一般公司的全体人员阅读，特别是信息技术、人力资源（HR）、市场、销售主管，以及其他管理人员等。

本书版权登记号：图字：01-2012-1014

图书在版编目（CIP）数据

社会化媒体与企业安全：社会化媒体的安全威胁与应对策略 /（美）加里（Bahadur, G.）等著；姚军等译 . 一北京：机械工业出版社，2012.7
（信息安全技术丛书）

书名原文：Securing the Clicks Network Security in the Age of Social Media

ISBN 978-7-111-39038-1

I. 社⋯　II. ①加⋯　②姚⋯　III. 传播媒介－影响－企业安全－研究　IV. X931

中国版本图书馆 CIP 数据核字（2012）第 146315 号

机械工业出版社（北京市西城区百万庄大街 22 号　邮政编码　100037）
责任编辑：秦　健
北京市荣盛彩色印刷有限公司印刷
2012 年 8 月第 1 版第 1 次印刷
186mm×240mm • 14.5 印张
标准书号：ISBN 978-7-111-39038-1
定价：59.00 元

凡购本书，如有缺页、倒页、脱页，由本社发行部调换
客服热线：（010）88378991；88361066
购书热线：（010）68326294；88379649；68995259
投稿热线：（010）88379604
读者信箱：hzjsj@hzbook.com

译 者 序

互联网彻底改变了人们的生活方式，在它的基础上，一次又一次的革新颠覆了人们看待世界的眼光，不断地为我们带来惊喜，同时也悄悄地带来了许多隐患。

社会化网络是近年来非常流行的新生事物，它的迅猛发展正如当年万维网的出现一样，为人们的生活打开了一扇新的大门，使人们之间的距离变得更近，交流更加顺畅，地球因此越来越像一个大型社区，这为人们的生活增添色彩，为各种企业带来了更多的商机。

任何新生事物都有其两面性。人们沉浸在资料共享的快乐之中，享受一切尽在指尖之下的满足的时候，威胁也随之产生。快速传播的资料为企业间谍活动、针对个人和企业的声誉攻击、身份盗窃、社会化工程攻击等带来了便利，不管是企业还是个人，不管是否使用社会化媒体，都可能卷入这场风暴中。本书揭示的一个个发人深省的案例，使我们不得不重新审视这个世界，在新的社会化风暴中，大型公司可能因为员工的疏忽大意、不怀好意的竞争者或者犯罪分子发动的误导性宣传而失去几十年苦心经营的企业形象，而普通的人们也可能因为在数据交换中的不慎而招致解雇、诉讼甚至生命危险。没有人能够活在世外桃源，世界已经改变，我们唯有积极地去了解新的机会和挑战，并且学会保护自己和运用新工具的方法。

本书通过生动的实例、专家的经验，讲述了在新的社会化媒体圈中，企业如何建立起一套行之有效的社会化媒体安全策略。本书以一个虚构的公司为例，根据成熟的安全模型，从人力资源、资源利用、财务、运营和声誉五大部分，概述了企业在社会化媒体安全中各个方面的威胁和对策，不仅提供了社会化媒体使用管理、危机管理、声誉管理中的理论指导，而且提供了许多具有很高操作性的实用管理方法以及软件工具。通过对本书的认真研习，在6个月甚至更短的时间内，一家原本毫无防备的企业就可能打造一定的防御能力，并能够通过模型不断扩展更新自身的安全防御手段。

在本书的翻译过程中，我们深深感受到现代社会化媒体中令人震惊的潜在威胁，也为我们能够在遭受攻击之前就掌握这些知识而深感幸运。相信这本书能够为许多企业的安全团队提供专业级的指导，从而避免案例研究中那些灾难性的事件。

本书的翻译主要由姚军完成，徐锋、陈绍继、郑端、吴兰陟、施游、林起浪、刘建林、陈志勇等人也为本书的翻译工作作出了贡献，在此也要感谢机械工业出版社的编辑对翻译工作提出的许多中肯的意见，同时期待着广大读者朋友的批评指正。

序　言

就在你再次觉得使用互联网是安全的时候，输入"添加 technorati 标签"命令造就了一个实体世界和虚拟世界之间的全新接口。不管你称它为社会化媒体、社会化网络或者一些还不流行的术语如"团体思维"（哦，等等，是这么叫的吧？），这种现象都实际存在，并且已经深深地进入了我们的日常生活中。

遗憾的是，和许多之前的适应辐射一样（想想 .com），更多网页曝光的技术和欲望总是先于控制局面的愿望或者能力而出现。正如本书的作者在第 1 章中引用的那样，"纽约法院最近对社会化媒体网站（如 Facebook 和 MySpace）提起的用户隐私权合理要求诉讼只是一相情愿的想法"。作为长期（并且仍然在积极实践）从事安全工作的专业人士，我可以证明，这可能是对这个仍然年轻的世纪最大的低估。

对于咨询安全信息的客户，我问的第一个问题总是"你要保护的是什么？"这个问题严格定义了在保护资产安全中的投资水平和类型。社会化媒体的设计专注于利用我们最宝贵的资产——我们的本质、我们的位置（"存在"）、我们的合作者、我们的日常活动和习惯、我们的名誉或品牌，甚至我们通过 Twitter 每次用 140 个字符表达的重要想法。你愿意投资多少来保护组成你的一切信息？

从更实际的角度看，人是社会性的动物。历史上，我们在 Facebook 之前就分享了许多有关自己的信息。（记得浏览当地的电话簿吗？姓名、号码、地址……）不管我们天真与否，谈到信息交换，都能接受风险 - 收益相当的平衡：我们得到的比付出的多，对吗？毫不奇怪，互联网在很大的程度上完全依赖于这个风险 - 收益命题：免费得到巨大的价值（Wikipedia、YouTube、Farmville），全都是用于了解你，并且将你介绍给商业买家交换得来的。不管你是否喜欢，我们都身处这一框架之中。

所以，如果你正在寻求更安全的社会化媒体体验，你将要发动的是一场艰难的战役，对手可能是人类的革新潮流本身。幸运的是，你已经做出了一个很好的选择——寻求本书作者的忠告（我已经在信息安全领域与他们共事了很长时间）。本书收集了许多宝贵的内幕信息、技巧、战略和战术，这些信息曾经帮助世界最知名的公司安稳地渡过社会化媒体的狂暴之海。从策略到人员配备、预算到战略规划、技术调查到 PR 响应，本书覆盖了所有这些基础知识，以及在当今技术趋势下，任何商业人士所面临的高级问题。开始阅读吧，自信地大踏步跨进这个美好的新社会化世界！

Joel Scambray

Consciere 公司 CEO

《黑客大曝光：网络安全机密与解决方案》

《黑客大曝光：Web 应用程序安全（原书第 3 版）》[⊖]和《黑客曝光：Windows 安全》作者

⊖　本书中文版已由机械工业出版社引进出版，ISBN：978-7-111-35662-2。

前　言

为什么创作本书

互联网是人类文明史上发展最快的媒体。随着时间推移，它的采用率和延伸范围已经远远超过了电视和广播。20世纪90年代预示了人类通信的新时代，从更广泛的意义上说，这重塑了我们对世界的看法。这个新世界也开启了隐私和公司安全问题的潘多拉魔盒。由敏感数据、内部通信或者员工行为习惯的泄露引起的破坏是对当今世界上所有公司的真正威胁。

由于互联网的使用变得普遍，越来越多的人和员工通过容易使用和大量散布的社会化媒体技术发表自己未经过滤的言论和体验。对于任何能够访问互联网的计算机或者设备的人，以及世界各地的无数业余爱好者和痴迷者来说，这些技术使发布未经编辑的文本和媒体变得非常简单。人们可以使用免费使用的软件工具创建各种类型的媒体，匿名地张贴这些内容。有线和无线的网络通过社会化媒体平台连接，现在出现了仅用140个字符建立或者破坏一个品牌的能力。

本书是一本实用指南，有助于公司保护自身利益、资产和品牌免遭社会化媒体风险，保护数字资产和声誉免遭使用社会化媒体平台的攻击者危害，同时通过安全使用社会化媒体工具和平台与内外部社区沟通。目前许多书籍都论及利用社会化媒体的方法，但是大部分是从企业销售或者客户服务以及个人品牌着眼，我们希望培养客户正确地加固社会化媒体使用、免费共享或者提供信息和企业资源的安全。

社会化媒体已经进入了我们生活的各个方面。仅仅Twitter从2009年2月开始每年就增长1382%。Facebook拥有超过7.5亿成员，其中包括1亿移动用户，并且还在增长。Skype的用户已经超过6亿。你所生活的本地社区现在可以从全球进行访问，你可以与住在印度的人谈话，就像和你对门的邻居谈话一样。我们所愿意共享的自身信息——工作、家庭和活动扩展了我们的社会化网络，但是也使侵犯隐私权、身份盗窃、信息滥用和泄露、版权侵犯和商标侵权变得更容易，导致公司资产和声誉受损。

通过定义公司利益的边界，即使在反映负面的客户体验时，也能推进安全和富有成效的对话。风险可以最小化，并且安排业务流程来处理开放沟通可能发生的不测事件。随着全世界都在学习社会化媒体的使用方式，公司、员工、个人和社会化媒体平台本身也会不断变得更加成熟。本书将帮助公司安全地进行这一发现之旅。

本书读者对象

我们的主要焦点是公司和对公司资产的挑战。本书聚焦于公司全体人员——信息技术、人力资源（HR）、市场、销售主管，以及其他管理人员和员工本身。HR主管可能需要编写公司安全策略的指南。IT主管可能需要指导，了解使用何种工具可以加强不断变化的社会化媒体环境安全指南。市场主管需要发起营销活动，但是必须以保护品牌声誉的方式安全地进行。管理层可能有暴露公司黑暗面的个人社会化媒体出口。

员工可以获得许多方面的领悟：如何在工作场合以及为公司正确使用和利用社会化媒体，如果不正确地使用社会化媒体，社会媒体如何危害自身以及对公司带来负面影响。员工必须理解，在使用社会化媒体时如何才不会破坏公司的声誉，以及如何避免法律问题，例如，避免公司品牌侵权。

本书的另一部分读者是小企业主和员工。大企业所适用的课程也可以在中小型企业（small and medium-sized business，SMB）市场上使用。在 SMB 中，员工比大企业中更不容易控制；因此，社会化媒体的不正当使用情况更多。SMB 可以使用本书作为路标，形成成本效益高和安全的社会化媒体战略，而不需要雇用外部顾问实施高成本的战略。

如何使用本书

企业和专业人士监控那些提及他们的产品、品牌、服务和关键员工的在线谈话面临着挑战，这些监控活动旨在理解客户意见、识别商标侵权和品牌侵权，以及理解业界和竞争形势。在确定某个人的影响，以及那些人言论的影响时，企业面对着更多的挑战。顺着这一链条，与社会化媒体相关的进一步挑战包括：

- 创建合适的战略以应对各种固有风险。
- 分配适量的资源以计划、维护和调整具体措施。
- 开发企业范围内的社会化媒体策略。
- 从企业内部和社区内雇用、培训和发展社区管理人员。
- 确定社会化媒体各种目标相关的衡量标准和性能量度，包括风险降低目标。
- 在数据移动和跟踪控制中实现安全控制，并监控可能通过社会化媒体渠道发生的数据丢失。

大部分章节以一个案例研究开始——公司面对社会化媒体挑战的一个实用的真实示例。我们在每一章中提供：实用的解决方案，实现自己的战略的步骤，以及可以用于管理社会化媒体安全战略的检查列表、工具和资源。在我们的网站 www.securesocialmedia.com 上可以获得策略模板和不断变化的社会化媒体的重要更新。

什么是 H.U.M.O.R. 矩阵

社会化媒体的影响可以在整个机构中感觉到，并常常向常规的操作规程发起挑战。为了做好安全参与社会化媒体平台的准备，你需要一个评估和处理需要改进领域的框架。本书介绍一套灵活的部署、管理社会化媒体战略并加强其安全的方法论。H.U.M.O.R. 矩阵提供了从机构的人力资源（Human resource）、资源利用（Utilization of resource）、财务支出（Monetary spending）、运营管理（Operations management）、声誉管理（Reputation management）出发，评估、处理、控制和监控社会化媒体的基础。

本书组织结构

我们已经开发了一个安全框架，你可以按照评估过程开发一个处理社会化风险计划，以及控制和监控社会化媒体使用的实际方法。本书按照实施社会化媒体安全框架的过程分为 5 个部分：

第一部分：评估社会化媒体安全。这一部分介绍在企业环境中与社会化媒体使用相关的情况。这个部分里概述了评估当前环境的战略。第 1 章定义评估整体社会化媒体形象的过程。首先，你必须理解管理公司的方式、业界的做法和竞争者的做法。第 2 章详细定义 H.U.MO.R. 矩阵过程。详细说明了矩阵的每个部分，并提供了将企业当前的挑战融入一个具体框架的步骤。在第 3 章中，根据客户、竞争者和员工对公司的意见完成环境评估。你对有关公司的所有议论的洞悉，为理解你所面对的威胁和管理你的社会化媒体局势所需的控制方法打下了基础。

第二部分：评估社会化媒体威胁。这一部分介绍如何确定威胁对机构的影响。第 4 章概述识别社会化媒体威胁的过程。你必须评估来自员工、客户和竞争者的威胁，并理解不断变化的威胁形势。第 5 章带你经历邪恶的人采用、启动和关联威胁的过程。威胁可以针对个人或者公司，你应该理解可能导致攻击的不同威胁方向。

第三部分：运营、策略和过程。这一部分阐释了如何控制组织中社会化媒体的使用方式。第 6 章描述了应对社会化媒体使用威胁所必需的社会化媒体安全策略。我们为安全使用社会化媒体定义了最佳的战略，因此你可以决定如何开发用于社会化媒体的有效安全策略和规程。

接下来的章节——第 7 ~ 11 章，为 H.U.M.O.R. 矩阵的每个部分开发可操作的策略和规程。它们为你提供处理（现在和将来的）威胁以及社会化媒体战略所必需的实施指南。

第四部分：监控和报告。这一部分介绍如何实现监控和报告公司社会化媒体活动（内部和外部）的工具和技术。每章对应 H.U.M.O.R. 矩阵的一个部分，定义了随时维护安全基础架构所需要采取的具体措施。随着社会化媒体平台的改变，你的过程要能够适应新的技术和服务。

第五部分：社会化媒体 3.0。第 17 章分析了你已经学习的知识，以及如何实现本书概述的流程，开发评估机构对社会化媒体利用情况的安全战略。在第 18 章中，我们开始为所预见的社会化媒体的未来以及造成的社会化媒体安全挑战做预先的规划。附录收集了本书中介绍的所有工具和社会化媒体资源。

注意 我们还在 www.securingsocialmedia.com 网站上提供了支持信息和本书讨论的相关工具的链接。请经常关注这个网站，以得到更新和新工具，这些工具可以帮助改进你的社会化媒体安全，我们在它们可用时进行审核。

读完本书之后，你将拥有实用的方法，将公司的社会化媒体使用变成更加安全和全面的过程。使用本书讨论的这些工具、提供的策略文档以及渐进式的 H.U.M.O.R. 矩阵框架，你将不会再被社会化媒体的风险所吓倒。

谢谢。

Gary、Jason 和 Alex

目　录

第一部分

评估社会化媒体安全

第 1 章

社会化媒体安全过程

社会化媒体安全从理解组织的环境以及由于这种新的沟通媒介给公司带来的全球性挑战开始。社会化媒体的使用已经将公司暴露到新的挑战面前。信息技术（IT）部门必须发展，更加贴近市场、人力资源、法律、财务和运营，以实施减少社会化媒体风险的战术手段。

本章为评估在你的组织中由客户以及竞争者使用社会化媒体的固有风险做铺垫。你将学习如何：

- 确定分析行业好坏做法的方法。
- 评估现有社会化媒体安全过程，确定当前使用不同工具、网站和业务过程中的漏洞。
- 从员工使用、客户交互和竞争形势等方面度量社会化媒体对你的组织造成的影响，以及业界对减少所遇到的整体风险所做的努力。

1.1 案例研究：由无准备的社会化媒体策略引起的声誉损失

没有实施管理社会化媒体风险的公司很容易在品牌和财务盈亏底线上遭到攻击。在 2010 年夏天，由于深海钻井平台爆炸引起原油持续涌入墨西哥湾，石油巨人英国石油公司（BP）面临严重的危机。在 107 天中，该公司努力遏制原油流入大海，并发动了一场公关活动来应对这一危机。公司发言人通报了该公司为清除原油所做的努力，以及为该地区提供的 200 亿美元恢复基金。但是，BP 对于网上的负面言论无计可施，无数的人在 Twitter 和博客上发布表达忧虑的帖子，并且在 Facebook 上组成了抗议组织。他们不仅担心浮油对环境、当地捕鱼业以及旅游业的影响，而且对 BP 缺乏透明度表示反感。BP 的 CEO 托尼·海瓦德越来越被网上评论为敷衍、草率，有时甚至是冷漠的。

该公司严格控制媒体进入浮油区，禁止清理人员穿戴保护装置。BP 自己的社会化媒体出口只有不到 18 000 个追随者，而盛怒的市民们创建的一个 Twitter 账户（BPglobalPR）在几周内就有了 15 万以上的追随者。@BPglobalPR 这个 Twitter 账户通过销售 T 恤和其他商品筹集了超过 1 万美元。

哪里出了问题

BP 对社会化媒体社区的利用和反应说明，该公司在许多领域内没有应对公司和品牌所面临威胁的流程。BP 在墨西哥湾的钻井平台爆炸可能是没有人曾经预测过的不可预见事件。该公司的操作规程应该能够避免这种泄漏，但是这超出了本书的讨论范围。

但是，该公司应该很好地预计到社会化媒体对泄漏或者任何大型石油事故的反应。很明显，人们将会通过在网上发布表达忧虑和愤怒的帖子，对这种事件做出公开的反应。BP应该有应对这种事故可能结果的计划，制订应对社会化媒体后果以及公司声誉和财产的特定攻击的安全措施。

从人力资源来讲，该公司应该雇用在线社区管理人员监督其社会化媒体形象。但是，该公司仅仅通过 PR 部门准备的信息做出反应。结果是，该公司的官方 Twitter 账户 @BP_America 在本书编写时只有 18 000 个追随者，而对 BP 的努力进行嘲讽的虚拟账户 @BPGlobalPR，很快就有了高出许多倍的追随者——最后一次统计时大约有 179 000 人。

从公司**资产**的利用上说，BP 的绿色标志被网民们"重新混色"，以反映原油对环境的影响，例如 @BPGlobalPR 账户使用了全黑的标志——从该标志上漏下一滴石油。在 Flickr 和 Facebook 上还贴出了许多其他重新混色的标志，其中一些印在 T 恤上出售。该公司没有保护商标和标志的计划，也不理解这些商标和标志在工业事故中可能被不正当地使用。

从**财务方面的考虑**上说，有关 BP 的大量负面言论导致了许多糟糕的报道，最终影响该公司的价值。随着原油流入海湾，公众的愤怒情绪升高，投资者的信心随之下降。BP 的市值严重下降，导致其可能成为竞争的石油巨人的收购目标。

从**运营**上讲，BP 的一些措施在社会化媒体和报刊中遭到了大量的批评。有报道称，BP 阻止记者和摄影师接近浮油或者从上空飞过。其他有关清理工作人员的报道没有过多的遮掩，所以他们的照片没有过多的负面影响。BP 的一些关键性的商业决策无法很好地做出解释，也遭到了很多批评。这些政策包括使用分散剂——这也会破坏环境，没有采用封井设备，没有准备减压井。尽管泄漏本身无法预见，但是新闻媒体对公司前前后后所采取的行动的反应却是完全可以预见的。

从**声誉**的角度上说，网上对该公司的评论大部分是负面的。报刊报道了网民们的反应，从而将这些评论带到了传统的媒体。人们对工业事件感到不安；了解了这一点，公司应该更加诚恳地承认事实，建立亲善的关系，以及建立和网上的消费者更公开的沟通渠道。

在这 5 个关键的经营领域——人力资源、资产利用、财务开支、运营和声誉方面，BP 都可以实施许多策略，我们在本书中将对这些策略做出清晰的定义。

1.2　近期安全性的变化

过去，公司关心黑客的邪恶行为和公司间谍活动。一个相对小但是具有高度技巧的集团可能代表着对任何规模公司运作的主要威胁。现在，任何连接到互联网，并且怀有私心的人都可能对最受喜爱的品牌造成不可弥补的破坏。公司面对的攻击类型已经从纯粹的技术黑客攻击发展为对品牌形象和公司声誉的攻击，已经有很多公司受到了这种伤害，包括 Gap（公众对新标志的嘲笑）、西南航空公司（演员／导演凯文·史密斯因为过分肥胖而被赶下飞机，由此引发了强烈抗议）以及雀巢公司（绿色和平组织的网上攻击，抗议其收集橄榄油砍伐森林导致环境破坏）。现在的公司似乎都无法逃脱个人发出的威胁，更不要说公众加入的联网群体。

随着社会化媒体影响的增长，安全问题越来越成为公司及其活跃的网上顾客和社区共同关心的问题。最普遍的社会化媒体安全关注点是对隐私权的侵犯和身份盗窃。纽约法院最近对社会化媒体网站如 Facebook 和 MySpace 提起的用户隐私权合理要求诉讼只是一相情愿的想法。

> **注意** 你可以在 Traverse Legal 网站上看到更多有关诉讼、隐私和社会化网站张贴材料有效性的内容。请浏览 http://tcattorney.typepad.com/digital_millennium_copyri/2010/10/ breach-of-privacy-across-social-media-sites-addressed-by-two-courtrulings-in-new-york-and-californi.html。

如果有人通过社会化媒体渠道窃取你的员工身份，他就可以使用偷来的凭证闯入你的公司。如果攻击者能够通过 Firesheep（后面还有更多论述）这样的应用程序截获员工在 Facebook 上使用的密码，这位员工在不同网站上使用相同密码的概率很大——包括你的公司网络。很容易找到一个人的姓名和关键信息——如生日、学校名称或者孩子的姓名，而许多人用这些信息作为密码的基础。随着越来越多的公司在社会化网络上出现和活跃，对个人的爆炸性攻击现在已经提升到公司级的攻击。第 4 章将会讨论，通过社会化媒体渠道传出的威胁正在变得更加复杂，没有好的社会化媒体安全策略的公司将和没有 IT 安全策略的公司一样容易遭到攻击。

1.3 评估流程

实施战略性的社会化媒体安全措施的第一步包括规划当前的环境，以理解加入在线社区的短期、中期和长期后果。一旦开始，公司与其开发的在线社区之间的联系就会随着时间改变，风险和挑战也随之改变。为了准备这一旅程，公司必须进行各种审核，更确切地说，是所谓的**社会化媒体评估流程**。

我们已经定义的流程对曾经管理过安全审计或者进行过安全评估的人来说似乎很熟悉。本书将按照如下的步骤展开：

1）**战略分析**，定义目前已经确定的社会化媒体战略和工具以及使用的情况，并确定所使用的社会化媒体安全措施。评估整个环境并确定漏洞所在。

2）**威胁分析**，定义和总结威胁形势并确定切入点。威胁形势指的是公司可能遭到的不同方法的攻击，不管这是使用 Facebook 应用中的间谍软件或者使用特洛伊木马应用进行的技术型攻击，还是客户在 Twitter 上对你的品牌的攻击。

3）**操作、策略和控制**，定义和实施可操作性的战术以处理威胁。实施新的策略和控制来降低风险。

4）**监控和报告**，实施一个生命期过程，用于持续监控和报告你所实施的社会化媒体工具、项目和战略以及对安全性的影响。执行一致的报告以确保新的安全策略保持有效，并且随时有效。

为什么要遵循评估流程

评估过程能让你识别组织目前的社会化媒体活动，所使用的工具和平台，负责社区活动的个人，以及现有账户、社会化媒体简档、个人策略上的安全和社会化媒体策略的漏洞。评估流程是一个持续和反复的过程，因此必须跟踪在公司的社会化媒体倡议范围之外的，网上关于品牌、公司产品和服务以及社区沟通公司和品牌的方式的议论。

这种"把耳朵贴在地面"的方法提供了一种连续的调查和响应过程，向组织通报社区在工具、风格和用户界面等方面的偏好，这样公司就能保持足够的灵活性，对威胁和向公司技术和声誉发动的真正攻击做出快速的响应。必须建立短期和长期的沟通目标，以及每个平台的建议部署方法。后面的章节描述如何评估内部和外部环境，并将介绍部署、管理和加强社会化媒体战略安全的一种灵活的方法。

表 1-1　H.U.M.O.R. 矩阵定义

分类	描述
人力资源	人力资源提供公司范围内有关员工对授权的社会化工具规范使用方法的策略、规程和指南。这些指南和策略提供在公司所有领域（包括营销和信息技术）内使用社会化媒体的正确流程
（资源和资产的）利用	资源和资产利用定义社会化媒体安全手段的能力，以及这些手段是如何通过技术和策略实现，以保护公司的资源和资产
财务（关注点）	用于建立社会化媒体战略和战术以及安全战略的财务资源必须为公司提供最大的利益
运营（管理）	运营管理是日常的过程，在实施安全框架时从技术和持续维护的角度看都必须遵循这一过程，目标是确保社会化媒体在技术和社会化媒体平台变化时得到安全的处理
声誉（管理）	在计划了所有与社会化媒体的交互方案时，公司的声誉最终因此获利。声誉管理是社会化媒体战略以及战术决策或好或坏的实施的结果，并提供监控和报告功能，帮助随时维护可接受的安全级别和策略

我们称这个方法为 H.U.M.O.R. 矩阵（人力资源（Human Resource）、资源和资产利用（Utilization of resource and asset）、财务考虑（Monetary consideration）、运营管理（Operations management）和声誉管理（Reputation management））。你将在第 2 章中学到更多有关 H.U.M.O.R. 矩阵的知识；但是，表 1-1 给出了矩阵各个组成部分的简单概述。

1.4　组织分析：你所在行业在互联网上的好与坏

社会化媒体遍布互联网，影响着组织内部的大部分部门，社会化媒体战略常常由组织中的各个部门零散而独立地实施，当每个部门有各自不同的重点和议事日程时，这会变得很复杂。

根据你在公司里的角色，你将面对下列由当前的组织和未来可能的员工提出的、有关社会化媒体影响和使用的问题。

- **IT 安全**：如果你负责安全，会被提问：什么工具能够加强使用安全？你如何监控、组织和报告社会化媒体活动？你所处的行业中其他公司在社会化媒体实践中是怎么做的？它们在社会化媒体上花费多少资源，实施了什么风险战略？
- **人力资源**：如果你负责人力资源，会被提问：社会化媒体平台对组织有什么影响？员工在平台上可以说什么，不能说什么？需要制定什么类型的策略？应该提供什么类型的培训？这对于雇用新员工的决策过程有什么样的影响？
- **市场**：如果你是市场经理，会被提问：竞争者如何利用这些平台？认识社会化平台的全部潜力，同时保护公司免遭预期中的挑战和意料之外的问题困扰的最佳方法是什么？我们应该怎样最大限度地利用社会化媒体促进企业内部的协作？

1.4.1　分析你的社会化媒体倡议

确定哪个平台与你的目标相关，使用何种量度，以及如何部署系统监控、度量和报告各种社会化媒体活动，这些都可能成为挑战。例如，假设你是一家《财富》百强企业的市场主管，负责开发公司通过社会化媒体的市场活动。你用于确定成功的因素可能与销售部门或者客户支持部门有很大的不同。如果要建立一个社会化媒体形象，你应该通过创建一个 Facebook 页面、关注 Twitter 粉丝的增长，还是两者都兼顾？你是否关注到通过 Twitter 上的专用通道 @DellOutlet 或 @JetBlueDeals 产生的直接收入？但是你的责任还不止这些。在社会化媒体安全的新领域里，你必须与 IT 部门合作，理解为你的活动所选择的技术可能给环境带来弱点，或者使公司成为攻击的目标。每种方法都各有利弊，每个行业也都有表现巨大成功和极大失败的案例。

1.4.2　分析现有的内部过程

首先要回答的问题之一是谁负责建立和宣传公司的社会化媒体策略？社会化媒体安全策略呢？没有一个部门能够独立建立这些文档。你现有的 IT 安全策略很有可能是 IT、人力资源和法律部门协作的结果。这一分析需要如下步骤：

- 列出 IT 资产清单，将它们与市场活动和社会化媒体工具关联。
- 对于每个新项目，和关键的利益相关方在一个房间里开会，便于进行"头脑风暴"对话。
- 为社会化媒体活动设定目标，并分配用于实现这些目标的 IT 资源。
- 识别每个项目的风险和失败的可能性。

关键的新协作者是作为最终用户的员工。IT 部门通常在建立策略时没有和员工协作，在开发社会化媒体策略和社会化媒体技术上的安全控制时，必须改变这一现象，因为这些社会化媒体实际上并不是由 IT 部门所拥有的。通晓数码技术的员工将会希望影响和加入围绕社会化媒体策略的协作创建过程。因为这一过程的参与特性，员工会感觉更加投入、受到激励，以及对结果的主人翁精神，从而激发他们遵循和执行自己帮助建立的规则。IT 部门不能独占这一过程。

你的流程中的语气、频度、及时性、真实性以及对最终用户的响应，可能在成功地处理和阻止社会化媒体可能蔓延的灾难时造成不同的结果。相反，效率低下的流程可能很快摧毁你的组织花费多年时间、辛苦得来的所有收益。

1.4.3 加强客户数据安全

BP 的案例表明，社会化媒体技术使得任何能够访问一台联网计算机或者设备的人都能很简单地发布未经编辑的文本和媒体。很明显，公司的利益危如累卵，因为花费数十年建立起来的品牌形象可能在几个小时之内通过网上像病毒一般蔓延的口碑被严重玷污或者摧毁。每年都发生很多这样的案例，著名的例子包括 Dell、Kryptonite、Comcast、联合航空、Target、雀巢、Motrin、Amazon、BP、Domino's Pizza、Google 等公司。在本书大部分章节的开头，我们都使用一个案例研究，说明该章节与现实世界的相关性。

在这个重视参与的新时代，公司必须建立在社会化环境中处理客户数据的基本规则。诊所公开的私人医疗档案或者来自资产管理人的财务建议的法律后果这两个例子，说明了公司建立社会化媒体策略框架的关键性。

1.4.4 加强沟通渠道安全

本书是一本实用指南，有助于公司保护其利益、资产和权利，同时通过社会化媒体工具和平台的安全使用增加内部和外部社区参与度。

通过围绕公司的利益定义边界，能够推进安全和富有成效的对话，即使这些对话可能反映负面的客户体验。我们所讨论的指南将覆盖所有与通过社会化媒体工具和平台进行的开放沟通相关的风险领域。后面的章节包含了可实施的信息、案例研究、快速提示和最佳实践建议。

涉及社会化媒体的个人应该加强他们的沟通渠道的安全性，并且为公司选择合适的媒体与客户和一般公众沟通。本书给出了可以在公共论坛上发表的言论以及应该通过离线通信加密传送的内容的例子。对这些言论之间差异的理解影响着公司在线声誉的多级防御，同时，考虑到真正的最终用户的参与。

为了保持竞争力，公司必须不断监控网上提出的意见，以便评估品牌的影响力并识别潜在的威胁。在线声誉管理是社会化媒体战略成功的关键部分。整个世界都在说话，对哪些正在谈及你和你的组织的人进行监控（有时对其做出反应）完全取决于你。

1.4.5 识别目前公司使用社会化媒体的方式中存在的安全漏洞

许多参与社会化媒体的企业在处理安全问题或者消费者隐私方面效率很低。很可悲的是，在许多案例中，人们并没有意识到：许多社会化网络的法律环境快速变化，或者经常修改隐私策略。在当今大部分公司中，加强社会化媒体安全的责任完全没有定义。社会化媒体不断发展，本书的目标之一就是定义安全浏览社会化媒体所需的战略、战术和最佳步骤。但是责任并不全在公司，当今美国和全球社会化媒体圈的实际领导者 Facebook（在编写本书时有超过 7 亿用户)，历史上就因持续试探最终用户隐私需求的极限和修改隐私策略时缺少沟通而声名狼藉。如果社会化网络本身期望用户通过保持警惕来保护自己，那公司为什么应该为客户、员工和资产提供保护呢？

企业的责任是否要扩展到保护在家使用社会化媒体的员工？如果员工使用社会化网络，在他们自己的时间内（不管是否经过批准）交流有关你的组织的信息，你如何保护品牌？如果你的责任是用防火墙和防病毒产品保护员工带回家的便携式电脑，以及保护员工在便携式电脑上使用的应用程序，那么你的责任是否要拓展到员工张贴的社会化媒体信息？

明显，IT 操作指南必须包括与社会化媒体操作相关的新部分，或者建立全新的策略。这些新指南应该对如下问题做出回答，以便处理组织中社会化媒体安全使用方面的现有缺陷：

- 谁负责社会化媒体技术和策略？
- 哪些活动使用社会化媒体技术进行？
- 这些活动有什么影响？
- 社会化媒体活动何时发生，适当的通知、跟踪和监控系统何时就位？
- 每个社会化媒体项目如何管理和报告，问题是如何加剧的？

1.5   竞争分析

你如何才能发现竞争者对你的评论？本书中开发的全面审计流程将考虑公司范围内为你的社会化媒体倡议所分配的账户、平台和资源。但是在加入在线对话之前，监控消费者、竞争者、管理者和潜在客户的意见极其重要。你的组织已经部署了（希望如此！）跟踪攻击并记录恶意者活动的工具。现在，你需要监控和度量社会化媒体圈的类似功能和工具。

通过跟踪你的声誉和网上的意见，你就能够更好地在社会化媒体中积极地形成品牌价值，识别潜在的"不满"客户和团体，评估他们质疑你的在线倡议的可能性，并且快速而有效地预先考虑他们的质疑。用于这一目的的在线工具很多，包括 Google Alerts、Social Mention、Radian6 和 Reputation.com，其他例子还很多，这里不一一列举。从最基本的水平入手，你可以使用图 1-1 中所示的 Google Alerts 来查看网上何时提到你的公司名称或者公司的某位管理者（这里我们以 Gary 的名字为例）。你还可以使用同样的过程评估竞争者的评论。你还应该知道客户对你的竞争者的评论，帮助充实你的决策，并帮助你更快地对竞争者可能实施的变化做出反应。

我们将指导你使用多种相关的工具，作为监控和加强公司不断变化的社会化媒体安全性的实用来源。（要注意的一点是：这些公司相对年轻，所以我们不知道一年以后它们是不是还存在。）玩家可能会变化，但是监控你的在线声誉的需求一直存在。因此，我们不断监控和审核出现在市场上的新解决方案，并且在我们的网站上开发了一个资源部分（www.securingsocialmedia.com/resources），作为这些工具和许多开发成功社会化媒体安全战略所需的宝贵工具的指南。

图 1-1　使用 Google Alerts 跟踪某个姓名被提及的情况

1.6　小结

在构建你的社会化媒体安全框架时，适用于其他公司或者品牌的不一定适合于你。希望每个部门和每个员工都遵循公司的社会化媒体策略，这一策略应该围绕公司规定的沟通倡议、短期目标和长期目标制定。这些策略将随着时间变化，因为公司在网上的投入随着新平台开发和与社区的动态及发展的关系而增加。

必须遵循一个新的流程，以实施适用于所有部门并且满足社会化媒体使用的经营性需求的安全策略。社会化媒体成功的关键要素是一个清晰而透明的可操作框架，提供人力资源、资源利用、财务考虑、运营管理和声誉管理等方面的深度指南。

改进检查列表

- 使用 H.U.M.O.R 矩阵等评估过程作为安全框架的基础。
- 分析现有过程，识别你所使用的工具中的缺陷，进一步加强社会化媒体沟通安全。
- 识别通过社会化媒体平台给组织带来的新威胁。
- 实施监控、报告和分析的实用规程。
- 实施跨越所有部门的协调措施，以得到一个全面的公司级战略。

第 2 章

安全战略分析：安全策略的基础

每个企业都有完成每个目标的流程，这个流程或好或坏。不遵守固定流程的公司容易犯错误，导致不可预期的结果，使团队走向不同的方向，并且失去目标。正如活跃的演说家和作家 Zig Ziglar 所指出的："人们并不是计划着失败，而是因为没有好好计划而失败！"。

在本章中，我们为开发能够随时跟踪、监控和量度社会化媒体使用的安全社会化媒体框架定义初期的步骤。更确切地说，你将学习有关 H.U.M.O.R. 矩阵不同方面的知识，以及使用它评估当前环境的方法。安全框架必须预先想到未来的社会化媒体发展以及对安全的影响。

2.1　案例研究：黑客入侵是一种机会均等的游戏

没有严格的安全管理过程，不管在社会化媒体圈还是一般的 IT 基础架构中，都可能带来不希望的后果。对于社会化媒体，变化使得管理安全手段更加困难。没有遵循严格的管控过程的最新例子之一是 Facebook CEO Mark Zuckerberg 自己的 Facebook 粉丝页面（Fanpage）遭到入侵。2011 年 1 月，他的 Fanpage 遭到黑客入侵，如图 2-1 所示。尽管这一事故对公司的声誉影响有限，但是说明了一点：即使最大的公司也会成为攻击的目标。

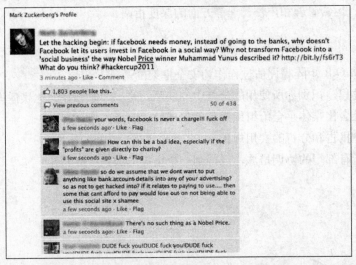

图 2-1　被入侵的 Mark Zuckerberg 的粉丝页面

入侵是如何发生的并不清楚，Facebook 没有提供账户被入侵的较多细节。发生这样的入侵有很多可能的途径——从被猜测到的弱密码到通过未加密连接而被截获的密码，再到底层架构的问题。对于像 Facebook 这样的大公司，其市场价值估计达到 500 亿美元，它的安全预算应该足以应付这些可能的弱点。安全措施必须考虑人员、流程和技术控制，以提供安全的环境。

奇怪的是，Mark Zuckerberg 的页面被入侵的同一周，Facebook 宣布它将强制使用通过 HTTPS 加密的登录，甚至对于开发人员也使用这一功能，以加强 Facebook 连接的安全。这看起来更像是对入侵的反应，而不是 Facebook 对不安全登录过程的处理方式的可控改变。但是，如果没有确保用户遵循好的安全原则或者没有开发提供安全培训的策略，这样的技术控制是没有用处的。

2.2　H.U.M.O.R. 矩阵

企业应该使用什么样的框架来加强社会化媒体安全？首先需要的是一种分析安全环境的方法。这一方法中的内容应该应对组织整体的安全战略，包括信息技术、人力资源、市场和法律等部分。为了概述实施整体策略的关键部分，我们开发了 H.U.M.O.R. 矩阵，这在第 1 章中已经简单介绍过。

在本书的余下部分，我们采用这个框架提供开发和实施安全社会化媒体战略的一种结构化方法。H.U.M.O.R. 矩阵的每个部分概述了所有的需求、战术、策略和实施过程，这些要素能将你的组织随时转向新的安全流程，而不管目前时兴的是何种社会化媒体应用。

本书的目标是使你能够持久实施实用的和安全的战略。表 2-1 说明了一种收集社会化媒体活动衡量标准的方法。在表中最左的一列中，我们给出了控制的领域。我们使用 3 列来跟踪实施安全战略中的活动和进度。在本书中，我们还引用一个虚拟的公司——JAG 消费电子，以说明你的公司实现这些战略的过程。JAG 是一家定制电子产品制造商，在多个国家中经营。他们有自己的研究和开发团队。销售部门管理社会化媒体；但是和许多公司一样，JAG 还没有真正开发一个健全的正确使用所有社会化媒体出口的市场计划。没有专门负责管理社会化媒体的岗位；大部分时候，营销团队分担这一任务。但是，他们在发起新的活动或者社会化媒体倡议时没有和 IT 以及人力资源部门协作。

开始，JAG 评估了在 H.U.M.O.R. 矩阵的 5 个领域中，对社会化媒体管理的总体感觉。通过这一评估，JAG 发现人力资源没有提供足够的社会化媒体使用培训和策略。在采用所有必要的社会化媒体工具时，IT 团队没有和市场团队紧密配合。对于加强社会化媒体安全没有专门的预算，也没有 IT、市场、HR 和法律部门日常工作的操作性指南。该公司还缺乏跟踪社会化媒体出口情况的健壮工具。JAG 完成了他们的自我评估，标出了他们目前的等级，以及未来一年中应该达到的等级。按照我们的框架，JAG 能够在 12 个月里达到所希望的安全态势。本章其他部分定义矩阵的各个部分。

在表 2-1 的 JAG 矩阵中，我们看到 JAG 认为所有 5 个领域目前都是"差"的级别。读完这本书之后，你就能够进行对"当前状态"的评估，确定现在的得分。一般的安全方法将"差"定义为安全方法实施较弱或者根本没有实施、缺乏标准、管理不一致。"普通"级别定义为部署了基本的安全方法、达到所在行业实施的平均水平，但是还有改进的空间。"最佳实践"通常意味着非常严格的控制、详细的策略和规程、最好的实施以及保持随时更新的一致性方法。

表 2-1   H.U.M.O.R. 度量矩阵模型

过程	当前状态 1—差 2—普通 3—最佳实践	6 个月内希望 达到的成熟度	12 个月内希望 达到的成熟度
人力资源	1	3	3
资源利用	1	2	3
财务	1	2	3
运营	1	2	3
声誉	1	2	3

2.3   人力资源

人力资源（HR）是安全框架的主要驱动力。HR 建立所有其他策略或者批准所有其他策略（如 IT 安全策略），所以对于社会化媒体策略来说也没有什么不同。不管你的公司规模如何，都有一个部门或者一个人负责处理 HR 工作。信息技术（IT）人力资源公司 Robert Half Technology（http://www.roberthalftechnology .com/Small-Business-Resource-Center）发现，在 2010 年中，54% 的美国公司禁止工作人员在办公室使用社会化网站，19% 的公司限制只能用于业务。面对这种限制性的 HR 潮流，你的公司如何应对这个问题？

公司必须澄清一个灰色地带：员工是从家里还是在工作中进行可能影响其公司的交流。如果员工试图在工作中将信息发布到社会化网络，你可以轻松地用一个策略文档禁止这种行为，甚至用 Symantec 的 Vontu 这样的数据丢失预防工具阻止这种行为。如果员工在家里向社会化网络发布信息，你就无法阻止。员工公布有关公司的机密或者张贴对公司不敬的信息还可能受到公司政策和员工与公司之间合同的限制。但是，对于在社会化网络上张贴信息时员工与雇主之间的权利还没有清晰的判例。在最近的案例中（"美国国家劳资关系委员会（NLRB）支持在 Facebook 张贴谴责老板的信息而被解雇的员工"⊖），美国国家劳资关系委员会为因 Facebook

---

⊖   Susanna Kim，《NLRB Backs Worker Fired After Facebook Posts Ripping Boss》（NLRB 支持因指责主管的 Facebook 帖子而被解雇的工作人员"，ABC 新闻（2010 年 11 月 10 日）网址：http://abcnews.go.com/Business/ facebook-firing-labor-board-takes-stand/story?id=12099395。

帖子而被开除的员工辩护，认为这属于言论自由的情况。美国康涅狄格州医疗响应中心解雇了一位在网上批评主管的医疗技师。这些案子无法清晰地说明公司在法律上所能采取的行动。

2.3.1　评估当前的环境

人力资源和信息技术部门管理人员必须首先了解正在使用的策略和过程。波士顿的研究公司 IANS 发现，在 2008 年接受调查的企业中实施了社会化媒体策略的不到 10%；这个数字在 2009 年大幅上升至 34%，这绝对是向正确方向迈出的一步。与社会化媒体安全相关的当前 HR 实践的分析可以分成表 2-2 中所示的类别。

表 2-2　HR 实践

分类	描述	最佳实践
当前 HR 策略	1. 目前的策略中有哪些影响到员工工作时对社会化媒体的使用	1. 应该清晰地定义所有部门的社会化媒体策略
	2. HR 的责任是什么	2. HR 定义业务用途的所有需求，这些需求之后由其他部门（如 IT、市场和法律）提供支持
	3. 你如何确定好的策略的组成	3. HR 必须研究法律后果，IT 必须研究实施安全性所需资源的能力
	4. 你如何对比你的策略和行业规章	4. 每个组织都必须评估制度需求以及在社会化媒体使用上的适用性
	5. 你是否应该将你的社会化媒体策略公布给外界	5. 社会化媒体的公布是一个业务决策
	6. HR 如何为因不正当的社会化媒体使用而发生的解雇提供证据（监管链）	6. 在 HR 和 IT 之间必须定义一个非常清晰的规程，用于事故响应和监管链事件
	7. 使用什么策略确定可在工作中使用的社会化媒体	7. HR 必须规定所允许的社会化媒体，并与 IT 共同执行
	8. 法律何时介入	8. 法律部门应该知道正在使用的技术，以及 HR 所计划的限制，并在 IT 部门帮助下监控用户
当前 IT 安全策略	1. 谁负责开发与社会化媒体相关的安全策略	1. 这个职责是一个业务决策，必须由 HR 和市场部门做出
	2. IT 部门如何开发这些策略，与谁协作	2. IT 必须与 HR、市场部门和法律部门合作开发合适的安全性策略。要达到更好的效果，也可以听取来自其他部门从事社会化媒体工作的员工的意见
	3. 谁负责管理社会化媒体安全，并对社会化媒体攻击做出反应	3. IT 负责事故响应，而市场部门负责声誉损失及后续事务
	4. 实施 HR 策略需要部署什么安全策略	4. IT 部门必须实施一个技术规划，管理 HR 对社会化媒体使用、监控和报告的需求

（续）

分类	描述	最佳实践
培训制度	1. 目前 HR 使用什么措施对员工进行使用社会化媒体的培训	1. 有关社会化媒体正当使用的培训必须由 HR 定义和管理
	2. 与社会化媒体相关的安全培训如何进行	2. IT 部门负责开发（根据 HR 的需求）和分发相关的培训模块

我们回顾 Mark Zuckerberg Fanpage 的入侵事件，关于页面访问方式、页面访问者限制、共享密码限制或者其他规程的更严格策略能够避免这种入侵吗？

对当前实践的初始评估必须识别公司的业务目标。考虑到不同的极端情况，策略必须规划公司打算如何处理员工的社会化媒体使用，如何在社会化媒体上对客户做出答复。战略和战术不仅必须包括对客户群体的响应，还包括对所有谈及公司品牌、产品及服务的有影响社区（不管他们是不是客户）的响应。大部分公司对于社会化媒体策略没有中间立场。极端的限制性做法往往阻止所有网站，完全记录所有活动，登记所有简档，并限制授权。非常宽松的环境允许在公司范围内不作限制地使用网站，不限制使用时间，也没有监控和报告。

信息收集

完成当前评估步骤之后，接下来审核所有有关社会化媒体使用的策略。每个部门——人力资源、信息技术、市场、法律和其他涉及社会化媒体的部门——必须首先评估现有的策略。表2-3 列出了每个部门在信息收集阶段所要经历的步骤。JAG 所进行的审核在第 3 列中详细描述。

表 2-3　信息收集步骤

步骤	描述	示例
1. 策略所有者	识别每个当前策略	JAG 已经识别出信息技术部门所有的"信息技术安全策略"
2. 策略特性	描述策略	这个策略定义了 JAG 的安全实践
3. 策略范围	描述策略中定义的应用和职责	这个策略覆盖了所有组织所用的所有安全技术和操作。当前策略没有专门的社会化媒体安全部分
4. 目标受众	定义策略适用的人	该策略适用于组织内所有部门
5. 宣传	描述策略在组织中的宣传方式	IT 部门在内部 Intranet 网站上张贴该策略
6. 影响分析	识别该策略处理的主要风险	IT 部门在这个策略中应对计算机安全风险。该策略覆盖了处理可能的攻击的控制措施。社会化媒体目前不是该策略处理的风险
7. 技术规划	定义该策略实施必需的技术（如果有）	该策略定义了所有用于加强内部服务器和工作站、边界设备以及远程用户安全的技术。没有定义任何加强社会化媒体使用安全的技术
8. 安全上的意义	描述策略对安全性的影响	该策略专用于组织的安全，详细列出了加强系统和用户以及数据安全所必需采取的具体安全步骤。它对于社会化媒体手段的安全性没有影响

文档和过程审核

　　在你从所有部门收集所有策略之后，你必须详细分析每个策略，并且识别和评估影响社会化媒体安全的过程。在审核了每个策略之后，你可以确定对社会化媒体的影响。表 2-4 列出了在虚构的 JAG 消费电子公司应用这部分流程的例子。

表 2-4　每个策略对社会化媒体安全性的影响

策略	对社会化媒体安全性的影响	所有者
IT 安全策略	没有具体的章节规定社会化媒体的使用，即时通信在公司里明确禁止，但是没有采用阻止 IM 与外界通信的技术	IT
人力资源策略	这个策略中定义了社会化媒体技术，员工不应在办公室里使用社会化媒体网站，具体地说是 Facebook 和 MySpace	HR
可接受使用策略	可接受使用策略覆盖从公司计算机发出的任何形式的通信。尽管没有特别提及社会化媒体，但是所有通信都必须坚持可接受标准，例如，不能使用不恰当的语言或者毁谤性的评论，公司资产应该仅用于工作目的	IT
解雇政策	解雇政策没有明确地指出社会化媒体的使用可能导致处罚或者解雇。不管政策如何规定，即使在军队中，也无法真正限制个人时间内的社会化媒体使用。使用化名和虚假信息以及备用的电子邮件地址在社会化网络上注册，使得加强这种限制实际上不可行。解雇政策在没有充足的证据时很难实施	HR
市场部社会化媒体策略	市场部社会化媒体策略列出 JAG 使用的不同社会化媒体技术。具体地说，市场部列出了作为沟通媒介的 Facebook、MySpace、LinkedIn and Twitter。市场团队指定了一位具体的管理人员，授权使用这些沟通平台，但是没有具体规定其他员工能否将这些媒介用作营销之外的目的	市场部

2.3.2　度量当前状态：H.U.M.O.R. 矩阵

　　对所有与安全相关的策略和过程对社会化媒体使用的影响进行分析，能帮助你从策略角度识别组织安全使用社会化媒体的能力。我们对人力资源方面的最后一项分析是识别所有组成健全的安全环境的战术手段。表 2-5 展示了为了度量其安全能力以及 IT 部门提供正确安全工具的能力，人力资源部门所需要的衡量标准。我们再次使用 JAG 作为测试公司。在审核了目前的 HR 战术和策略之后，JAG 填写了表 2-5 中的矩阵，首先确定自身所处的位置以及接下来的 12 个月中希望达到的位置。JAG 目前在策略项目上只得到 1 分，因为实际上没有任何社会化媒体策略。JAG 有 IT 安全策略，所以在这些部分得到了 2 分；但是，JAG 没有更新这些策略以处理社会化媒体。在宣传和传达方面 JAG 得到了 2 分，因为他们具备在合适的策略可用时对其进行宣传的能力。最后，没有为 IT 人员和员工提供培训，所以这方面只得到 1 分。

表 2-5　人力资源矩阵

人力资源	当前状态 1—差 2—普通 3—最佳实践	6 个月内希望 达到的成熟度	12 个月内希望 达到的成熟度
人力资源策略			
明确的社会化媒体安全策略	1	3	3
HR 定义的社会化媒体行为	1	3	3
HR 管理社会化媒体的能力	1	2	3
HR 的宣传能力	2	3	3
通过策略和流程约束员工的能力	2	3	3
HR 管理培训的能力	1	2	3
HR 传达策略的能力	1	2	3
HR 响应社会化媒体攻击的能力	1	2	3
IT 安全策略			
社会化媒体策略适用性	2	3	3
IT 策略中定义的社会化媒体安全技术	2	3	3
响应社会化媒体攻击的能力	2	2	3
培训制度			
关于社会化媒体使用的员工培训	1	2	3
关于社会化媒体安全问题的员工培训	1	2	3

2.4　资源和资源利用

我们已经完成了 H.U.M.O.R. 矩阵中的"H"。接下来，我们转移到资源利用（Utilization）。通过协作努力才能确定跟踪社会化媒体使用的方法。资源利用分析的目标是确定公司用于建立安全的社会化媒体框架所采取的所有战术和战略步骤。资产包括技术设备等硬件资产，以及 Microsoft SQL 客户数据库或者知识产权信息等软资产。必须实施一个保护资产以及确定安全资源在环境中的使用方式的流程，具体地考虑不断变化的社会化媒体形势。我们将资源利用的度量分为 3 类：技术、知识产权和版权。表 2-6 描述了这些分类。

表 2-6　资源利用分类

分类	描述
技术	使用什么技术分发（来自和去往员工及客户的）社会化媒体内容并监控社会化媒体活动
知识产权	社会化媒体中很容易共享限制性信息，公司如何监控其中的知识产权情况
版权	使用社会化媒体很容易危害公司的版权信息，也很容易损害来自其他组织和个人的版权。公司如何跟踪可能的版权侵犯行为

2.4.1　评估当前环境

正如你对人力资源所做的那样，首先评估当前环境。对于每个资源利用类别——技术、知识产权和版权——你必须采取分步措施确定当前的安全态势。你的公司必须首先评估社会化媒体对你的资产的影响，以及目前已经完成的资产保护措施。

技术评估

开发社会化媒体安全策略（在矩阵的人力资源部分进行）之后，技术是你在保护社会化媒体攻击或者不正当的信息分发中的下一道防线。IT 或者信息安全部门的责任是实施管理资产控制的技术。将社会化媒体使用及交互与企业资源绑定（如在社会化媒体上访问客户信息或者使用支付网关）的公司必须部署非常健壮的工具，以管理社会化媒体使用。在线游戏公司 Zynga 曾经开发了流行的 Facebook 游戏 Farmville、Citiville 和 MafiaWars，2011 年该公司遭到一位英国 IT 专家的入侵，这位专家闯入公司的系统并偷走了 4000 亿虚拟扑克币（潜在价值为 1200 万美元）。这对于公司没有造成重大的损失，但是影响了公司在客户中的声誉。

我们可按照如下的步骤评估加强社会化媒体安全的技术：

1）**清点**：列出目前所有用于加强社会化媒体安全性的技术以及使用的媒体。仅关注影响社会化媒体使用，或者可能影响社会化媒体使用或与其他资产联系的技术。

2）**能力**：评估管理社会化媒体活动所需资产中采用的安全技术的能力。如果特定的技术不能在社会化媒体中保护你，在此就不要考虑评估它。例如，如果你使用 McAfee 的数据丢失预防解决方案（www.mcafee.com），就有能力阻止文件和机密数据离开组织。你可以将相同的产品应用到社会化媒体，例如在 Fackbook 之类网站上张贴文件，或者使用 Skype 发送带有机密文件或者信息的 IM 信息。

3）**策略映射**：将影响社会化媒体使用的安全技术映射到 IT 安全策略和 HR 策略中的对应需求上。这时你是在审核当前环境，所以如果对策略的需求没有映射，不要尝试改变这种情况，你所关注的只是当前的情况。你还应该将你此时的社会化媒体战略映射到社会化媒体使用策略上。然后，在你的 IT 安全策略中，你必须与社会化媒体的使用情况挂钩，并且应用合适的安全工具。

技术利用跨越公司中社会化媒体使用和资产风险的所有边界。社会化媒体使用不同的通信渠道——从 Web 和移动社会化工具如 Fackbook（www.facebook.com）到基于位置的应用如 foursquare（www.foursquare.com）。共享云服务如 Basecamp（www.basecamphq.com）为信息共享提供协作网站，但是通过第三方部署的软件服务使公司暴露在数据丢失的危险之下。

社会化媒体应用可以分类为开放源码、云或者两者皆是。开放源码应用基于公众可以在某些限制下得到的代码。WordPress 是你可以下载和安装的一个**开放源码**应用程序，但是它也可以作为**云应用**访问。云应用可以是开放源码的，可以在公共部署的环境中使用。大部分社会化媒体网站都是基于云的应用，如 Facebook 和 Google Buzz。使用这些技术时应该评估的关键风险包括：

- 对开放源码许可模式的无意侵犯；
- 在作为专利销售的产品中使用开放源码素材；
- 没有正确评估开放源码中的安全控制，假设代码稳定；
- 开放源码项目失败导致未来的开发不稳定；
- 由于贡献者使用专利代码而侵犯第三方知识产权。

WordPress（www.wordpress.org）在使用上几乎没有限制，正如他们在网站上所说的那样：

"WordPress 是一个开放源码项目，这意味着全世界有数百人为之工作（超过大部分商业平台），也意味着无论是在你的宠物猫的主页上，还是'财富五百强'的网站上，都可以免费使用它，不需向任何人支付许可证费用，此外还有许多其他重要的自主权。"

但是贡献者仍然可以通过代码破坏或者你下载的代码中固有的安全弱点，将你的公司暴露在许可证问题之外的其他风险中。

正如刚才提到的，大部分社会化媒体平台被认为是云计算。想想由 Facebook、Twitter、Blogger.com、Google Buzz、MySpace、YouTube、Flickr、Reddit、StumbleUpon 等公司处理的所有数据都部署和存储在它们的服务器上。你有权访问你的账户和数据，但是不知道运行这些网站的公司所发生的一切——特别是在它们还没有获得收入的商业模型时。Twitter 可能非常流行，但是它仍然没有赚到足够支持其运营成本的钱。如果资金耗尽，公司关门或者被收购，那么对于 Twitter 已经收集的所有信息会发生什么？

知识产权

在你理解了当前环境中技术的利用情况之后，就需要关注公司对于下一个关键资产——知识产权（Intellectual Property，IP）所做的工作。记住，你仍然在信息收集阶段。首先问你自己：我们需要保护哪些 IP，员工对社会化媒体的使用可能对其造成什么样的损失？

在 2.3 节中，你确定当前的策略以及所缺失的相关策略。知识产权是特别要考虑的领域之一，有关知识产权的信息也可能损害一个公司。如果你确定需要一个专用于 IP 的策略，那么现在就必须评估这一策略的使用情况。这样的策略可以用于你自己的信息，也可以用于你的客户。如果你的员工有权使用客户的 IP 或者你自己的 IP，就必须确定社会化媒体使用对 IP 管理的影响。

可按照如下步骤评估社会化媒体上的 IP 风险：

1）使用技术控制手段确定现在是否通过社会化媒体网站发出 IP；

2）确定你是否有能力在社会化媒体平台上管理、跟踪和拦截 IP 资产；

3）确定用于传播 IP 信息的通信类型，例如，有关客户最新产品开发的 Twitter 信息，或者展示受到限制的客户信息的 Flickr 照片；

4）确定你的公司是否侵犯了客户或者另一家公司的 IP，例如从众包（Crowsourcing）网站或者社会化媒体网站获得数据并将其用在公司内部。Nielsen 评级公司在从 Patientslikeme.com 论坛页面捕捉信息之后，就将其用于 Nielsen 的市场用途（更多详情见第 4 章）。

最后，在你评估技术利用的时候，列出所有保护 IP 所必需的工具。当今用于常规 IP 保护的关键工具是数据丢失预防技术，如 Symantec 的 Vontu（www.vontu.com）或者 Trustwave 的 Vericept（www.vericept.com）。当你使用社会化媒体网站时，应该更多地关注 Websense（www.websense.com）等 URL 过滤技术，作为跟踪从内部发出的 IP 的必要工具。

版权

版权保护与 IP 保护非常相似。员工可以轻松地侵害自己公司的版权和商标，或者侵害其他组织和个人的版权。你将采取什么步骤来评估版权保护？以你的市场部门引用某个公司或者话题的博客帖子为例，假设他们需要一幅好的图片来配合这个帖子，他们可能简单地用 Google 搜索图像，然后在帖子中使用图像，这可能导致与你的公司相关的侵权。还有一种情况，你的市场部门发出一封电子邮件，内容是来自杂志或者新闻网站相关主题的报道副本。这样的事件于 2011 年 2 月发生在 Webcopyplus 公司，该公司因为广告撰稿人使用了一个商业作品中的一幅图像而必须支付 4000 美元了结诉讼。这幅图像可以在互联网上找到，但是 Webcopyplus 没有为版权付费[○]。

另一方面是保护某个版权资产的实际需求。这是一个业务决策，超出了 IT 或者销售的领域。例如雀巢公司在 2010 年遇到的麻烦，环境保护组织——绿色和平组织攻击雀巢咖啡对橄榄油的使用，认为这是砍伐森林、温室气体排放的源头，并对濒危物种（特别是猩猩）造成威胁。绿色和平组织的视频被张贴到 YouTube 上，雀巢公司以版权为由试图从 YouTube 删除这段视频，绿色和平组织让追随者改变了雀巢公司的 Facebook 简档并发送使用雀巢标志和版权所有数据的 Twitter 信息。雀巢得到了非常负面的回应，正如 CNET 上说的：

"嗨，公共关系部门的傻瓜们，感谢你们，你们正在做的事情远比我们以往所做的都更能摧毁你们的品牌，"以及"人们不能改变你们的标志，但是你们却可以改变印度尼西亚雨林的面貌？[○]"该品牌驾驭社会化媒体局势的能力收到了事与愿违的效果。

除了用传统的法律手段应对负面的运动外，该公司没有采取其他任何战略。这是公司除了已有的一般安全培训之外，还需要数码文化培训和社区管理最佳实践的另一个原因。公司必须部署保护机制，跟踪社会化媒体上版权所有的资产的使用。你的公司必须评估这一领域中可以使用的工具以及 IT 人员管理这些工具，并与市场、法律和人力资源部门合作保护这些资产的能力。在评估保护版权的需求时，采用和评估知识产权相同的步骤。

关于社会化媒体的规章仍然非常模糊。有些行业具备适用于社会化媒体使用的最佳实践。

○　《Copywriter Pays $4,000 for a $10 Photo Due to Copyright Infringement》（广告撰稿人由于侵犯版权，为价值 10 美元的照片支付了 4000 美元），PR Web（2011 年 2 月 15 日），网址：http://www.sfgate.com/cgi-bin/article.cgi?f=/g/a/2011/02/15/prweb5061854.DTL。

○　Caroline, McCarthy，《Nestle Mess Shows Sticky Side of Facebook Pages》（雀巢的乱局展示了 Facebook 页面令人棘手的一面）CNET News（2010 年 3 月 19 日），网址：http://news.cnet.com/8301-13577_3-20000805-36.html。

法律和卫生保健等行业已经有了大量的管理制度，这些规章从理论上也适用于社会化媒体使用。在知识产权的有关书籍上有大量规章制度，很容易应用到社会化媒体上。公司如何跟踪社会化媒体中这些规章制度的执行情况是一个新的挑战。

2.4.2   度量当前状态：H.U.M.O.R. 矩阵

一旦确定了需要保护的资产以及保护这些资产所需的技术，就可以完成 H.U.M.O.R. 矩阵的下一个部分——度量当前资源利用的能力。表 2-7 展示了需要跟踪的资源利用衡量标准的关键方面。我们回到测试公司 JAG，看看它在这个领域中是怎么做的。JAG 由于多个关键因素而得到"差"的评分，这些因素包括：

- 缺乏对监控环境中发生的事件（从用户张贴信息到跟踪社会化媒体平台上客户的言论）的技术控制手段。
- JAG 没有监控社会化媒体圈中 IP 风险的工具。
- JAG 不知道自己的员工在张贴博客信息时是否侵害其他版权，因为它没有严格控制博客内容。

表 2-7   资源利用矩阵

资源利用	当前状态 1—差 2—普通 3—最佳实践	6 个月内希望 达到的成熟度	12 个月内希望 达到的成熟度
技术			
跟踪用户社会化媒体访问的相关技术	1	2	3
跟踪社会化媒体利用规章的相关技术	1	2	3
跟踪社会化媒体利用中的数据存储的相关技术	1	2	3
跟踪社会化媒体利用数据访问的相关技术	1	2	3
跟踪社会化媒体利用中资源共享服务的相关技术	1	2	3
跟踪社会化媒体利用中业务连续性的相关技术	1	2	3
为社会化媒体利用提供支持服务的相关技术	1	2	3
知识产权			
跟踪知识产权不当使用的能力	2	2	3
跟踪公司对第三方知识产权不当使用的能力	1	2	3
版权			
跟踪公司版权数据的能力	1	2	3
跟踪公司对第三方版权数据的不当使用的能力	1	2	3

2.5 财务考虑

中大型企业通常有专门用于市场和信息安全活动的预算。但是在小型企业中并不总是如此，很有可能在这两个领域有一些专项资金，但是没有严格的组织。你需要取得用于加强社会化媒体安全性的预算并确定它来自 IT 还是市场部的预算吗？

2.5.1 评估当前环境

为达成你的安全目标而部署的所有工具、策略和规程需要预算的支持。安全预算资金从哪里来？公司将会制作社会化媒体的预算，但是许多公司都还没有专门用于社会化媒体安全性的预算。由于社会化媒体变化很快，了解需求很困难，所以预算必须集中于构建过程和操作，而不考虑实际使用的社会化媒体平台。预算应该和公司使用 Google Buzz 或 Facebook 无关，而应该制定用于加强所使用的媒体（即云服务）安全性所需的工具和流程的预算。

信息收集

评估当前安全控制是一个困难的过程。在社会化媒体中，和可交付成果的价值相比，控制手段的价值极其难以确定。没有公认的公式可用于计算社会化媒体的价值，也没有正确度量结果的衡量标准。安全性是社会化媒体的一个全新部分，你必须决定赋予安全性什么样的价值。如何度量控制手段的成本和价值呢？

为了度量你的社会化媒体安全性花费，你必须确定必要的工具，需要多少资源，以及需要哪些部分的 IT 安全预算或者市场预算以满足这些安全性目标。如果没有专用于社会化媒体的预算，在你不能部署社会化媒体安全性控制而出现问题时该由谁负责任呢？安全性预算还必须包括通过社会化媒体渠道引起的数据丢失的代价。

可以跟踪和分类社会化媒体的财务支出，以便更加容易地组织与安全需求相关的预算。如果你还没有用于建立社会化媒体安全性预算的专用模型，这种成本模型就是一个好的出发点。表 2-8 展示了 H.U.M.O.R. 矩阵中有关财务支出的部分。

表 2-8 财务支出需求

预算项目	部门	实施成本
技术	信息技术	确定软件采购成本
人员	人力资源	确定管理社会化媒体所需的资源成本
策略开发	信息技术 人力资源 市场 法律	确定开发和维护社会化媒体策略所需的工作成本
实施	人力资源 信息技术	确定监控和维护社会化媒体安全性所需的技术和人员成本

（续）

预算项目	部门	实施成本
监控	市场 人力资源	确定监控措施所需的技术和活动成本
报告	人力资源 信息技术	确定活动报告和不正当活动跟踪报告所需的资源成本

资金支出必须与员工对业务的管理配合。你越坚定地增进员工所进行的有价值的社会化媒体活动，他们就越可能：

- 报告公司环境中不正当的社会化媒体活动。
- 积极地通过社会化媒体捍卫品牌（不管这是否属于他们的职责范围）。

换句话说，正面的鼓励能帮助你培训你的员工，使他们为你提供大量的监控，这将随着时间的推移降低资源预算，而与技术无关。

2.5.2   度量当前状态：H.U.M.O.R. 矩阵

表 2-9 说明了如何跟踪你的财务支出，我们就用这种方法来给测试公司 JAG 消费电子打分。JAG 的关键问题是公司没有专门用于社会化媒体安全性的预算。IT 安全预算中没有为此留出空间。没有采购任何工具或者服务来监控品牌，报告公司所面临的威胁，或者加强员工社会化媒体使用的安全性。

表 2-9   财务支出矩阵

财务支出	当前状态 1—差 2—普通 3—最佳实践	6 个月内希望 达到的成熟度	12 个月内希望 达到的成熟度
跟踪社会化媒体的预算支出	2	2	3
跟踪参与度所需的工具	1	2	3
实时跟踪口碑所需的工具成本	1	2	3
度量品牌知名度所需的工具成本	1	2	3
跟踪正面、负面、中性议论所需的工具成本	1	2	3
度量社会化媒体安全性战术、软件和工时的工具成本	1	2	3
确定的品牌资产价值	1	2	3

2.6　运营管理

运营管理指对使用社会化媒体相关的日常活动的管理。公司必须具备用于这些活动的结构化流程，并清晰地定义运营中的角色。运营方面的弱点可能导致所使用的社会化媒体工具停止运行，失去机会，或者由于不连贯或者不完整的业务流程导致风险的增加，或者因为社会化媒体上的限制不完备而导致数据丢失。

'IT 在提供社会化媒体这类分散介质安全性上的作用必须清晰定义，并且让 IT 部门和最终用户都了解这一作用。在 2.3 节中，你定义了必须应用到社会化媒体的 IT 安全策略，运营就是这些策略的实施。安全性应该牵涉哪些部门？ IT 和市场及法律等业务单位所有者之间的界线在哪里？定义这些安全性问题可能是 IT 部门的责任，但是教育员工和业务单位所有者，使其正常运转可能是不同小组的责任。

2.6.1　评估当前环境

运营的关键任务是信息技术部门的责任。在较小的程度上，其他部门如市场、人力资源、法律也处理社会化媒体管理的某些方面。

理解运营风险的评估步骤

为了理解运营方式对正确采用社会化媒体工具的影响，你的员工必须了解所要遵循的正确步骤。不同的战术和工作职责将决定日常必需的工具。驱动运营能力的关键领域包括信息访问权限、规章的影响作用、数据管理需求、共享服务模型、业务持续性和必要的支持服务。

- **访问**：你的员工可能在社会化媒体网站上存储敏感数据，如供自己以后使用的工作文档，或者可以用于猜测他们密码的关键信息（如生日或者孩子的姓名）。通过使用 Web 过滤技术如 FireEye（www.fireeye.com）记录你的公司中对社会化媒体网站的访问，可以确定谁在内部访问这些信息。确定员工对这些信息的访问方式，你能够知道他们是否使用公司提供的智能手机上网吗？
- **规章**：你是否知道社会化媒体网站对监管要求的符合性？你所处的监管环境是否可能阻拦你使用未经审核或者符合特定标准的第三方？你的员工是否知道他们提交给社会化媒体网站的数据破坏了规章制度？确定一种快速而有效的流程，从每个社会化媒体和与之协同工作的任何第三方应用上删除信息，以符合规章的要求。在具备用一个按钮就能在各个媒体间共享内容的社会化媒体上，快速的响应是很关键的。
- **数据存储**：你是否知道用于社会化媒体活动的服务器将你的数据和交互存储在哪里？如果它在另一个国家将会如何？或者，以黑莓为例，它所有的企业流量都通过在英国和加拿大的 RIM 数据中心，那么它的消息是否会被有能力的黑客或者政府窃听？对于机密或者敏感、受控的数据，加密级别是否足够强大，你是否有违反法规的危险？还有，根据你对 Facebook 简档访问手段的不同（使用黑莓自己的 Facebook 应用或者其他方应用），你的数据可能在多个国家的多个服务器上，这一点不为你或者你的员工所知。确定数据存储场所——这一场所可能影响你的组织将社会化媒体平台用于业务的能力。

- **数据访问**：在花费了十几个小时向网站提交内容和媒体并建立关系和创建社区之后，你能够导出这些数据吗？这种数据的备份频率有多高？确定你用于社会化媒体内容的备份和恢复策略。

- **共享服务**：云计算的概念与共享服务相关。如果你和几千个其他人一起访问一台服务器，数据混杂在一起将会如何？确定是否有数据混杂的危险。

- **业务持续性**：如果你在一个采用社会化媒体网站或者过程的市场活动上花费巨大，你的业务可能依赖于该网站或者过程。如果网站消亡，你可能很倒霉，丢失数据和客户，浪费时间和资源。确定是否为你所使用的特定社会化媒体平台制订了业务持续性计划。

- **支持服务**：社会化媒体网站因为没有服务而声名狼藉。你通常必须自己动手。你的员工如何使用这些网站，他们是否需要帮助，这会不会耗尽你自己的资源？首先要理解员工如何使用社会化网络，以及真正需要的应用。员工需要什么样的功能？然后，你可以确定达到特定业务目标所必需的支持。

云资源的评估步骤

在使用云或者开放源码技术时，评估使用这两种类型技术的风险是很重要的：

1）确定信息的存储方式；

2）确定信息的控制方法；

3）确定创建和访问信息的渠道；

4）确定用户的信息访问机制；

5）确定它们的身份盗窃响应能力；

6）确定它们的第三方凭据存储管理例程；

7）确定它们预防垃圾邮件、病毒和恶意软件的能力；

8）确定存储数据或者应用上的黑客攻击；

9）确定数据丢失预防技术。

IT 部门的最终责任在于确定和实施保护社会化媒体使用的必要工具集。直到最近，所有的 IT 安全工具都聚焦于网络层、操作系统层和应用层，所有策略和操作指南都针对于这些环境安全性的增强。现在，社会化媒体脱离了 IT 的控制，使数据的管理和使用成为 IT 的新职责。必须创建为这些社会化网站和服务提供某种形式的跟踪、监控和报告的工具，并且随着社会化媒体的变化而更新。你有许多的选择，因此管理所有技术的跟踪机制是绝对必需的。

应该在"人力资源"部分通过所创建的策略和规程定义使用工具和安全流程所希望得到的结果。对于所使用的每种技术，定义特定攻击的后果和从技术角度和策略角度应对攻击的正确响应。我们将在第 4 章中更详细地讨论威胁定义和响应。本小节只是评估当前的环境，为实施 IT 审计控制打下基础。

信息收集

运营管理规程是 IT 在日常安全管理中遵循的标准过程的一部分。不同的是，社会化媒体应该作为几乎每天变化的局面来处理。为了评估当前的环境，各个部门应该在 IT 的带领下解决下面的问题：

- 你是否有安全社会化媒体操作指南，或者在常规操作规程中有一个指导方针的子集？
- 目前所遵循的是什么方法？
- 人力资源和 IT 安全策略及社会化媒体战术之间有没有明确的关系？
- 有没有指定具体部门的职责？
- 你的公司有没有遵循运营方面的行业最佳实践？
- 你如何寻求社会化媒体安全操作的行业最佳实践？
- IT 如何跟踪新的社会化媒体网站和技术，以便预先考虑安全性或者不同的数据使用路径？
- 谁负责管理社会化媒体实践？
- 有无将社会化媒体平台和其他部门新的使用通知给运营者的流程？
- 运营者从哪里得知新的社会化媒体安全性问题和解决方案？

2.6.2 度量当前状态：H.U.M.O.R. 矩阵

审核了各个部门的运营能力之后，你可以开始度量 H.U.M.O.R. 矩阵中运营管理部分的能力。正如我们前面所做的那样，JAG 消费电子公司已经评估了他们的环境，并得出了表 2-10 中的评分。JAG 仍然得到了"差"的评分，因为该公司没有清晰地标识社会化媒体安全性的操作指南。没有遵循策略，日常活动没有就绪，IT 部门没有将社会化媒体监控集成到过程中。JAG 没有能力跟踪社会化媒体上数据的存储场所，在这些网站无法使用时或者数据无法使用时也没有能力恢复运营。

表 2-10 运营管理矩阵

运营管理	当前状态 1—差 2—普通 3—最佳实践	6 个月内希望 达到的成熟度	12 个月内希望 达到的成熟度
已识别的社会化媒体运营	1	2	3
部门清晰定义了运营职责	1	2	3
运营与社会化媒体策略的映射	1	2	3
主动监控社会化媒体威胁	1	3	3
对公司中使用的社会化媒体网站的管理进行评估	1	3	3
对允许使用社会化媒体的员工进行跟踪	1	2	3

（续）

运营管理	当前状态 1—差 2—普通 3—最佳实践	6 个月内希望 达到的成熟度	12 个月内希望 达到的成熟度
对管理社会化媒体安全工具的运营人员的教育	1	2	3
确定社会化媒体网站中数据使用与存储的流程	1	2	3
用于业务持续性计划的社会化媒体网站信息恢复流程	1	2	3

2.7　声誉管理

对公司来说，所有社会化媒体都带来了与声誉相关的机会和挑战。对于小的公司，任何通过社会化媒体传播的有害信息都可能是灾难性的，而对于较大的公司来说，可能能够承受有害的报道。但是对于成功的声誉管理来说，公司声誉和品牌受到社会化媒体影响的方式以及管理、监控和报告活动的手段是关键。

2.7.1　评估当前环境

声誉管理从为组织的品牌资产建立一个基线开始。你当前的品牌资产是什么，如何度量？除非你可以度量品牌价值，否则你就无从知道如何分配安全预算、流程及技术，以加强品牌的安全。目前，价值达到数百万美元之巨的许多品牌在社会化媒体管理上没有任何投入。品牌和公司的股价可能会被 YouTube 上的一个病毒视频所破坏。音乐家 Dave Carroll 的 YouTube 歌曲就是一个很好的例子，他的吉他在美国联合航空公司的飞机上损坏了，该公司不肯赔偿并且态度恶劣。Dave 为这一事件写了一首歌，这首歌在 YouTube 上流传，被单击超过 900 万次。《泰晤士报》报道，这段视频导致美联航的股价下跌了 10%。[⊖]

信息收集

评估品牌声誉的下一步是确定外部攻击的风险和所需的防御战术。寻找这些信息是每周 7 天，每天 24 小时的工作。你的 IT 安全部门可以实用工具来跟踪声誉攻击，但是也需要了解对于公司来说完全处于外部的第三方，确定你对那些声誉攻击所需要的响应。IceRocket（www.icerocket.com）工具能跟踪对品牌或者名称的议论，如图 2-2 所示。使用 IceRocket，你可以跟踪与你的公司 Twitter 账户或者品牌名称相关的言论。

危机管理是安全响应计划中重要的一个方面。你必须分析目前对从技术角度（如被窃取的简档信息）和从品牌角度（如伪造的 BP Twitter 账户）出发的攻击的响应能力。如果危机在今

⊖　Chris Ayers《Revenge Is Best Served Cold—on YouTube》，《泰晤士报》（2009 年 7 月 22 日，网址：http://www.timesonline.co.uk/tol/comment/columnists/chris_ayres/article6722407.ece。

天发生，你有什么策略和方法，当在有关社会化媒体攻击的危机管理计划中找到的漏洞时，你该如何处理？

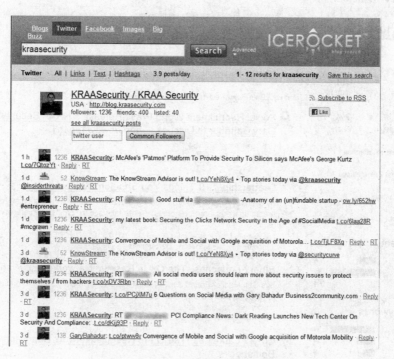

图 2-2　IceRocket 跟踪 Twitter 关键词

在危机管理中有各种各样的角色。在危机中 IT 和 HR 以及市场部门扮演什么样的角色？除非你在危机实际出现之前做了一些场景分析，否则这就是一个灰色地带。在某些情况下，市场部门本身引发危机。失败的行动可能引发一系列事件，导致对公司品牌和声誉的攻击。例如，非常成功的在线优惠券网站 Groupon 于 2011 年在超级碗推出的有争议的广告忽视了一些严重的社会化目标。他们为同样的目标筹集资金的努力在公众面前完全失败，人们通过社会化媒体平台表达了反对的意见。你如何分析市场活动是否影响你的安全模型？你的市场团队在将要启动重大的社会化媒体活动时是否确实通知了你的安全团队？这些小组之间有没有举行过团队会议？启动新的活动时，市场部和 IT 在监控活动方面有什么样的责任？IT 和市场部应该协同工作，以选择正确的声誉管理工具，这种工具的一个例子是 Social Mention（www.socialmention. com）。图 2-3 展示了使用 Social Mention 跟踪的数据的例子。这些类型的工具的关键功能包括"观点"、活动、关键词的度量，此外还有帖子和重要意见的跟踪。

在社会化媒体运动之前，如果将要启动一个市场运动，可能涉及一些 IT 支持，IT 可能会建立邮件列表或者新的网站。现在市场团队可以在 Facebook 创建社会化媒体简档，启动一个不涉及 IT 的活动，并预先确定是否有安全性的考虑。市场活动可能导致对品牌的与 IT 无关的网络攻击。没有合适的工具，度量声誉攻击就很难。IT 应该使用什么样的工具来支持市场工作，并理解对于声誉管理的作用呢？保护品牌是谁的责任？IT 部门必须和其他部门一起，应对与声誉风险相关的许多挑战。

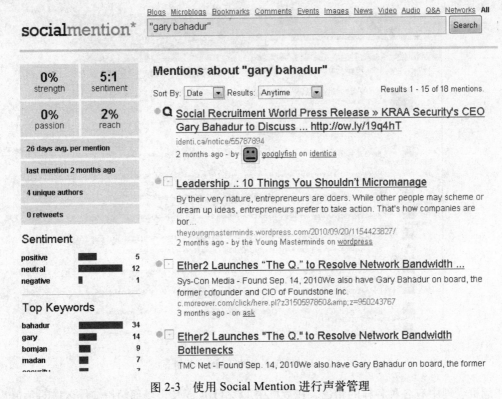

图 2-3   使用 Social Mention 进行声誉管理

2.7.2   度量当前状态：H.U.M.O.R. 矩阵

表 2-11 展示了在我们虚构的 JAG 消费电子公司中这些风险的处理情况。当然，JAG 在这个领域也很弱，因为它没有采用任何真正的工具来跟踪公众对 JAG 的意见。对 Twitter 帖子或者博客中对 JAG 的意见没有任何跟踪。JAG 有一些确定品牌价值的能力，但是没有办法度量可能使品牌贬值的攻击的影响程度。由于 IT 没有得到预先通知，他们无法在启动社会化媒体运动时与其他部门协同一致。

表 2-11   声誉管理矩阵

声誉管理	当前状态 1—差 2—普通 3—最佳实践	6 个月内希望 达到的成熟度	12 个月内希望 达到的成熟度
确定品牌资产的能力	2	3	3
识别品牌资产风险的能力	1	2	3

（续）

声誉管理	当前状态 1—差 2—普通 3—最佳实践	6 个月内希望 达到的成熟度	12 个月内希望 达到的成熟度
识别品牌攻击的能力	1	2	3
对品牌攻击的防御能力	1	2	3
危机管理能力	2	3	3
市场部门和 IT 部门的协调能力	1	2	3
管理声誉的工具	1	2	3

2.8　小结

　　本章概述了理解社会化媒体安全框架的主要步骤。首先必须评估你的环境，然后定义相关的威胁以及实施安全措施所需的控制。H.U.M.O.R 矩阵使你能组合一个完整的社会化媒体安全性分析。下一章将概述如何监控社会化媒体态势，以整体了解目前在你的社会化媒体实践中所发生情况。

改进检查列表

- 你是否有覆盖社会化媒体的 HR 政策？
- 你是否对公司在社会化媒体上使用的所有工具进行了分析？
- 你是否定义了社会化媒体安全技术预算？
- 你是否为所有部门使用社会化媒体编写了操作指南？
- 你是否知道对声誉管理必需的监控类型？

第3章
监控社会化媒体局势

监控是社会化媒体安全性实践中的重要部分。如果你不能监控活动，就无法控制活动。监控必须针对3种受众：公司的客户、公众和公司的员工。威胁和攻击来自内部和外部，所以监控活动必须管理攻击场景的两个方面。

在本章中，我们讨论你所需要监控的方面。我们还要研究确定互联网上的威胁，并确定人们使用社会化媒体平台侵害公司和品牌的方式的不同工具和流程。最后，我们关注创建"要是……，如何……"场景来保护机密信息免遭泄露的重要性，并研究一些与隐私和监控相关的法规。

3.1 案例研究：危险的公众

2010年12月，一群黑客以Mastercard.com网站为目标发动了拒绝服务攻击（Denial of service，Dos），使该网站离线。发动这次拒绝服务攻击的积极分子表示了对维基解密（WikiLeaks）及其创始人Julian Assange的支持。WikiLeaks张贴了许多有关政府和企业的机密档案，结果是，MasterCard决定停止处理对WikiLeaks的捐赠。这次攻击被称为"报复行动"⊖。一个信用卡支付服务报告称，它因为这次攻击而无法处理支付。

尽管这次攻击没有最终影响MasterCard处理信用卡业务的能力，但是消费者看到了MasterCard在攻击面前的脆弱。之后，攻击者通过Facebook和Twitter鼓动对MasterCard品牌的攻击，在Twitter上，攻击者声称：

> 用户@Anon_Operation于早上9:39确认了MasterCard行动，之后说："我们高兴地告诉你，http://www.mastercard.com/ 网站已经停止运行，并且得到了确认！#ddos #WikiLeaks Operation: Payback (is a bitch!) #PAYBACK。"

我们能够做什么

通过监控这些网络，MasterCard可以更快地对攻击做出反应，甚至可以在网上还在讨论攻

⊖ Esther Addley和Josh Halliday，《Operation Payback Cripples MasterCard Site in Revenge for WikiLeaks Ban》（对WikiLeaks禁令的报复行动削弱了MasterCard网站），《卫报》（2010年12月8日），网址：http://www.guardian.co.uk/media/2010/dec/08/operation-payback-mastercardwebsite-wikileaks。

击的时候就这么做。MasterCard 与公众的沟通可以更快一些，恢复客户的信心，告诉他们支付仍然在处理中。如果 MasterCard 对搁置 WikiLeaks 的付款处理的后果做更多的研究，就可能避免整个事件的发生。

这类活动可能改变客户对公司安全能力的看法，MasterCard 可能已经损失了品牌价值（这很难度量）。MasterCard 在与客户进行攻击方面的沟通上没有积极的响应，它没有利用其他社会化媒体出口让人们确信公司已经采取了正确的响应。如果 MasterCard 事先安排了对社会化媒体具有影响力的人，这些人就可以快速向不同渠道发布有关攻击的信息。社会化媒体不是实际问题的起因，但是 MasterCard 可以将它作为通知客户所发生状况的措施。

JAG 做得如何？

并不是像 MasterCard 那么大的公司才需要面对相同的挑战和理解环境。我们虚构的 JAG 消费电子公司也有相同的问题。JAG 需要知道客户对其服务、员工友好性的评论，甚至竞争者也可能对产品价格提出看法。JAG 目前没有捕捉网上有关公司议论的过程，也没有跟踪与品牌名称、关键员工、畅销产品或者竞争公司相关的评论，该公司还不了解在 foursquare 和 Gowalla 等基于位置服务上登记零售场所的方法。而且，JAG 没有使用移动条形码扫描服务扫描自己的产品，这种服务能够显示竞争零售商的价格和位置。

3.2　你的客户和普通大众在说些什么

你是否正在聆听客户在网上表达的赞扬、抱怨和意见？你是否知道网上有哪些信息——来自于你自己的努力和公司外部的？你是否制作了播客和网络研讨会？如果有，是否进行了监控和管理？白皮书、文章或者公司的演示对你的品牌有何影响？当今的公司必须不断地度量网上的品牌声誉，确定所表达的观点，评估任何可能的威胁级别。

简单、快速而免费的基本解决方案从 Google 搜索开始。一开始，先进行一次对公司或产品和服务的快速 Google 搜索。这种内部搜索（也称"自我搜索"）将会很快地揭示与品牌相关的已索引网站、新闻报道或者博客帖子。在许多情况下，这种搜索将返回公司的官方网站、最近的报刊或者新闻报道。有时，它们将提供给你对品牌网上信誉的第一印象。最近对沃尔玛的搜索返回该公司的网站（www.walmart.com）和商店位置的列表。但是，正如图 3-1 所示，还有一些对沃尔玛有负面影响的网站："醒醒，沃尔玛"（wakeupwalmart.com）是一个反沃尔玛网站；Wal-Mart Watch（walmartwatch.com）是一个"揭露沃尔玛对美国家庭的危害，要求其改组业务的全国性活动"。你还会找到指向一个反沃尔玛电影的链接，以及幽默网站 peopleofwalmart.com。这一简单的搜索展示了大量对沃尔玛的负面观点。

在 2010 年 4 月初，沃尔玛官方网站之一（用于社区行动网络 CAN 的 www.walmart-community.com）遭到入侵，整个网站被注入标题为"die mommy die"的垃圾链接，如图 3-2 所示。CAN 这个社会化网络是很好的市场工具，但是当它遭到入侵，就变成了品牌管理的梦魇。

在进一步的调查中，沃尔玛发现注入网站页脚模板的垃圾代码。尽管这些攻击似乎无足轻重，第一眼看上去可能是个幽默，但是它们是潜在的更严重的安全性攻击的早期警报。这种对Web应用和社会化社区网站的组合攻击可能造成对品牌形象的严重破坏。

图 3-1 有关沃尔玛的负面意见网站

3.2.1 监控的内容

为了保护公司免遭在线社会化媒体攻击，必须采用一系列监控解决方案。我们很快将要讨论的某些监控解决方案不仅从客户的角度，也从攻击者的角度观察网上的闲聊，并监控关键词和观点。

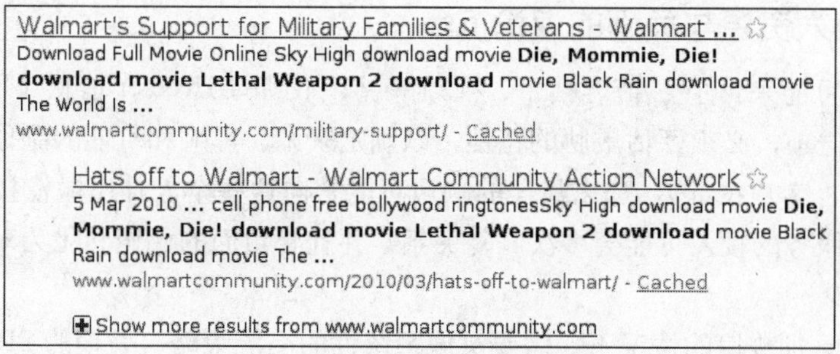

图 3-2　沃尔玛社区网站上的黑客信息

你需要监控的最流行问题包括：

- 复制的网站；
- 负面的帖子；
- 误导信息；
- 伪造的简档；
- 商标 / 版权侵犯；
- 坏的新闻报道；
- 机密档案泄露；
- 投诉网站；
- 竞争者的攻击；
- 仇恨的网站；
- 员工丑闻；
- 公司丑闻；
- 行业的看法。

许多服务（免费和付费的）能够帮助这一过程。Google Alerts 之类的免费服务能够监控关键词，跟踪论坛、博客及负面的在线帖子，而 Radian 6 和 Reputation.com 等商业性网上声誉监控服务可以通过设置，监控和跟踪在线观点以及潜在的隐私漏洞。这些服务能够：

- 监控帖子，并且请求删除可能不恰当的信息（例如姓名、地址、电话、过去的地址以及其他个人可识别信息）。
- 阻止垃圾或者无用的纸质邮件。
- 阻止在线跟踪，使你的活动不会受到广告网络的监控。

前面已经提到，负面的网上观点可以作为潜在安全威胁的警告信号。它们能够帮助识别这些评论的来源以及在线声誉控制的效果。通过跟踪关键词和围绕公司产品或者服务的正面、负面、中性意见，你可以确定网络上的态度。除了这种监控解决方案，你还应该分配公司资源（公司人员）来监控、分析在线社会化媒体评论，并快速做出反应，努力保护公司免遭潜在的威胁。

3.2.2 何时投入资源与负面的评论抗争

负面的威胁可能来自于：博客帖子、视频解说、不满的 Tweeter 信息（Tweet）、在线论坛等。在部署资源之前，必须评估威胁的特性，以确定来源、影响和可能的副作用。如果威胁具有唯一性（例如，客户投诉），那么最佳的响应可能是向这些个人伸出橄榄枝，希望私下里做出补救。对客户服务的投入可能会多次修复关系，并且将负面的评论转化为对公司的响应性的正面意见。

在负面威胁更加普遍的情况下，需要实施系统性的交流策略、长期的 PR 工作以及安全战略。在第 6 章中，我们将考虑你的实际策略所应该覆盖的更多细节。这些工作可能涉及活跃的在网上有影响力的人物，这些人对于修复你的公司形象和网上品牌价值可能至关重要。社会化媒体影响力人物可以是博客作者、Twitter 名人或者自由行业记者等。将这些工作与报告可能遭到威胁的企业资产所必需的安全技术相结合，你就有了一个完整的监控解决方案。如果没有部署这些监控解决方案，就可能面对导致品牌破坏的攻击，如果遭遇与技术相关的品牌攻击，你甚至可能无法运营。

和倡导者们建立关系，跟踪他们在攻击之前的在线活动可能是你的第一道防线，为加强公司品牌声誉和在线安全性提供宝贵的信息。此外，这些网上的影响力人物可能很容易说服那些支持者，这能够显著地影响负面工作发生时的公众舆论，有时候，甚至能集合网络安全专家帮助公司防御持续性的在线攻击。

提示 培训和授权公司员工使用社会化媒体；他们要可信得多，能够真正倡导公司的品牌。

最近一个例子是 2011 年初，一家亚拉巴马州的律师事务所对 Taco Bell 提起的诉讼，指控 Taco Bell 的核心和标志性产品——牛肉——不是真正的牛肉。这一指控比任何网络攻击都更能损坏该公司。Taco Bell 采取攻势，启动一个市场运动，使用社会化媒体平台来宣传自身。它的 Facebook 网页现在有超过 586 万追随者！人们在该公司的粉丝页面上宣扬其优秀事迹，如图 3-3 所示。这些"品牌大使""喜爱"这个品牌，并将它推销给朋友们。

3.2.3 跟踪对话导致攻击的过程

技术和人员资源是许多公司一再出现的问题。你实际上有多少人能从事所有这些工作，你是否有合适的预算来购买正确的工具？寻找正确的资源和拥有正确的资源是两个不同的难题。在威胁发生之前知道如何监控潜在的有害讨论在防御和加强社会化媒体战略安全性中是很关键的。前面已经提到，声誉管理和监控服务能够提供日常的摘要和实时的警告，可以用来观察当前网上的意见。利用简单的 Google Alert（如图 3-4 所示），你可以选择跟踪的关键字、来源类型（博客、新闻、视频、讨论）、跟踪频度、希望看到的结果类型以及结果传递给你的方式。

威胁来源或者带有信息的帖子来源一经确定，接下来便希望搜索更多的出口。威胁扩散到了哪些可能影响公司的地方？它可能散布到其他媒体通道。如果有一个来自特定来源的威胁——例如一位不喜欢该公司的博客作者，你应该将这个威胁来源放到网站列表中，监控未来的活动。

图 3-3 Taco Bell 粉丝页面

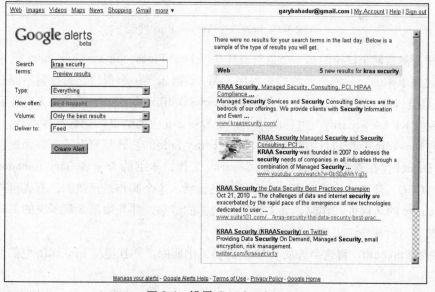

图 3-4 设置 Google Alerts

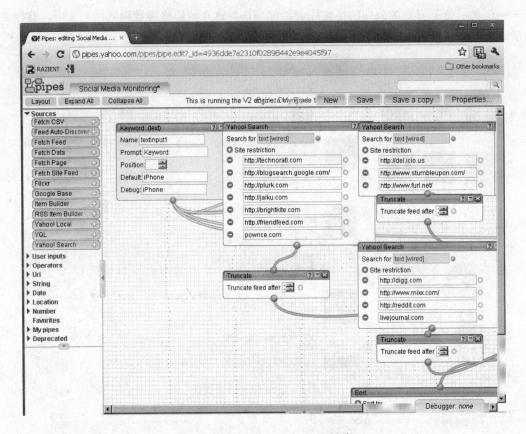

图 3-5 构建一个 Yahoo! Pipe 搜索

可以用来观察网上议论的另一个免费工具是 Yahoo! Pipes（pipes.yahoo .com），使用 Pipes，你可以创建属于你的、非常全面的搜索程序。图 3-5 展示了一个创建好的搜索不同社会化媒体应用和新闻出口的"管道"，并交付任何由 Charles Heflin 编写的结果。图 3-6 展示了一个按照公司名称"KRAA Security"进行的搜索。看看图 3-6 中的结果，你是否注意到，"Mugambi Daniel"的 LinkedIn 简档项目被作为 KRAA Security 公司的会计师列出了？公司里没有这样的人，因为 Daniel 住在肯尼亚，为 KRAA Security 工作。本书的合著者 Gary Bahadur 是 KRAA Security 的 CEO，他当然知道工资表上有谁！很显然，这个简档是伪造的。有人可能试图使用 KRAA Security 的名称进行诈骗。如果你得到这样的结果，并且像第 6 章所说的那样部署了事故响应策略，这时你应该采取以下几个步骤：

1）联络 LinkedIn，将这个人从 KRAA 的员工中删除，并且提醒 LinkedIn 它的网络中存在骗子。

2）确定你是否能够在 LinkedIn 上打开限制措施，阻止未来发生这样的事情。

3）实施常规监控，识别未来与此公司名称相关的任何活动。

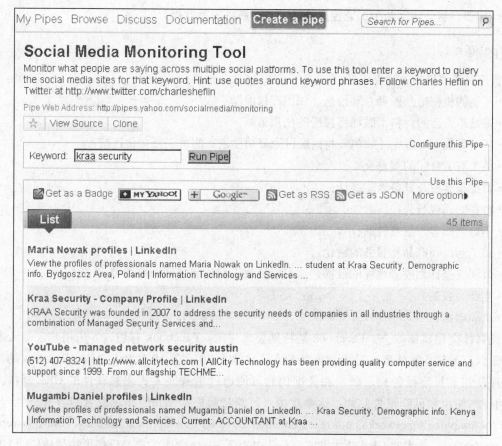

图 3-6　使用关键词 "KRAA Security" 进行的 Yahoo! Pipe 社会化媒体搜索结果

让公众找到你的另一个途径是使用基于位置的服务（如 Gowalla、Facebook Places、foursquare 和 Scvngr）。简单地在客户办公室里进行员工的 "签到" 或者潜在员工的访问，可能会不经意地导致公司敏感信息泄露。基于位置的服务使公众有一个跟踪公司的途径，可能导致某些基于员工签到位置的攻击。随着基于位置服务的完善，这种沟通形式将会被颠覆。涉及你的公司的社会化媒体活动的人们，有责任在新的威胁出现和更多部门参与到新兴的社会化媒体网络时，监控、实施和改变社会化媒体安全性策略。

3.3　你的员工在说些什么

社会化媒体威胁也可能从内部产生。心怀不满的员工可能在博客、Twitter 或者 Wiki 上张贴敏感信息，导致不可弥补的损失。公司策略是否扩展到员工对 Facebook、Twitter 或者其他社会化媒体网络的访问？（我们将在第 6 章中讨论整个社会化媒体安全性策略）。员工能否公开地参与和客户的透明对话？如果这样，谁监控这些交互？你是否审核 Facebook 的日常活动或者

Twitter 摘要，这些活动是手工监控还是通过自动解决方案监控？

监控内容

监控员工谈话的关键点包括：

- 可能的机密信息或者专利信息、知识产权泄露；
- 张贴不恰当的材料，破坏可接受的使用策略；
- 任何导致 HR 违规（如在公共论坛讨论公司秘密）的员工社会化连接；
- 员工有关公司的观点；
- 员工与客户及竞争者的谈话；
- 潜在的违规行为；
- 不恰当的客户信息传播；
- 员工对公司产品和服务的讨论；
- 公司安全计划或者过程的散播，这可能使攻击者能够访问网络资源；
- 生产力丧失；
- 求职申请。

谈到社会化媒体安全，Facebook 是特别要考虑的。Facebook 有超过 6 亿用户，每天有许多人签到，流量是其他所有社会化网络的 5 倍（根据 2010 年 10 月 Palo Alto Networks 的《应用程序使用和风险报告》），账户和凭据仍然可能通过带有嵌入式恶意软件的 URL 劫持。据《应用程序使用和风险报告》称，这类攻击"可能帮助揭示公司的角色或者回答安全性问题"（http://www.paloaltonetworks.com/researchcenter/2010/03/new-application-usage-and-risk-report-now-available/）。这类的 URL 攻击非常流行，以至于 Bit.ly 之类的产品已经缩短了他们的 URL。因为每个帖子的字符数限制，Twitter 使得缩短的 URL 流行起来。Bit.ly 可以将长的 URL 进行缩短。但是，它隐藏原始的 URL，使你无法真正知道缩短的 URL 背后的真实链接，直到最近这一情况才有了改变。

现在当你单击 Bit.ly 的短 URL，在转向更改页面之前会弹出实际的链接，如图 3-7 中所示的 TweetDeck（2011 年 5 月被 Twitter 收购）。这绝对是安全冲浪的需求。

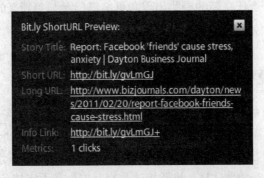

图 3-7 Bit.ly 现在会显示实际的 URL

你的员工在社会化空间中的表现还可能影响威胁级别并增加安全风险。如果没有清晰的社会化媒体策略，简单的响应可能启动一波攻击。这就是雀巢公司对用户篡改其标志作为抗议的反应导致的结果。该公司对其 Facebook 用户挑衅性的反应以及对知识产权盗窃的指控使许多人震惊，并激起了更多人的愤怒。结果是：雀巢遭到几千个标志变种的轰炸，使这个相对小的问题变成了全球性的新闻。如果由训练有素的社区管理人员来处理这一响应，这个问题就能得到更明智的解决，结果也就能更符合公司的初始意图。相反，这一结果使抗议者的理由变得人所共知——把问题推向全球，导致了对雀巢品牌严重的负面影响。如果你在攻击开始时关注股价走势图（如图 3-8 所示），你就会看到价格的下跌。我们不能确定这种下跌的成因，但是所有负面的声誉攻击都可能导致这种下跌。

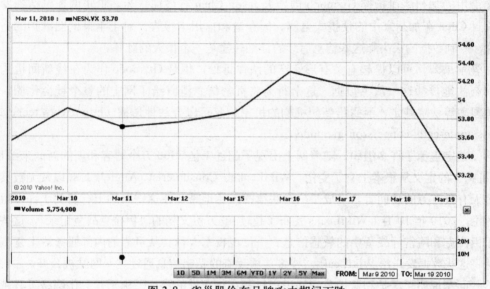

图 3-8　雀巢股价在品牌攻击期间下跌

除了公共关系的梦魇之外，随着新闻的传播超出 Facebook 领域而进入更广泛的网民（黑客）之中，这一事故无疑对公司社会化媒体形象带来了更多安全威胁。此外，这个事故给雀巢的竞争者充分利用这一问题的机会，从而从战略上针对该公司的策略和运营方法。

企业在社会化媒体上的失误每天都在发生。但是，在社会化媒体的放大镜下，这些小小的问题都可能很快地成为重大的问题，造成的损害可以从方面来度量：由于注意力改变导致的生产率下降，潜在的供应链瓦解，收入损失，以及同时发生的整个公司形象和财务底线负面影响。

3.4　"如果…怎样"场景

社会化媒体安全性策略需要处理围绕潜在的机密信息泄漏的"如果…怎样"场景。在机密信息泄露与网络群体结合可能对品牌整体形象和竞争优势产生影响这一方面，苹果电脑公司掌握了第一手资料。

这个故事的简短版本是这样的：有个家伙带着一台令人垂涎的、尚未实现的 Apple iPhone 4 原型机进入酒吧。这个人喝了太多酒，将他的手机忘在了酒吧里，他的手机最后落到一个广受欢迎的互联网装置网站——Gizmodo.com 的手中。该网站编写了有关这部手机各个方面的详细博客，这篇文章产生了超过 13 049 935 的访问量（参见 http://gizmodo.com/5520164/this-is-apples-next-iphone）。

这个故事很快传播到全球，成为了苹果 PR 和潜在产品启动的梦魇，因为这篇文章揭露了 iPhone 的天线问题。以产品保密著称的苹果公司立即发动了猛烈的法律攻势，包括根据 1872 年开始沿用的加州法律指控 Gizmodo 创始人 Jason Chen 有盗窃行为。犯罪调查包括签发搜查证，查封 Chen 在加州家中的便携式电脑、闪存盘和信用卡报告。对于苹果试图维护的完美形象来说，专利数据的丢失和这些信息后续的详细转播是一个很大的耻辱。

尽管苹果公司可以提起有关有形资产的法律诉讼，但是 Gizmodo 作为在线新闻机构，完全有权合法地传播这一敏感数据，这个行为将机密信息泄露给了网上的整个社会化圈。2001 年，美国高等法院裁定，泄露给新闻机构的机密信息可以合法地传播（http://www.techeye.net/business/apple-calls-coppers-on-gizmodo）。

这一裁定震惊了许多组织。随着网上出现了超过 1 亿 3300 万个博客和新的新闻来源形式，"新闻机构"的定义从根本上有了变化。WikiLeaks、Consumerist、Angie's List 以及无数其他的网站每天有数百万的访问者，形成了一个法律的灰色地带，在这些网站上有着关于许多组织的负面评论。2010 年 10 月，WikiLeaks 发布了超过 40 万份文档的"伊拉克战争记录"，这些文档记载了伊拉克和阿富汗战争中的敏感信息。一位现役军人称其从可靠的内部服务器上复制了数据，并将这些数据发送给 WikiLeaks。许多美国政府的私密信息通过这一网站被公开。

这些问题说明了保护和监控公司知识产权和在线声誉的难度。由于社会化网络工具越来越容易取得，加强知识产权的安全性和评估潜在危险级别变得越来越困难。加上 Web 的全球性、国际政策问题和相互冲突的法规，问题成指数增长。2009 年 6 月，美国高等法院以 9 票对 0 票裁定，员工使用公司发放的设备时隐私权无效。

但是，美国的一家地区法院在 Buckley H. Crispin v. Christian Audigier 公司的案件中裁定：在社会化媒体网站如 Facebook 和 MySpace 上张贴的内容如果没有公开，就不能作为证据。如果关键词包含在以非公开方式张贴的社会化媒体内容中，Google Alerts 就无法跟踪。如果你在 Facebook 上有 4999 个朋友，并且向你的朋友们发布一个帖子，监控技术只能在这些帖子公开后才能发现这 5000 次潜在的泄露，这时候已经错过了阻止传播风潮的机会了。

3.5   小结

由于公司隐私和个人权利相互冲突，你可能迷惑于如何实际地保护公司免遭潜在的社会化媒体威胁。和所有潜在威胁一样,第一条防线是监控潜在的活动热点。关键的网站例如 digg、Twitter Trends、Technorati、行业论坛以及 Google Alerts,能够作为简单有效的早期预警系统。所有参加社会化媒体活动的公司员工(特别是有权访问敏感信息的)都应该每天报告他们的活动,他们的交互应该得到监控以发现可能的漏洞。此外,员工应该知道,在工作时间或者通过公司提供的设备访问个人社会化网络简档,会使他们在安全缺口出现时成为调查的目标。在员工业余时间和使用公司无法跟踪的设备或者蜂窝网络时,这种战略遭到破坏。我们将在本书第四部分讨论能够查找这些信息的更多监控解决方案。

响应和执行系统应该是社会化媒体安全策略的重要部分,必须独立于法律部门开发。对威胁级别的清晰分析是正确地响应以及正确地协商或付诸法律行动的必要条件,这一分析可以通过认真实施清晰定义的策略以及本书概述的 H.U.M.O.R. 矩阵来完成。我们为展示了开发一个成功的媒体安全性战略的步骤,这种战略不仅保证你的安全,而且以建设性的方式经营你的社区,团结社区的成员。

了解对公司的评论需要一致的观点监控流程。你需要采取具体的措施,确定监控内容和监控影响公司的言论的方法。

改进检查列表

- 你是否监控互联网上对公司的评论?
- 你是否具有对潜在威胁做出预先响应的流程?
- 你是否收到网上对公司评论的一致的日报告?
- 你是否监控员工提及公司名称的活动?
- 你是否设计了场景,以测试通过社会化媒体对公司造成的潜在破坏?

第二部分
评估社会化媒体威胁

第 4 章
威 胁 评 估

威胁不断发展，在社会化媒体圈也不例外。我们都熟悉间谍软件，大部分人可能都安装了来自 McAfee 和 Symantec 等公司的间谍软件扫描程序以及防病毒软件。当今的防间谍软件 / 防恶意软件能够阻止 Facebook 中的恶意应用或者通过 Twitter 帖子中缩短的 URL 下载的恶意软件吗？最早的 Facebook 间谍软件是 "Secret Crush"，这个应用据称能够告诉你是否有人偷偷地喜欢你（必须依靠 Facebook，但这是完全不同的问题）。但是，当你安装这个应用程序时，它实际上安装了 Zango 间谍软件，该软件将广告传递到你的电脑上。这是**单击劫持**（Clickjacking）的一个例子，单击劫持是用于社会化网络中恶意应用和链接的最新流行语。

防间谍软件的难题是用户通常以管理员身份登录到自己的机器上，有意识地授权安装。间谍软件拦截程序在人们将业务功能与 Facebook 集成，并与更多的 Facebook 应用交互的时候遇到了更加困难的局面。公司必须更加严格地控制最终用户系统，限制最终用户在计算机上安装应用的能力，并且监控新的恶意社会化网络入侵。家庭用户没有 IT 支持团队，更容易被哄骗而安装这些恶意应用程序。而随着人们已了解到更多有关通过社会化媒体安装应用的潜在危险后，威胁又会进一步发展。

本章分析你的公司所面临的来自人、过程和技术的攻击威胁。恶意的用户、竞争者和客户同我们已经司空见惯的典型网络攻击一样，可能影响你的公司。必须识别、管理和阻止这些威胁，才能减少你在社会化媒体中面临的风险。在本章中，我们将带领你经历各种威胁场景，这些场景对你来说可能很陌生，因为社会化媒体的使用还相当新颖，我们还将阐述已经进入社会化媒体网站的当前威胁。然后，我们使用 H.U.M.O.R. 矩阵将这些威胁分类，最后研究评估破坏性和开发响应方案的流程。

4.1 案例研究：政治性的黑客入侵

黑客入侵的原因多种多样，在过去几年中入侵得到的收益正在上升，社会化和政治性的黑客入侵也不断高涨。在最近的政治性黑客入侵中，福克斯政治新闻（Fox News Politics）的 Twitter 账户（foxnewspolitics）遭到一个名为 "脚本小子"（Script Kiddies）的集团的入侵。

2011 年 7 月 4 日，Twitter 上出现了一个声音："爆炸性新闻：巴拉克·奥巴马总统被暗杀，受到 2 处致命枪伤。7 月 4 日对于美国是悲伤的一天。"（参见《卫报》的新闻稿：http://www.guardian .co.uk/technology/2011/jul/04/hacking-twitter-feed-fix-news。）

考虑到福克斯新闻的右翼倾向和对保守的美国共和党的支持，这一行为是对其政治态度的直接攻击，攻击的目标直指福克斯新闻的品牌和声誉。

哪里出了问题

尽管实际上没有经济损失，但是这种攻击仍然很流行。黑客通过入侵那些历史上没有实施过较好安全协议的社会化网络，获得了更多散布他们的信息的机会。

但是，在这个案例中"脚本小子"并没有入侵 Twitter 或者其他 Web 应用，他们没有留下如何进入 Twitter 账户的痕迹。福克斯新闻称，他们正在与 Secret Service 和 Twitter 一起调查所发生的事情，事实的真相可能是该账户使用了一个容易猜测的密码。该账户的一个用户可能与某人共享这个密码，或者将密码放在一个文件中张贴而被黑客集团窃取。各家公司如果不分享这些攻击的信息，其他公司就难以学到更好的保护自己的方法。

> ### JAG 做得如何？
>
> 我们的 JAG 消费电子公司在威胁管理方面做得怎么样呢？我们在第 2 章中已经审核过，JAG 实际上还没有将许多用于社会化媒体的业务过程和工具组合起来。从威胁管理的角度，JAG 部署了典型的 IT 安全工具：运行一个 IDS 解决方案；有一个对应某些业务持续性方案的灾难恢复计划；阅读典型的安全新闻门户如 Securityfocus.com。JAG 在 IT 基础架构安全威胁方面的工作还过得去，但是该公司没有部署识别品牌威胁的社会化媒体工具。JAG 部署了防恶意软件和防间谍软件，但是没有监控用户与 Facebook 等网站的交互，因此也就无法知道用户所作所为以及可能安装的应用程序。和许多公司类似，JAG 没有实施针对社会化媒体网络应对企业环境不断发展的威胁的流程。JAG 能够应对不断变化的局势，前瞻性地识别社会化媒体威胁吗？

4.2 变化中的威胁局势

社会化媒体局势中的威胁与传统 IT 安全中的不同。如果你是现任的 IT 安全经理，就会习惯于各种针对公司数据和网络的威胁，包括试图穿越你的防火墙的黑客、电子邮件或者可疑网站上的病毒和恶意软件、试图窃取公司信息的内部人员以及公司在企业间谍活动中的风险。这些威胁和以前一样存在，同时社会化媒体为这些威胁带来了新的传播途径和潜力，产生了新的风险类型。

与大部分 IT 关注点相比，威胁局势的变化相当快。社会化媒体采用的新技术和过程已经将公司暴露在新的风险之下。例如，10 年以前的身份盗窃是指：某人通过实物盗窃或者在你试图筹措资金购买汽车时窃取信用卡应用，来获得对信用卡的访问权。即使如此，成功获取你的所有信息还是困难的。但是现在的身份盗窃已经变得更加容易，因为人们在 Facebook 和 LinkedIn 等社会化网站上更加随意地泄露他们的信息。现在，威胁的基础是社会化平台收集信息的方法，以及人们泄露敏感数据的动机。例如，有些密码恢复系统要求人们回答一个个人问题，比如母亲的婚前姓氏、他们的生日或者喜欢的老师的姓名，而这类信息往往是客户致电银行检查账户时银行所要求的。随着时间的推移，由于用户通过状态更新、社会化游戏以及更完整地填写简档进行交互，社会化网络收集的信息也就越来越多。这意味着他们的身份不仅依赖于社会化网络的安全环境，还越来越详细地透露给他们的联络人和社会化网络上的熟人。

4.3 识别威胁

你必须确定针对你的公司的威胁向量。社会化媒体包括博客、微博、即时信息、移动应用、Facebook 上的社区页面、通过 Meetups 和 Tweetups 组织起来的实体社区网络组、YouTube、Flickr 等。每过几个月，就会开发出新的在线社会化途径，必须对这些渠道的潜在威胁、可能导致的破坏和公司立即响应能力进行评估。2010 年夏季，安全公司 ProofPoint 组织了对美国公司数据丢失预防的研究[⊖]，发现了如下现象：

- 36% 的被调查者说，他们的组织在过去 12 个月中受到敏感或者令人尴尬的信息暴露的影响。
- 7% 的公司曾以违反社会化网络策略为由解雇员工。
- 11% 的公司曾以违反博客或者留言板张贴政策为由解雇员工。
- 13% 的美国公司在过去 12 个月里调查涉及基于手机或者 Web 的短消息服务的泄露事件。
- 25% 的公司调查了通过博客或者留言板帖子暴露机密、敏感或者私有信息的事件。
- 18% 的公司在过去 12 个月里调查了通过博客或者留言板的数据丢失事件。
- 17% 的公司处罚了违反博客或者留言板政策的员工。

从社会化媒体渠道发起的集中攻击将来自如下源头：

- 博客，攻击者可以散布有关你的组织的错误信息，其他博客作者会进一步传播这个杜撰的故事。
- 视频，毁谤性的视频很容易传播。视频比博客更有分量，因为查看者 / 客户能够看到问题，而不只是阅读。2010 年 3 月 27 日，美国农业部官员 Shirley Sherrod 在 NAACP 第 20 次年度自由基金宴会发表演讲。几个月后，Sherrod 演讲的节选被茶话会组织者 Andrew Breitbart 张贴到 YouTube 上。这段节选被疯传，激起了对 Sherrod 带有种族偏见说法的辩论。结果是，农业部长 Tom Vilsack 不得不迫使 Sherrod 辞职。但是，后来更多的演讲片段表明，Sherrod 的评论被断章取义了，促使美国农业部为 Sherrod 提供一个新的职位（参见 http://www.thenewamerican.com/index.php/usnews/politics/4133-shirley-sherrod-fiasco）。

⊖ Proofpoint，《Outbound Email and Data Loss Prevention in Today's Enterprise》（当今企业的外发邮件和数据丢失预防）（2010），网址：http://www.proofpoint.com/id/outbound/index.php。

- 微博，通过 Twitter 这样的网站能够发动快速影响公司形象的行动，并很快地传播有关你的公司的谎言。没有预先计划好的应对策略，这些误导信息可能很快传播，传播的速度会超过你应对它的速度并且超过和你的社区共享新信息的速度。
- 移动设备，社会化媒体所用的移动应用使得信息共享变得更加容易，并且能够根据移动设备的使用甚至客户的地理位置，针对特定类型的用户。
- 社会化聚会或者 Tweeter 聚会，促进社会化媒体的离线"聚会"很频繁、广为人知，参加者都是活跃的在线共享者，所以攻击者有机会在网上和网下同时对你的品牌发起巨大的冲击。

4.3.1　攻击者

社会化媒体空间的攻击者往往与典型的 IT 攻击者不同。这些攻击者可以分成如下的类型：

- **黑客**，只为了证明自己的能力而痴迷于闯入安全资源的狂热者仍然存在。黑客可以通过窃取你的敏感信息如客户列表来获得利润，可以侵入你的社会化简档来启动僵尸网络攻击，或者为某些竞争者、代理或者激进团体进行工作。
- 心怀不满的员工，这类攻击者可能最多。以前从没有人能够这么快地对品牌发动攻击、散布谣言和误导信息，并且成为一个未经审查的在线资源。以前只对朋友和家人倾诉的负面评论现在公开地在网上分享。
- 员工，可能不经意地说出关于公司的负面新闻，张贴敏感或者机密信息，或者通过社会化媒体泄露信息，从而危害品牌。
- 竞争者，竞争性的攻击可能聚焦于你的品牌形象和客户群，竞争者甚至可能从你的公司资源窃取数据。这些攻击者很容易躲在伪造的简档和来源之后，看上去似乎是合法的，从而很难确定发动攻击的人。道德上的风险永远不足以阻止竞争者的不道德行为。

4.3.2　威胁向量

有许多不同的威胁媒介（既有内部也有外部的）可能影响你的业务。我们在第 3 章中已经讨论过，一旦有了监控解决方案，就必须确定你所关注的是正确的潜在威胁。威胁来自人、过程和技术，你必须理解社会化媒体中的不同群体。

用户

对企业社会化媒体使用的主要威胁是用户。用户没有受过安全教育，大部分没有受过社会化媒体安全的培训。用户前往不恰当的网站，单击钓鱼链接，泄露有关他们自己和公司的信息。已经在你的网络上验证的用户是对安全的另一个挑战：你已经信任他们访问和使用你的资源。

客户

无疑，你需要客户，但是他们也在社会化媒体方面提出了一个巨大的挑战。在传统的 IT

中，你可以在电子商务网站和其他与客户相关的 IT 系统上为客户赋予非常有限的特权，以此来限制客户访问。但是现在，不满的客户生成负面的内容，通过你无法控制的沟通渠道影响对你公司的看法——只因为他们能够做到。作为经验法则，不满意的客户平均会把他们的遭遇告诉 9 个朋友。如果这 9 个人中每个人再分享给 2 个人，你就可以看到糟糕的事态发展得有多快。

→ 9 → 18 → 36 → 72 → 144 → 288 → 576 → 1152 → 2304 → 4608 → 9216 个不好的评论！

人力资源

即使企业本身，也会因为缺乏知识、培训和常识而成为威胁向量。在编写本书的时候，只有少数公司实施了覆盖员工对社会化媒体使用的 HR 策略、指南和培训。

社会化网络蠕虫

根据互联网安全供应商 Kaspersky Lab 的报告，"通过社会化网络散布的恶意代码从成功感染的方面来说，比通过电子邮件散布的效率要高出 10 倍。[⊖]"针对社会化网络的蠕虫更容易接管账户，在不同用户间传播并繁衍。原因之一是用户已经习惯了让防病毒软件检查他们的电子邮件，但是还没有习惯于通过 Facebook 或者 Twitter 之类的 Web 应用发起的攻击。统计还显示，人们在社会化网络上花费的时间比在电子邮件上的更多。ComScore 在其 2010 年《美国数码市场年度报告》中发现电子邮件的使用下降了 18%（http://www.comscore.com/Press_Events/Presentations_Whitepapers/2011/2010_US_Digital_Year_in_Review）。人们更信任经常使用的网站（如 Facebook），这使攻击变得更加容易。例如，2010 年流行的蠕虫 Koobface 就被用于从 Facebook、MySpace、Twitter、LinkedIn 和 Bebo 上窃取敏感数据。Koobface 欺骗用户下载一个木马，一旦安装，就开放用户重要信息的访问权。这类的蠕虫通过未生疑心的用户分享的视频或者链接传播。

僵尸网络

在这里，无赖的僵尸网络所指的是一组受控的恶意软件和安装在被入侵计算机上的自动代理，这些软件和代理试图发动攻击和窃取信息。社会化媒体使僵尸网络的传播成为可能，僵尸网络已经发展到可以使用社会化网络来混淆恶意的链接。例如，大部分在 Twitter 上共享的长 URL 都通过 tinyurl.com 或 kiss.ly 等链接缩短服务被缩短了。使用缩短的 URL，人们很难发现原始的 URL，从而可能不假思索地单击一个将他们带到受控于僵尸网络的网站。一旦进入僵尸网站，就会生成新的链接来侵害用户的电脑。

⊖　《Kaspersky Offers Online Guide in the Wake of the Latest Facebook Phishing Attack 》（Kaspersky 在最近的 Facebook 钓鱼攻击之后提供网上指南），《PC World》，网址：http://pcworld.com.ph/kaspersky-offers-online-guide-in-the-wake-of-the-latest-facebook-phishing-attack/。

Web 数据抓取

Web 数据抓取（Web scraping）已经发展为能够登录网站并且自动收集信息的高级自动化程序。例如，一个程序可以进入有关医疗保健的论坛，获取人们对所面对的问题和使用的药物所作的评论。因为社会化媒体的主题就是共享，可以使用技术收集和挖掘信息来用于邪恶的目的，这些目的也许是侵入你的账户，也许是向你发送药物广告——"抓取者"发现你正在使用这种药物。最新的例子是 Nielsen 抓取 PatientsLikeme.com 网站上有关论坛帖子作者的数据。PatientsLikeme.com 的管理员发现有一个新的用户使用软件"抓取"（复制）PatientsLikeMe 私有的在线论坛上的所有信息。Nielsen 登录并收集数据，捕捉用户的健康信息，据推测可能将这些数据卖给销售公司⊖。

数据贬值

分享在幼儿园里可能受到高度的鼓励和赞扬，但是在网上分享你的个人信息就不那么值得赞扬了。现在你所要担心的绝不仅仅是难堪。想想银行在验证你的身份时所问的所有问题，例如你的第一所学校、生日、宠物狗的名字、母亲的婚前姓、你长大的街区或者婚礼上的男傧相。现在，可能通过网站自身的验证问题，或者通过用户分享的有关他们生活的数据和照片，所有这些信息也出现在社会化媒体网站上。采用 Web 抓取来收集这些信息比以前容易得多，过去稀有的特权信息曾经用于识别和验证个人，现在却能在网上免费得到。

网络仿冒（钓鱼）

网络仿冒（Phishing）使攻击者可以模拟一个合法的网站，试图诱惑用户，让他们以为自己登录到真实的网站，从而提供个人信息。伪造来自 PayPal 或 Citibank 的邮件，要求你重置密码信息就可能是一种仿冒攻击。现在你收到一封相同的邮件，要求你登录到伪造的 Facebook 或 LinkedIn 网站，看上去就像真的一样，表面上合法的 Facebook 应用实际上有可能就是为了获取你的信息的仿冒攻击。网络仿冒已经进一步演变成"鱼叉式网络仿冒"（spear-phishing）——有针对性的仿冒。这种威胁包括发送给用户的垃圾邮件，试图获得财务和银行信息、敏感信息或者知识产权。攻击通常假扮成受害者所信任的来源，单击时一般会下载恶意软件到受害者的计算机上。另一种常见的现象是 419 操作（这里引用了尼日利亚罪犯代码的相关部分）：目标收到一封主动提供的要求汇款的电子邮件或者信件，往往用于邪恶的洗钱目的。在获得某人账户的访问权之后，骗子试图诱使受害人的联络人通过西联之类的汇款机构向他们汇去更多的钱。这种骗局的一个变种是告诉受害者，他们所信任的一个人在国外陷入困境，无法使用信用卡，急需他们提供现金支持。对某人的简档的访问往往是在互联网咖啡屋使用击键记录程序时获得，或者在用户忘记注销会话时获得的。这些骗局利用了受害者在与朋友（信任的来源）沟

⊖ Julia Angwin 和 Steve Stecklow，《'Scrapers' Dig Deep for Data on Web》（"抓取者"深入挖掘 Web 数据），《华尔街日报》（2010 年 10 月 10 日），网址：http://online.wsj.com/article/SB10001424052748703358504575544381288117888.html。

通中的真诚，以及受害者的联络人的轻信和真诚。

冒名

你如何知道谁是社会化媒体简档背后真正的人？你的员工甚至你的竞争者是否用其他人的声音或者使用其他人的账户或者简档？是否有人创建了专门攻击你的账户？在网上伪造的用户简档比比皆是。

4.4 威胁评估和威胁管理生命期

图 4-1 中阐述的威胁评估流程能够为你提供识别威胁、确定潜在影响和确定减缓风险所需步骤的一整套方法。需要注意的是，社会化媒体威胁仍然在演变，所以确定它们对企业的真正影响是很难的。利用一两年的更多数据，我们可以更好地量化这种影响。下面的小节介绍评估过程的基本结构，并引入威胁管理生命期。

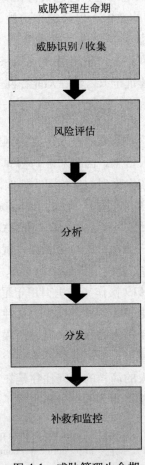

图 4-1 威胁管理生命期

4.4.1 识别和评估

识别和评估通过社会化媒体来源对组织形成的潜在威胁：

- 威胁可能从哪里攻击和入侵企业？
- 威胁可能使用哪些方法攻击公司？
- 公司面临什么风险？
- 存在哪些监控这些威胁的选项？

4.4.2 分析

根据你收集到的关于组织面临威胁的信息，你能够确定与组织威胁响应能力相关的哪些信息？

- 组织在从社会化媒体来源收集攻击信息方面有哪些弱点？
- 威胁的实际起因是什么？
- 公司如何真正识别发生的威胁？
- 有哪些处理威胁的可用资源？
- 你是否有区分社会化媒体威胁优先级的方法？是什么样的方法？
- 识别威胁之后有什么可用的控制方法和工具？
- 目前有无已知的补救潜在或者现有威胁的方法？
- 威胁与补救过程是否能够对应？

4.4.3 执行

公司必须对已经识别的威胁做出响应：

1）根据监控和识别威胁的方法创建一个行动规划方法。
2）在威胁解决方案中投入专用系统并进行具体资源的培训。
3）预计将来的威胁和公司的响应方式。

基本的威胁管理过程与处理针对 IT 资源的典型入侵活动的过程类似，甚至相同。我们对威胁管理生命期的定义详见表 4-1。

表 4-1 威胁管理生命期

威胁生命期步骤	详细结果
1. 威胁识别／收集	使用可用的威胁信息，审核与公司相关的内部和外部威胁来源 识别过去可能已经影响公司的威胁，找到潜在的系统性原因 识别过去对同行业竞争者和其他行业类似公司造成的威胁 分析正常业务（Business as Usual，BAU）流程，识别未来来自社会化媒体和环境的潜在威胁 进行持续和未来业务活动的项目分析，找出可能遭到当前威胁攻击的活动

（续）

威胁生命期步骤	详细结果
2. 风险评估	评估社会化媒体攻击路径是否影响公司资产/品牌 根据威胁审核社会化媒体活动是否有风险 创建容易遭到攻击的资产和社会化媒体活动的识别列表；表 4-2 中有一些例子 确定风险因素的级别和优先级 评估威胁（人、过程和技术）的总体风险以及潜在影响，并为识别的每个威胁提供风险评级，例如，对于 Dell 来说侵入 Twitter feed 可能被认为是高风险的，因为该公司从跟踪 Twitter 帖子得到真正的收益
3. 分析	开发一个威胁解决方案，包括对当前企业社会化媒体活动的影响以及对市场的影响 评估威胁对业务更广泛的影响，以及分析的实施成本
4. 分发	确定需要通知的人，包括活动所有人、过程所有人、主题专家（Subject matter expert, SME）、监控团队、补救团队、业务单位所有人、公共关系、人力资源管理人员以及财务和审计团队 根据需要向所有者/最终用户发送社会化媒体潜在影响的通知 与受到影响的业务活动所有者（市场、HR、IT）会晤，讨论对威胁、资源安排和补救活动的响应 根据威胁风险确定升级规程，在特定的情况下根据网上散布的威胁信息的类型来确定
5. 补救和监控	实施响应威胁的解决方案（例如教育与培训，工具和数据丢失预防解决方案的实施，我们在第四部分将更多地介绍） 监控潜在和实际的威胁活动 监控外部来源、已发现威胁活动和威胁的变种 对补救活动结果的审核过程 开发报告的衡量标准 与利益相关方交流结果，保持透明度，与员工分享结果和教训 将员工包含到安全流程中 记录经验教训，并且考虑更新策略、业务流程和员工培训的需求

4.4.4 威胁管理实战

遵循社会化媒体的威胁管理生命期不像跟踪未打补丁的 Microsoft 服务器之类的技术威胁那么简单。由于快速发展的技术、行为和基本规则所引起的形势变化，描述社会化媒体威胁仍然是个难题。

例如，2010 年初，一位医院的员工因为发送一条 tweet 而遭到"劝退"，这条信息没有发送任何机密信息，但是指出密西西比州州长 Barbour 是医院的患者⊖。当州长在 Tweeter 上说"很高兴立法机关意识到可怕的政府财政状况，期望听到他们关于如何裁减费用的观点"时，大学医疗中心（UMC）的管理者做出的反应是"将常规医疗检查与其他项目统一安排，而不是由 UMC 员工在诊所关闭的时候加班检查"。

因为这名员工的 Tweeter 消息引用的是三年前的事情，州长在那时候在该医院进行了体检，所以这个行为确实违反了医疗保险方便性和责任法案（Insurance Portability and Accountability

---

⊖ Julie Straw，《Woman Out of a Job After Sending Tweet to Governor Barbour》（一位女士因为向 Barbour 州长发送 Tweeter 信息而失去工作），WLBT（2010 年 12 月 21/22 日），网址：http://www.wlbt.com/global/story.asp?s=11713360。

Act，HIPAA）。尽管模糊，但是这名员工已经透露了患者的信息。实际上，HIPAA 覆盖的员工很广，不仅仅是医生和护士。这类威胁可能只是没有对员工进行适用法律的教育的结果；但是，它仍然对该机构造成了威胁。

步骤 1 "威胁识别 / 收集" 容易确定：就是 Tweeter 信息本身。步骤 2 "风险评估" 根据违反 HIPAA 的情节和组织可能受到的惩罚来确定。步骤 3 "分析" 缓解风险的方案是劝退。步骤 4 "分发" 是医院通知有关当局可能违反 HIPAA 的情节。步骤 5 "补救和监控" 是劝退员工。但是补救措施可能还包括进一步培训所有员工。

4.5　H.U.M.O.R. 威胁评估

在 H.U.M.O.R. 矩阵中，我们可以继续分解威胁评估过程，识别每个类别中可能出现的问题。我们以针对著名品牌的威胁为例。2010 年 10 月，保时捷公司宣布禁止员工使用社会化媒体网站⊖。他们没有具体地指出这一禁令仅适用于工作时间还是也包括个人业余时间。很明显，对人们在非工作时间所能做的事情做出要求是很困难的，并且有可能违法，但是保时捷对严重威胁的了解驱使他们做出这个决定。保时捷担心员工们可能将公司的机密信息张贴到社会化媒体网站上，该公司的发言人 Dirk Erat 说："社会化媒体网站可能将汽车制造商暴露在不愿意接受的评论之下，这些服务包含着某些潜在的威胁"。如果我们将这一事实与 H.U.M.O.R. 矩阵对应，这种威胁可能与人力资源策略的破坏和资源利用中的版权和知识产权侵害相关。使用 H.U.M.O.R. 矩阵，我们能够识别由 "黑客"、客户、员工或者任何其他类型的潜在攻击者发起的攻击。

4.5.1　人力资源威胁

下列威胁针对不恰当或者不到位的流程：

- **违反政策。** 员工可能违反社会化媒体或者社会化媒体安全策略。但是这是建立在公司实际上已经拥有与限制手段相关的策略的基础之上。违反政策是一种内部威胁。
- **解雇。** 人力资源必须开发和传达解雇政策，应对心怀不满的前雇员造成的潜在威胁，作为公司对违反这类政策的特殊响应。
- **个人使用。** 员工个人使用社会化媒体，在他们张贴不恰当的照片或者有关公司的机密信息时，有可能影响公司的信誉。

4.5.2　资源利用威胁

资源利用的威胁主要集中在可能因为社会化媒体而处于危险之中的资产上：

⊖ 《Facebook Access Blocked to Porsche's Employees on Espionage Threat》（ 因为间谍威胁，保时捷员工被禁止访问 Facebook），《国际财经日报》（ 2010 年 10 月 12 日），网址：http://www.ibtimes.com/articles/70846/20101012/ facebook-porsche.htm。

- **技术**。技术威胁很容易识别，这些威胁包括从恶意软件到特洛伊木马、仿冒网站和网络骗局的所有攻击技术。这些都是对企业社会化媒体使用的已知攻击方法。
- **知识产权**。对知识产权（IP）的威胁可能来自于员工、供应商或者竞争者。员工可能试图明确地分发 IP，也可能只是无意地通过社会化媒体渠道泄露了 IP。供应商可能有权通过企业协作应用访问 IP。竞争者可能在社会化媒体渠道中收集不应该泄露的 IP，或者可能使用社会化媒体渠道分发有关你的公司的 IP，甚至植入虚假的 IP 破坏你的声誉。
- **版权**。版权威胁更加广泛，大部分攻击一般是无意的，破坏力很小。人们可能在未经你的特许的情况下使用你的标志和其他公开可用信息，他们还可能为了自己的目的对其进行"重新混色"或者修改。在许多情况下，这些非法使用很难发现，但是有时候会快速传播和广泛分享。大部分版权攻击都发生在公司的外部。

4.5.3　财务威胁

这些威胁会通过恶意盗窃、安全补救措施的资源成本、资源低效使用或者分散公司注意力导致的机会损失等形式，造成财务上的损失：

- **财务损失**。社会化媒体可能被攻击者利用，通过冒用和访问员工账户获得直接的经济利益。这种财务损失可能全是因为员工的疏忽导致的。2010 年 11 月所发生的一个事件就是个例子，当时通用汽车公司 IPO 的一个承销商因为员工通过电子邮件泄露了信息而被更换⊖。尽管电子邮件不是真正的社会化媒体平台，但是它本身容易使用，并且能够连接到 LinkedIn 或者 Facebook 等平台。现在你可以申请 Facebook 电子邮件账户如 gary.bahadur@facebook.com。
- **资源成本**。为了对社会化媒体攻击做出响应，可能需要购买新的系统、监控工具和其他仪表盘及实用工具。工具是必要的，但是员工培训也极其有用，能够减少技术控制的需求。
- **恢复时间**。花费在从数据泄露中恢复的时间可能极其昂贵。
- **机会损失**。响应社会化媒体威胁很容易分散公司 IT 或者 HR 人员的注意力，使其无法从事生产率更高的活动。

4.5.4　运营威胁

运营威胁通常直接影响 IT 的运作、市场沟通以及 / 或 HR 部门，日常活动可能受到干扰。

- **停工**。许多原因可能导致停工。如果公司依靠许多社会化媒体出口，任何可能使市场活动下线的威胁都会影响公司的运作。2010 年 10 月 6 日，Facebook 停止服务数小时。如果你的公司在那一天有专人从事 Facebook 上的活动，你的市场预算和所预期的活动成果

⊖　Tom Krisher,《UBS Employee Leaked Information on GM IPO》（UBS 员工泄露了有关 GM IPO 的信息），（2010 年 11 月 10 日），网址：http://abcnews.go.com/ Business/wireStory?id=12108775。

会受到怎么样的影响？你可能无法从 Facebook 得到任何成本方面的补偿。如果黑客发起对你所使用的特定社会化媒体网站的拒绝服务（DoS）攻击会怎么样呢？这可能极大地影响你的盈利模式。大部分公司没有计算外部社会化媒体网站停工的成本，也没有计算这些成本的模型，因为结果很大程度上依赖于社区、客户分享及客户承诺。你怎样计算因为社会化平台不可用而失去的机会？

- **数据丢失**。侵入社会化网络的账户非常容易。被攻击者接管的企业 Facebook 账户可能包含有关客户的机密数据和销售清单。

4.5.5　声誉威胁

声誉威胁更加分散，但是危险性并不小。Twitter 攻击之类的事件变得尽人皆知可能需要花费一点时间，但是绝对会影响公司的品牌价值：

- **竞争不利**。攻击者非常容易发起对你的品牌的匿名攻击。他们可以隐藏在新的简档之后，散布诽谤式的评论，发送有关公司的虚假信息。尽管你的竞争者能够发动这些攻击，而不让你知道他们的来源，但是他们不太可能这么做，因为总会有人发现攻击的来源，最终你的竞争者的声誉也会受损。
- **不满的客户和员工**。心存不满的客户或者员工可能会撰写和张贴有关令人失望的产品和服务体验的博客和社会化网络帖子。例如，一位受到不公待遇的音乐家创作了一段关于美国联合航空如何损坏他的吉他的音乐视频；这段视频很快传播，目前累计已经被观看超过 900 万次。根据 Forrest Research 的报告《你的员工是否拥护公司？》，受调查的员工中贬损公司的占 49%，中立的占 24%，支持公司的仅占 27%。
- **激进分子攻击**。消费者集团或者激进组织可能对你的社会化媒体资产发动攻击。在雀巢公司为 KitKat 巧克力产品启动一个 Facebook 页面时，绿色和平组织很快就发起了一个草根阶层的数码运动，指责雀巢公司在收割巧克力的关键配料时危害当地的物种。这是雀巢在市场上的一次惨败。
- **虚假信息**。客户和客户倡导组织可能张贴有关产品、来源和用途的错误信息。这种误传会导致错误的认识，可能严重地影响产品在市场上的竞争力。
- **管理危机**。没有结构化的方法，社会化媒体危机很容易失去控制。回忆一下 BP 在墨西哥湾石油泄漏之后，对于贬损公司的虚假 BP Twitter 账户缺乏社会化媒体响应，且响应很快就脱离了 BP 的控制而成为 PR 的梦魇。声誉是购买产品的关键驱动力，如果公司的声誉被破坏，不好的口碑就会影响信任，最终影响销售。Nielsen 公司在他们的《2009 年全球网上客户调查报告》中称，某些形式的信任在广告和品牌意识中非常重要，如图 4-2 所示。一旦在网上失去信任，重建就非常困难。

声誉威胁在许多级别上对企业发起挑战：

- **透明度和真实性**。开始的攻击和 / 或公司的响应（或者缺乏响应）是否使客户迷惑？
- **反应时间和行为**。公司是否在威胁对声誉造成负面影响之前快速而恰当地进行处理？

- **信任关系**。公司是否已经在网上建立了强大而可信的声誉，能够承受一定期间内的攻击？
- **公司范围的响应能力**。公司跨部门、渠道和地理位置的响应能否协调一致？
- **影响力人物的危害**。品牌的网上影响力人物是否理解攻击对品牌的影响？否则，这种误解可能会影响客户。
- **客户服务**。对客户服务问题是否做出恰当的反应？否则，客户将很快变得不满并受到负面的影响。
- **多个沟通渠道**。负面评论可能发生在许多不同的社会化平台。是否使用所有可能的社会化平台和分布机制，有效和并行地处理这些问题？

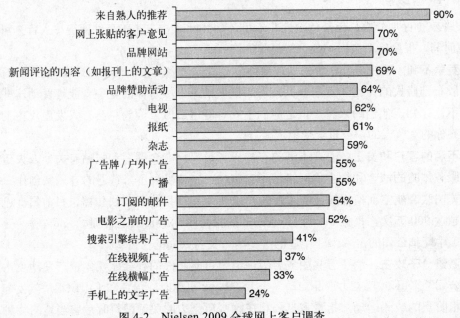

图 4-2   Nielsen 2009 全球网上客户调查

4.6   评估损失

如果对攻击向量已经有所了解，你就能识别可能影响你的公司的社会化媒体威胁，你还需要确定可能发生的损失。损失有 3 种度量方法：运营、品牌影响和资金损失。

在确定攻击对安全性的影响时，度量造成的损失从来都不容易。实施防火墙、Web URL过滤甚至防病毒软件之类技术的投资回报率是很难计算的。在前一个小节里我们讨论了各种威胁。一旦确定了那些威胁，就能够管理对威胁的反应。构造一个损失评估矩阵（如表 4-2 所示）。表中"如何区分损失的优先顺序？"这一列将作为你下一步工作的指导方针。

表 4-2　来自社会化媒体威胁的损失

攻击可能造成什么损失	如何确定损失	如何区分损失的优先顺序
运营		
停工	攻击是否造成停工，为期多长	攻击对客户服务有何影响
数据丢失	数据是否被窃取	数据的价值和违约惩罚的代价是什么
品牌影响		
竞争不利	客户是否实施攻击，对你的品牌给出负面的评论	哪种攻击方法能得到最多的响应
危机管理	从危机中得以恢复需要多少成本？其中硬成本和品牌价值各有多少	哪种响应方案的成本最高
资金损失		
财务损失	你能否度量实际的货币损失	度量确实的货币成本
恢复时间	完全恢复运营的成本是多少	度量恢复时间并换算成货币成本
机会损失	攻击还影响哪些其他的项目 / 措施	确定损失的销售量、积压的客户服务和未完成项目的潜在价值

4.7　开发响应

识别威胁本身是个复杂的任务。但是一旦你识别了威胁并且评估了损失，接下来该做什么呢？响应团队可能围绕多个部门建立，正如我们已经讨论的那样，在大规模的威胁来临时，通常必须组合来自 HR、IT 和市场部门的人员。

如果你负责保护公司网站，防御从来自俄罗斯的一个 IP 地址发起的攻击，而你只在美国开展业务，那你可以简单地阻止这个 IP 地址查看你的网站。如果你发现新的病毒发动的攻击，你可以简单地更新病毒扫描程序的攻击特征码。但是对于社会化媒体攻击，你无法关闭对你的博客的访问，也绝对没办法阻止人们使用 Twitter。你没有实际的方法来阻止攻击者贬低你的品牌：用户有言论自由，用强制停止的方法进行防御可能事与愿违。那么对这类威胁你如何响应？我们将在后面的章节中研究实际的控制手段，现在，识别威胁、分类并且了解破坏程度之后，你必须决定启动何种响应或者对策。

前面讨论过，威胁识别是第一步。但是谁来识别这些威胁呢？识别威胁最重要的群体是 IT、市场 / 沟通部门和客户服务部门（他们通常是最先得到与公司、服务或者产品相关的客户通知的人，也是最好的早期响应团队）。如果 IT 团队有合适的监控工具和资源，他们就能发现何时发生了品牌攻击。利用正确的工具（如声誉管理服务），IT 部门能够监控评论，或者能够发现公司在社会化媒体资源受到侵害时页面是否被攻击者接管。市场团队能够通过注意社会化媒体监控仪表板、信息、警告以及查看帖子来识别攻击。预算的限制不能成为借口，可以通过一些免费而简单的方法寻找互联网上张贴的内容。Google Alert（http://www.google.com/alerts）在你所跟踪的关键词出现时能够立即警告你，如果你需要还可以通过电子邮件通知。另一个免费资源是 Addict-o-matic（www.addictomatic.com）。你可以免费跟踪有关公司、个人或者主题的信息，如图 4-3 所示。（你可以在 YouTube 列表中看到，Alex 非常受欢迎，但是还有另一位 Alex De Carvalho，是个舞者。）

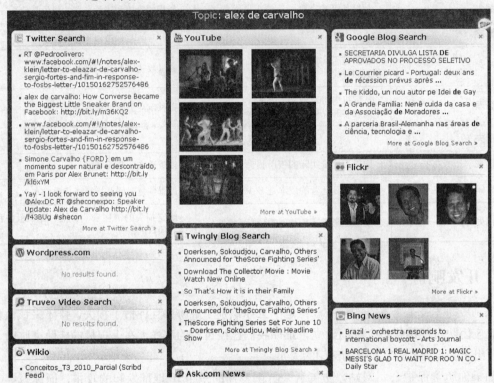

图 4-3　采用 Addict-o-matic 进行免费的监控

一旦识别了威胁，谁负责分析和防御这些威胁？必须提前定义清晰的角色和职责。和任何技术威胁一样，根据威胁类型决定负责的人或者小组。如果威胁是有关公司产品的虚假报道，那么可能应由市场、销售、客户服务以及 / 或者法律部门根据背景情况做出响应。如果攻击者入侵企业博客或者 Facebook 页面，IT 应该介入，以恢复网站、修改密码、清除可能安装的恶意软件、预防对账户的进一步侵害，如果考虑法律行动，IT 部门还要帮助确定罪犯。

所有威胁响应都应该以一个已经定义好的策略为基础。和 IT 安全策略一样，社会化媒体安全策略必须包含事故响应部分。这一部分包含了威胁管理步骤，具有社会化媒体职责的每个人都应该知道这些步骤，它们可以用作解决未来威胁的指导方针。实施企业范围内的威胁管理流程的主要好处包括：

- 处理规章符合性问题，这些问题在社会化媒体用于交流信息或者管理客户数据时会影响运营。

- 符合 HIPAA 安全法规、RedFlag 或 PCI DSS 等规章。本书自始至终，我们都会接触到各种法律问题。
- 改进客户信息资产的隐私政策、安全性和信息。
- 缓解通过社会化媒体渠道的未授权访问、使用或者泄露信息的风险。
- 维护竞争优势。
- 实施正确的安全工具，按照信息资产的价值进行保护。

最主要的社会化媒体威胁

社会化媒体网站、工具和公司的变化如此频繁，很难将某种具体的技术当做最主要的威胁。但是可以根据受到影响的技术、网站和应用，对社会化媒体的最主要威胁进行分类。

1. 诽谤 / 造谣 / 中伤

社会化媒体的帖子在法律行动中可以作为证据，甚至在某些案件中，它们是私下发送给特定群体的。Horizons Group Management, LLC 曾经对一个 Twitter 用户提起诉讼，该用户声称他（或她）的公寓有发霉的现象。确切地说，Twitter 帖子上说，"谁说睡在发霉的公寓里对你不好？Horizon 不动产认为这是没问题的。"Horizon 寻求 5 万美元的损害赔偿（http://www.blackweb20.com/2009/08/06/libel-and-social-media/）。

2. 版权 / 商标

受保护信息的复制和共享极其简单，有版权的信息很难跟踪，很容易发生商标侵权。2010 年 11 月，GAP 公司发起了对一家新兴小公司 Gapnote.com 的法律诉讼，指控 Gapnote.com 与 GAP 提供的商品和服务类似，侵犯了 GAP 商标。因为 GAP 广泛涉足社会化媒体，他们对 Gapnote.com 发起的侵权诉讼十分严重（ttp://www.siliconrepublic.com/business/item/18766-retail-giant-gap-inc-in/）。

3. 变化的技术

社会化媒体网站和工具不断变化。在本书出版的时候，可能会有全新的一些我们未作介绍的网站出现。

4. 虚假信息

因为任何人都可以创建内容，你不知道简档中的内容是否真实。虚假的 BP Twitter 账户（@BPGlobalPR）开始时看上去就像真正的企业账户（直到他们开始张贴一些确实有趣的信息！）。

5. 基于位置的活动

因为几乎每种新的服务都有位置组件，利用公开的账户、交叉参考信息接近某个人，以及寻找竞争者会见客户的场所或者侵犯员工的隐私，都可能很容易办到。

6. 企业间谍行动

因为员工和雇主在网上张贴信息，利用社会化媒体从事企业间谍活动比以前要容易得多。在 Twitter 上跟踪你的竞争对手，你可以收集员工无意中泄露的机密信息。如果你的竞争对手的销售人员使用 foursquare，他们可能会在客户网站上登记。如果你希望闯入他们的电子邮件账户，简单地查找 Facebook 和 LinkedIn 简档中的许多个人信息，如宠物的名字、街道地址和孩子的姓名——这些都是许多人用作密码的信息。你所需要做的就是猜测他们的密码。

7. 身份盗窃和冒名

如果社会化媒体简档遭到入侵，假冒某个人就很简单。很容易利用海量的可用信息再造一个身份。身份盗窃可能通过欺骗或者仿冒发生。黑客可以发送来自"朋友"的假冒帖子——你可能相信的帖子——一旦你单击了一个链接，就会被路由到恶意网站，或者可以用来侵入你的电脑的远程代码。

4.8 小结

威胁评估是防止公司遭到攻击的第一步。如果你不知道攻击的形式，就无法保护自己。不管对抗的是传统的黑客还是社会化媒体攻击，采用一个合乎逻辑的流程识别威胁、威胁给公司带来的危险、威胁的利用形式，以及公司响应，对于提供安全的环境来说都是很关键的。

改进检查列表

- 你能确定对你的公司发动威胁的方法吗？
- 你能识别是谁发起的攻击吗？
- 你能确定社会化媒体攻击产生的破坏吗？
- 你是否已经开发和测试了威胁响应方案？
- 你是否详细制订了所有使用社会化媒体的关键员工可以遵循的响应计划？

第 5 章
哪里有可能出问题

传统的攻击采取身份盗窃、企业间谍活动、扰乱供应链、网络仿冒和 SSL/DoS 等软硬件攻击的形式。但是，正如第 4 章中讨论的那样，社会化媒体威胁可能来源于任何地方，并且很快就会对公司的传统 IT 安全策略发起挑战。不道德的黑客现在用更加邪恶的设计来发动攻击。本章在前一章的基础上，具体关注如下方面：

- 社会化媒体的危险性和加密的重要性。
- 网络骚扰和企业网络骚扰。
- 最终用户验证。
- 数据抓取。

5.1 案例研究：Firesheep——社会化媒体入侵的真实示例

Firesheep 是软件开发人员 Eric Butler 创建的一个 Firefox 扩展，允许任何人访问别人的社会化媒体账户，只要双方都连接到一个未加密的无线网络（例如咖啡厅的免费 Wi-Fi）。据 Butler 说，这种攻击相对简单，利用的是用户浏览器的"cookie"。Firesheep 网站（http://codebutler.com/firesheep）上说："登录网站时，你通常从提交用户名和密码开始；如果匹配这一信息的账户存在，你就会接受到一个带有"Cookie"的自动回复，这被你的浏览器用于后续的所有请求。"

如果你登录到银行的门户网站，在检查账户的全过程中都应该在地址栏看到"HTTPS"。但是并不是所有登录的网站都是这种情况。许多网站只是对登录进行加密，而在浏览会话的其余部分停止加密，这就意味着用户的验证可能遭到攻击。攻击者可以找到用户的"cookie"，从根本上获得对用户会话的访问权。当你所登录的账户没有在加密隧道上处理整个会话的时候（例如你在客户会议之间使用星巴克的免费无限网络），这个问题是个真正的威胁。

所以，任何从开放的无线网络登录到 Facebook 或者其他社会化网络的人都可能遭到攻击和入侵。以 Firesheep 为例（见图 5-1）——开发这一攻击是为了暴露许多领先的社会化网络延续的漏洞，培养这方面的意识并引发改变。这个例子捕捉开放的无线网络中其他用户的流量，从图 5-1 中你可以看到，Gary 的 Facebook 登录被捕捉。

图 5-1 Firesheep 实例

社会化媒体入侵可能发生在任何人身上，你只要问问演员 Ashton Kutcher 就知道了。他的 Twitter 账户遭到入侵，收到如下的 Tweet：

Ashton，你被骗了。这个账户不安全。哥们，我的 SSL 在哪里？

接着，Ashton Kutcher 就发现了 Firesheep 的危险性。这件事发生在太平洋时间 17：30，正好在 2011 TED 大会期间，当时 Kutcher 可能正在使用不安全的 Web 会话。几分钟之后，他的 Twitter 账户 @aplusk 被用来向 630 万追随者发送信息，他们看到如下帖子：

P.S. 这是为全世界年轻的抗议者所写的信息，他们的 Facebook 和 Twitter 账户不应该遭到这样的攻击。#SSL

到目前为止，Firesheep 插件已经被下载超过 130 万次。

Firesheep 的后端使用 WinPcap，它本质上是一个网络流量嗅探器，这种技术已经出现了很长时间。Firesheep 的流行是由于它被打包到一个很好的安装程序之中，和任何未加密的通信一样，攻击者能够进行各种活动，如 ARP 中毒和会话劫持。加密增加了许多开销，这就是一些网站不在 SSL 上加密整个会话的原因。强制加密可能代价很高，但是它是对此类攻击的最佳防御，最终，为安全付出的开销是值得的。

但是，和任何军备竞赛一样，在技术上和规程上都有对策。ZScaler 公司发布了 Julien Sobrier 编写的 BlackSheep，这个程序用虚假的登录 cookie 欺骗 Firesheep，它在检测到 Firesheep 时通知用户，显示攻击者的 IP 地址，这样你就知道房间里有不法分子。图 5-2 中，你可以看到显示运行 Firesheep 机器的 IP 地址信息。

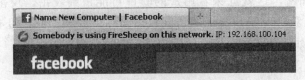

图 5-2 BlackSheep 的 Firesheep 通知

某些入侵事件的结果使社会化网络进行了改变，这些改变能够应对一些安全问题。Facebook 已经启用了加密登录。但是，仍然没有加密整个会话。最终所有社会化网络都有望加密用户访问（在默认情况下）。但是，Twitter 目前仍然没有强制加密。

5.2　社会化网络特有的危险

　　IT 安全团队在社会化媒体安全中负有许多责任。你将在第 8 章和第 10 章中看到有关资源利用和运营管理的流程和策略，IT 部门必须扩展其工具集，包含新的技术，以帮助管理社会化媒体造成的风险。许多这类工具和流程必须由 IT 团队联合公司里的其他小组（如市场部和法律部）进行管理。

　　随着社会化媒体的快速增长，盗取电子邮件联络人、密码和其他个人信息已经是过去的新闻了。根据以色列网络安全专家最近的文章，在社会化媒体中出现了一种称为"偷取现实"（stealing reality）的新威胁（http://arxiv.org/abs/1010.1028）。偷取现实是犯罪分子在你的整个社会化网络上进行捕捉，慢慢地窃取与你的行为和生活有关的信息。这种类型的攻击极具破坏性，因为用户不可能改变整个行为模式，这就使得对未来攻击的防御极其困难。通过这种没有侵略性的方法克隆个人或者网络的行为模式和辨别信息，表明了这类攻击的严重性。久经考验的防御方法不再适用，需要发明全新的安全方法。

　　公司对网络攻击的典型反应是识别攻击源，并系统性地更新安全规程，关闭遭到入侵的入口的访问，并监控未来的攻击。现在的问题是，你如何保护你的网络免遭和你外形和动作都类似的入侵者的攻击？随着时间的推移，有多少不为你所知的可用数据能够有效地危害你的安全？我们在第 13 章和第 15 章中讨论的社会化媒体监控工具能够帮助你找到一些这种社会化网络入侵者。西北大学的研究人员发起了一项研究，通过攻击现已弃用的一个 Facebook 默认功能，收集了大约 1100 万个 Facebook 简档的数据集。根据他们的报告，利用提供铃声或者通知用户有人"迷恋"他们等社会化陷阱的信息能够诱惑用户。在这些信息中，70% 是网络仿冒攻击，其他的则试图获得 Facebook 账户的细节——这种策略最后导致更多的垃圾邮件，或者更糟的事情。

　　本书所概述的 H.U.M.O.R. 矩阵强调了监控谈话以识别安全威胁的重要性。在第 4 章中，我们识别了针对矩阵不同部分的各种威胁。但是，有时候监控无法使你的数据避开窥视。2010年 4 月，15% 的互联网流量遭到劫持并被重定位到某国的服务器。美国经济和安全审议委员会（http://www.uscc.gov/）的一份报告称，互联网的流量被重新路由长达 18 分钟，被劫持的网站包括美国参议院、国防部长办公室、NASA 和商务部。但是，该国已经"否认了任何对互联网流量的劫持"。

　　这就提出了下面的问题：**你实际上在和谁交流**？在这 18 分钟里多少信息受到了危害，有哪些潜在的短期和长期影响？如果谈话的人看上去是合法的，你怎样真正地验证来源？伪造来源攻击本质上就是 TCP 会话劫持，已经出现了很长的时间。黑客接管两台机器之间的一个 TCP会话，因为会话的验证发生在会话的开始，所以攻击者能够接管机器并且将流量重新路由到另一个网站，捕捉数据，然后将流量返回给合法的网站。

保护网络的 IT 安全性限制

　　你已经知道了一些已部署或者很容易部署的 IT 基本控制。在社会化媒体中，虚假来源和中间人攻击更加盛行。当员工在家里登录社会化媒体网站或者在路上或旅馆里登录网站，就很难保护他们免遭这类攻击。安装一些防御恶意软件、病毒和木马的产品，你确实能够防御一些恶意或者伪造的网站，但是程度很有限。在第 8 章和第 10 章中，我们将讨论工具，更加深入地关注能够进一步管理影响网络安全的社会化网络的软件。但是在公司控制的网络或者公司开发的 Web 应用中，很容易部署一些技术：

- Arp handler inspection（又称 ArpON）是一种开放源码解决方案，能够阻止通过 ARP 中毒和欺骗进行的中间人攻击。但是它是基于代理的，你必须管理代理，从而可能产生一些问题。
- 你可以使用长的随机数或者字符串作为会话键码，这使猜测会话键码更加困难。
- 在会话开始之后，可以重新生成一个会话 ID。
- 你可以加密整个会话，尽管这样做的开销很大，但是可能是最简单的方法。当你的员工登录了任何应用（不管是内部或者外部），加密登录和会话都能阻止内部攻击者，并且避免外部攻击者捕捉你在网络上传递的数据。
- 你可以在每次请求时改变 cookie。

这些对策在你的员工离开你所控制的环境时（比如他们坐在星巴克使用免费的 Wi-Fi）不起作用。你必须依靠对他们的教育，让他们不要从不安全的网络里登录社会化网络。在第 7 章中，我们将更加详细地研究教育的内容。

5.3 网络骚扰

> 别搞错：这类骚扰和在你的邻居或者你家里跟踪你、监视你一样可怕和真实。
>
> ——美国前副总统戈尔[⊖]

网络骚扰（Cyberstalking）是指使用互联网（或者其他电子媒体）骚扰个人、群体或者组织。网络骚扰可能包括威胁、指责、身份仿冒和性诱惑。社会化媒体使这些攻击类型能够在匿名的情况下进行，并且通过多个网络快速传播。

许多这种攻击导致受害者极度困窘，某些情况下可能导致自杀（就像 2006 年 10 月发生的 Megan Taylor Meir 案件，这位 13 岁的女孩在 MySpace 上遭到网络恐吓）。2010 年，加州北部帕姆利科县的两名青少年被控告二级轻罪，他们通过自己创建的虚假 Facebook 简档骚扰他们的校长。由此引起的负面报道、全国性的新闻报道和法律费用造成了数以万计美元的严重损失。

通过跟踪搜索结果、论坛、讨论组、聊天室、电子邮件通信、即时信息和许多社会化网

⊖ 《1999 Reporton Cyberstalking: A New Challerge to Law Enforcement and Industry》（1999 年网络骚扰报告：对执法和工业界的新挑战），美国司法部（1999 年 8 月），网址：http://www.justice.gov/criminal/cybercrime/cyberstalking.htm。

络，识别威胁来源是可能的。美国的许多州都实施了网络骚扰法规：加利福尼亚州最先颁布，接下来是阿拉巴马、亚利桑那、康涅狄格、佛罗里达、夏威夷、伊利诺斯、新罕布什尔和纽约州。遗憾的是，目前这类诉讼极其不严格，许多犯罪分子逍遥法外。

在对抗网络骚扰时，常识性的原则很重要。因为互联网使得匿名非常容易，所以知道骚扰者是谁、从哪里来非常困难。专家可能能够跟踪一个 IP 地址，但是这也很容易用匿名的代理服务器隐藏。攻击者很容易创建虚假的简档、发送伪造的请求、接管其他人的身份，这就使得获取受害人的信息非常容易，而不用太过担心被发现。

> **注意** 政府资源和过滤技术的完整列表可以在我们网站上的资源部分中找到（www.securingsocialmedia.com/resources）。各州的法律可以在全国州议会联合会网站上找到（http://www.ncsl.org/IssuesResearch/TelecommunicationsInformationTechnology/CyberstalkingLaws/tabid/13495/Default.aspx）。其他网站包括 QuitStalkingMe.com 和 WiredSafety.org。

企业网络骚扰

攻击者可以使用完全合法的手段来收集受害者的有关信息，因为这些信息在社会化媒体网站上被随意地泄露。网络骚扰不一定针对个人，也可以用于对付公司。如果你的竞争者希望知道客户和你举行的交易会的内容，可以在 LinkedIn 上跟踪你的销售团队，看看他们是否曾经通过 Facebook 或者 foursquare "登录" 或者接近客户的网站，甚至通过 TripIt、Dopplr 等社会化旅游服务跟踪他们的旅行模式。那么，企业攻击者实际用来骚扰你的公司的步骤是什么呢？

1）公司信息。识别目标公司的员工。最简单的方法就是使用 LinkedIn 和 Google 搜索。

2）个人信息。一旦你知道了目标公司中工作的员工姓名，可以在 Facebook、Twitter、Flickr Blogs、MySpace、YouTube 等网站上找到许多有关他们的信息。你可以知道他们的电子邮件、朋友姓名、宠物名字、孩子的姓名、曾经就读过的学校等信息。有些人甚至会接受交友的请求。有多少人仍然使用宠物或者孩子的名字作为密码？当 Gawker Media 在 2010 年 12 月遭到入侵时[⊖]，密码就被破解。你可以在图 5-3 中看到，有些正在使用的密码确实很简单，包括 "password"。

3）定位员工。从 Facebook Places、SCVNGR、Google Latitude、Loopt、Gowalla、foursquare 和其他地理位置服务上找到员工所在的地方。他们可能和客户在一起，并且进入客户的办公室里！

⊖ 《Gawker Hack: Hacked Database Compromises User Data》（Gawker 遭到入侵：被入侵的数据库危害用户的数据），《赫芬顿邮报》（2010 年 12 月 12 日），http://www.huffingtonpost.com/2010/12/12/gawker-hack-hacked-databa_n_795613.html。

```
2516 123456
2188 password
1205 12345678
 696 qwerty
 498 abc123
 459 12345
 441 monkey
 413 111111
 385 consumer
 376 letmein
 351 1234
 318 dragon
 307 trustno1
 303 baseball
 302 gizmodo
```

图 5-3　容易破解的密码

4）相关信息。使用许多社会化媒体跟踪工具能够持续收集有关竞争者或其员工的信息。这些工具包括 Seesmic、Social Mention、Addict-o-matic、HootSuite、Lithium、Radian6、IceRocket、CustomScoop 等。

5）如果你想跨过红线，就要收集足以登录电子邮件地址和猜测账户密码的信息。真正的网络骚扰者绝对会跨过红线。

5.4　验证最终用户

虽然电子邮件仍然通过恶意软件、网络仿冒等手段成为公司网络最大的威胁，但是社会化媒体已经快速成为大部分组织面临的一个重大挑战。应该实施内部和外部沟通标准，以帮助保护你的网络和用户信息。下面是可以作为第一道防线的一些对策：

- 定期修改密码。
- 避免使用词典中的单词作为密码（尝试大写和小写字母、符号的组合如 C0mbin@t1on，代替可发音的短语）。
- 为每个社会化媒体创建单独的用户名和密码（例如，为 Twitter 创建一个，在 Facebook 中使用另一个）。
- 在所有公司电子邮件通信中要求 DNS 验证。
- 对于主要任务不是社会化媒体社区管理的人，去除最终用户在其桌面上安装应用程序的能力。对于社区管理人员和与客户在线沟通的人，培训他们正确地加强桌面应用程序的使用安全，并确保安装最新的版本。
- 删除最终用户的管理员特权。

- 实施 URL 过滤，帮助拦截通过网站进行的恶意攻击。

第一道防线的一部分是创建容易理解的、通过社会化媒体渠道与客户交流的标准。这些标准应该适用于电子邮件、社会化媒体和所有其他方式的数字交流。通过创建这些标准，客户将熟悉与你公司的通信，并且对仿冒攻击或者恶意软件链接立刻产生怀疑。

下面是对抗身份和仿冒攻击所应该实施的一些关键项目：

- 标准化与客户的社会化沟通。
- 不要请求个人信息。
- 尽可能使用客户的全名。
- 实施电子邮件验证。
- 避免包含超链接。

确定责任

组合你的社会化媒体策略和 IT 安全策略，以便定义破坏公司限制的后果。在第 6 章中，我们开发你的社会化媒体策略的基础部分。但是任何公司都应该已经有了一个安全策略，这个策略经过人力资源部审查，告诉员工允许和禁止的行为。员工必须对不安全使用社会化媒体或者利用社会化媒体违反规章或者法律，以及跨越网络骚扰的红线等行为负责。

IT 安全团队能够监控网络活动，或者能够很容易地实现这一能力。利用 URL 过滤和 Web 监控工具，你能够轻松地确定员工在社会化媒体网站上正在做什么、他们是否做了不恰当的事情，并确定这些行为的后果。

5.5　数据抓取

社会化媒体是用于共享的平台，但是这种信息共享已经超出了朋友和家人之间的共享，而是与全世界共享，这就根本不是社会化了。企业共享已经超出了员工与公众的互动，这可能是好事，也可能是坏事。通过社会化媒体的企业共享能够吸引更多客户、追随者和业务，但是恶意的用户能够改变公司的所有现有数据。很难知道谁在使用你的共享信息，以及使用这些信息的目的，这是对你真正的社会化圈的侵蚀。

利用个人简档，员工可以接受任意请求，成为"好友"。这些请求不全来自于朋友；这些"好友"可能是骗子或者恶意用户，他们试图收集有关这位员工的信息。相同的问题在企业社会化简档中也可能发生。通常，企业的社会化简档就是要与所有人共享的，经常会创建粉丝页面。你的"朋友"和"粉丝"有权访问你所张贴的所有信息。

针对性的信息收集攻击可能以管理企业博客的销售人员为目标。成为企业网站的好友可能使恶意用户获得销售人员的信任，从而成为他在个人社会化网络上的好友。你可以用普通的 Google 搜索找到个人的 LinkedIn 简档。一旦恶意用户能够访问销售人员的个人社会化简档，他就有了足以创建虚假简档的信息，或者足以尝试和猜测销售人员可能用于连接企业电子邮件或者企业博客的密码的信息。这可能导致对你的企业内部网络的攻击。

随着基于位置服务的出现，我们将会看到，由于社会化媒体使用引发的实体安全问题越来越多。最近流行的一个网站 Please Rob Me（http://pleaserobme.com）利用了 Twitter 的位置功能。想象一下在 Twitter 上跟踪你的骚扰者所能做的事情，或者疯狂的前男友或者前女友可能做出的事情。谁能够跟踪你在 Facebook 上张贴的企业网络事件呢？所有这些信息都可能被恶意的用户轻易抓取，可能导致对你或者公司网络的灾难性活动。

在社会化媒体网站如 Facebook、Twitter、LinkedIn 和 MySpace 上的信息泄露可能使信息的价值降低。由于这些信息完全公开，用户验证的方式可能必须改变。银行不再通过询问顾客在哪个街区长大或者宠物狗的名字来验证他们，因为这些数据都在社会化媒体简档内。共享和提供信息的能力可能完全破坏你的网络安全需求。社会化媒体不会促进人们的安全意识，而是鼓励

- 没有隐私；
- 信息共享；
- 泄露安全问题的答案；
- 社会化工程。

怀有恶意的人会被社会化网络所吸引，因为获得信任很容易，而且有许多可用于社会化工程的数据。通过社会化媒体更容易营造关系，这能够引发仿冒攻击。在这些网站上，一旦你信任了一个新的"好友"，就可能接受你的"好友"所推荐的应用程序的请求。你的市场人员现在可能安装这个应用程序，而不知道他刚刚把恶意代码下载到公司的电脑上。这些应用程序出现在 Facebook 上之前没有受过任何第三方的外部审核。你的计算机很容易遭到病毒或者间谍软件的感染。没有进行关于从社会化媒体简档进行的信息收集和盗窃风险的教育之前，员工就可能在不知情的情况下给你的公司打开一扇后门。下面是公司由于用户在社会化网站上连接和共享而面对的一些挑战：

- 个人信息的广泛暴露，其中许多用于验证。
- 几乎所有人都能查看数据。搜索引擎会索引简档。通过欺骗人们接受好友请求，很容易访问这些个人简档的所有信息。
- 安装了不安全的应用程序。一旦建立了信任关系，恶意用户能让用户单击恶意链接或者安装社会化网站里的一个木马应用，获得对网络计算机的访问权。
- 没有隐私限制。用户通常不知道社会化网络目前实施的所有隐私设置，结果是没有对数据访问进行限制。
- 弱密码。用户仍然使用孩子的名字或者宠物的名字作为密码，通过允许人们查看简档中的个人数据，为恶意用户发现这些常见密码创造了机会。

5.6　小结

　　社会化媒体使攻击最终用户比以前简单得多。人们有意无意地在社会化媒体上泄露许多可能用来对付自己的信息。社会化媒体网站在网上非常快地吸引成千上万的用户，在它们的应用程序中寻找和修复缺陷还没有很长的历史。如果公司打算允许员工使用社会化媒体，就必须培训他们有关风险的知识，并提供更多资源帮助减少用户的风险。

改进检查列表

- 你的公司是否向员工提供有关社会化媒体风险的基本信息？
- 你是否限制从特定网络登录企业社会化媒体？
- 你是否跟踪有关社会化媒体安全性威胁的新闻？
- 你是否向员工提供更好地保密他们的个人社会化媒体简档的方法？

第三部分

运营、策略和过程

第 6 章
社会化媒体安全策略最佳实践

社会化媒体的最佳实践仍在不断演变。在纯粹的安全世界里，遵循许多标准，这些标准包括从国家标准、技术学会（National Institute of Standards and Technology，NIST）的标准到 ISO27001——一个信息安全管理系统标准。通过采用现行标准，IT 部门就能够遵循加强社会化媒体安全的安全需求。如果你将社会化媒体数据和其他数据流一样看待，就可以应用现行的策略框架。例如，为了加强博客帖子作者和博客的宿主网站（假定你负责博客的主机服务）之间交流的安全性，你可以启用 SSL 并要求每 90 天更换次强密码。加强数据流安全是支付卡行业（Payment Card Industry，PCI）需求的一部分。如果市场部门发送数据给供应商，你可以用电子邮件加密或者加密文件传输加强通信安全。

但是社会化媒体环境中的难题是出站通信的内容和目标以及消费这些通信并做出反应的人。例如，一旦员工提交的博客公开发表，加密这篇博客对公司就没有任何帮助。如果这位员工不知道他不应该将信息的某些部分与公众分享，那么这个帖子就可能泄露了公司的秘密。

每个公司都必须拥有定义社会化媒体可接受使用的策略和框架。每个组织——从小公司到政府——都必须像对待 IT 策略一样对待社会化媒体策略，即备有指导正确使用方式的文档。在本章中，我们讨论社会化媒体安全策略需求。确切地说，我们介绍：

- 有效策略的组成部分；
- 如何将 H.U.M.O.R. 矩阵融入你的策略；
- 开发你的社会化媒体安全策略。

到本章结束的时候，我们还会介绍一个社会化媒体安全策略样板，你可以将它作为创建自己的策略的指南。

6.1 案例研究：社会化媒体策略使用的发展

在阿拉伯联合酋长国（UAE），45% 的人口使用 Facebook。UAE 电子政府（eGovernment）已经发布了 UAE 政府机构中社会化媒体使用的指导方针⊖，这是向实施社会化媒体安全策略迈

⊖ Ibrahim Elbadawi，《Three Reasons Why the UAE eGovernment Social Media Guidelines of Are Vital》（UAE eGovernment 社会化媒体指导方针的三大必要性），Government in the Lab（2011 年 3 月 11 日），网址：http://govinthelab. com/three-reasons-why-the-uae-egovernmentsocial-media-guidelines-of-are-vital/?utm_source=feedburner&utm_ medium=feed&utm_campaign=Feed%3A+Government20InAction+%28Government+2.0+in+Action%29。

出的一步。这个指导方针提供了政府所采取的步骤，提出了从政府办公室访问社会化媒体、账户管理、员工引导、内容管理、公民行为准则、安全、隐私和其他法律问题。指导方针指出："员工授权的主要驱动力是最终改进他们的工作绩效，并促进其产能的优化。"方针承认，社会化媒体网站的个人和专业使用之间的界限往往很模糊，使得授权给特定人员的问题变得非常困难。因此，指导方针中建议："对社会化媒体网站的访问不应该禁止。员工应该对任何社会化媒体网站的不当使用负责。"这一策略覆盖了广泛的策略主题，包括：

- **策略控制**。概述使用社会化媒体工具时的正当行为和内容指南。
- **资产控制**。在 UAE 策略的"访问社会化媒体网站"部分中能找到一些例子。这些控制措施考虑到订阅商业社会化媒体网站时更好的安全和隐私设置，以及更好的信息控制（例如设置严格的验证措施或者 cookie 管理）。
- **培训控制**。为员工提供有关使用社会化媒体工具时策略、管理和最佳实践的知识和课程。

这个策略对 UAE 来说是个好的开始。政府对这一过程所能做的改进是提出用于监控和报告的策略指导方针。他们还应该增加一个出现问题时的事故响应策略。当前的策略没有提及这些关键的概念。但是，正如策略中所提出的，社会化媒体管理是一个持续的过程，UAE 很可能随着形势的变化修改策略。

6.2　什么是有效的社会化媒体安全策略

定义策略的内容是第一个重大挑战。目前，没有一个国际标准组织（例如电器和电子工程师学会，Institute of Electrical and Electronics Engineers，IEEE）能够帮助解决这一问题。政府试图采用 NIST SP 800-53 Rev 3（一个关于信息安全规程的国家标准），将 Twitter 或者 YouTube 之类的服务当作网络系统，考虑某种形式的授权。但是，因为这些服务是托管服务（hosted service），你无法控制它们；你必须依赖 Twitter 和 YouTube 的管理员维护安全协议。

有效的策略有多个主要组成部分，分别考虑所使用的各类服务。社会化媒体平台既有内部的，也有外部的，你所使用的类型必然决定了策略中的某些部分。下面是策略所应该拥有的关键组成部分：

- 社会化媒体使用可能影响的任何规章和法律要求。
- 内部和外部托管应用的管理，包括监控和报告工具以及测试和审计技术。
- 企业范围内的协调。
- 行为准则和可接受使用。
- 社区管理员的角色和职责。
- 教育与培训。
- 策略管理、报告和监控。

> ## JAG 做得如何？
>
> JAG 的策略中没有这些关键组成部分。他们在大部分类别中给自己评了"差"。目前，JAG 的策略集中关注 HR 和 IT：基本可接受使用策略、员工行为守则、IT 操作指南、IT 安全策略、互联网使用策略和雇用政策。在 JAG 的 HR 策略中，培训和教育没有关注 IT 问题或者社会化媒体问题，而在 IT 策略中，没有考虑社会化媒体问题。市场部甚至没有推出公开的社会化媒体策略，以说明公司在社会化媒体使用上的立场。JAG 可望在读完本章和实施新的策略之后提高在 H.U.M.O.R. 矩阵中的成绩。

6.2.1 规章和法律要求

我们在前面的章节里已经讨论过，需要社会化媒体安全策略（或者适用于组织的社会化媒体使用的安全策略）的理由和其他策略非常相似。员工需要正确使用的指导方针。有几十年历史的缩写词 PEBKAC——问题存在于椅子和键盘之间（Problem Exists Between Keyboard And Chair）——无疑适用于当今的新型社会化媒体环境，许多法律风险也推动了书面策略的需求，这些风险包括：

- **歧视投诉**。员工在社会化媒体所说的任何事情可能都归因于公司。例如，你可能有一条政策：如果员工在个人网站上张贴了影响其他员工或者公司的内容，就可能会遭到解雇。歧视投诉可能导致员工声称工作环境恶劣并提起诉讼。主管也可能在业余时间使用社会化媒体批评员工，这可能导致诉讼。
- **诽谤投诉**。员工可以在公司或者个人社会化媒体出口说一些影响公司、竞争者甚至客户的话。雇主可能共享太多的信息，包括关于其他员工的照片，这可能引起诉讼。法律上对这类案件还没有判例。美国国家劳工关系委员会指控康涅狄格州美国医疗响应公司于 2009 年非法解雇在 Facebook 帖子中批评主管的女员工的案件就曾经被搁置。这一解雇招致了根据联邦劳工法提起的法律诉讼，2011 年该案宣判，判决要求康涅狄格州美国医疗响应公司修改其阻止员工贬低公司或主管的博客和互联网策略。该公司还必须修改其他禁止员工在互联网上未经许可以任何方式描述公司的策略⊖。这对于公司的总体策略是影响深远的，修改后的策略在试图限制业余时间的社会化媒体使用时要非常小心。
- **泄露机密**。这种风险可能是最普遍的。员工共享太多机密信息，导致法规的惩罚甚至使竞争者发现太多的信息。
- **违反规章**。许多规章包含了员工的教育，详细规定了如何恰当地进行与管制产品（如金融投资机会或者专利药品配方）相关的交流，或者机密客户信息的分发。例如，员工可能很容易通过社会化媒体共享过多的患者信息，从而破坏 HIPAA 安全规则的规定，正如

⊖ 《Company Accused of Firing Over Facebook Post》（公司因 Facebook 帖子开除员工而受到指控），《纽约时报》（2010 年 11 月 8 日），网址：http://news.yahoo.com/s/ap/20101109/ap_on_hi_te/us_facebook_firing。

第 4 章中医院员工发送 Twitter 帖子所卷入的案子。

你的策略应该指出泄露专利和公司机密信息、歧视性的陈述，以及有关公司、员工、客户、竞争者或者供货商的诽谤性陈述的后果。它应该指明员工如何使用公司名称，哪些信息可以共享。你必须有明文规定的升级过程，以应用合适的执行力。创建一个监管链框架，归档所有类型的法律现象和诉讼，并为可能针对员工、黑客或者其他犯罪分子采取的行动提供正当依据。许多社会化媒体内容超出了公司的直接控制，所以策略和规程必须满足技术工具无法产生影响的地方的需要。

6.2.2　管理内部（自行部署的）应用程序

你的社会化媒体安全策略应该详细说明使用你所能控制的社会化媒体网站时的安全需求。有些公司在建立自己的策略和应用需求时，没有从采用开发应用的安全过程中得益，而是根据技术和数据隐私历史上在传统安全架构中的处理方式开发策略。许多加强社会化媒体应用或者网站安全的方法与加强公司电子商务网站或者专利应用程序的方法类似，差别在于你可能由于员工说了不恰当的话、客户攻击你的公司品牌或者销售团队在社会化媒体通道上丢失了客户数据而受到侵害。这些问题更快地进入公众的视野；客户反馈几乎是立刻发生的；你的品牌可能在几个小时之内就遭受破坏。

在使用你确实能够控制的社会化媒体网站（比如你自己的基于 WordPress 的博客或者 Wiki 网站）时，关键的安全性需求必须成为网站对员工的可用性的一部分：

1）确保你已经按照安全评估流程测试了由于传统攻击和数据管理问题为应用带来的风险，并加强了编码方法的安全性。在测试基于 Web 的社会化媒体应用程序时，你的安全流程应该详细规定所应该遵循的步骤：

a）信息收集，包括应用指纹识别；应用发现；网络爬虫和 Google 搜索；错误代码分析；SSL/TLS 测试；DB 监听程序测试；文件扩展名处理；旧的、备份和未引用文件。

注意　安全软件测试的详细技术安全分析可以参考《Hacking Exposed 6: Network Security Secrets & Solutions》（《黑客大曝光：网络安全秘密和解决方案》，Stuart McClure、Joel Scambray 和 George Kurtz 著，McGraw-Hill Professional 2009）。

b）验证测试，包括默认或者可猜测的账户、暴力法、绕过验证方案、目录遍历 / 文件包含、脆弱的密码记忆和密码恢复功能、注销和浏览器缓冲管理测试。

c）会话管理，包括会话管理方案、会话令牌、操纵、暴露的会话变量、HTTP 攻击。

d）数据校验测试，包括跨站脚本、HTTP 方法和 XST、SQL 注入、存储过程注入、XML 注入、SSI 注入、XPath 注入、IMAP/SMTP 注入、代码注入、缓冲区溢出。

e）Web 服务测试，包括 XML 结构化测试、XML 内容级别测试、HTTP GET 参数 /REST 测试。

f）拒绝服务测试，锁定客户账户、用户专用对象分配、用户输入作为循环计数、将用户数据写入磁盘、释放资源失败、会话中存储过多数据。

2）考虑部署前测试和随时进行的应用一致性测试。

3）标识在每个数据管理步骤（创建、传输、使用、存储和删除）中都应该加密的关键公司和客户信息。

4）审核第三方应用和 API 验证步骤的处理；弱验证或者未加密明文验证可能允许不恰当的访问或者凭据窃取。

5）定义强密码和实施方法以及应该更改的时间，特别是在（例如在市场部中的）多名员工可能访问 YouTube 或者 Facebook 的网站上的公司账户的情况下。

6）处理日志管理问题。在可能的情况下，你希望记录访问社会化媒体公司账户的员工，知道谁张贴了信息。日志管理对于事故响应计划可能极为重要。

内部社会化媒体网站检查列表

一旦你构建了自行部署的网站，根据部署批准流程投产，就像投产其他任何 IT 应用一样。回答如下问题确保满足批准投产的关键需求：

• 是否有合适的免责声明？

• 网站的所有权是否清晰定义和显示？

• 是否有网站更新和内容审核的操作规程？

• 内容是否经过相关管理层的批准？是否有控制用户内容的策略？

• 应用的所有用户和管理员是否都经过了正确使用、控制和内容创建的培训？

• 你是否开发了社区管理员规程？

• 是否有安全测试计划，以测试应用的功能、操作系统以及网络层防御黑客攻击的能力？

• 是否有关于应用使用以及应用功能潜在破坏的事故响应流程？

• 是否指定了操作人员负责网站的维护？

6.2.3 管理外部应用

第三方云应用无法按照你自己的基础架构应用的方式处理。你对这些第三方公司及其安全需求的影响很小，要求他们修改安全态势可能没有作用，而依赖于你自己的控制是必要的。需要考虑的内部控制包括：

• 你的员工如何使用这些第三方社会化媒体网站？

• 允许哪些数据？

• 如何监控你的公司活动？

• 如何响应外部事故？

在数据管理方式中另一个关键的变化是，你必须依赖于第三方平台进行他们自己的应用安全测试，之后他们可能向你出示（也可能不出示）结果。你本能地信任这些平台和相关的应用能够避免你从 Facebook 粉丝那里接收的私有信息而遭受黑客攻击，并相信第三方不会出卖你的

Twitter 追随者的客户列表。但是你的公司是否要求 Twitter 或者 Facebook 提供 SAS 70 II 审计报告（公司安全态势的一种第三方分析）？ 2011 年，Twitter 同意共享从其开创（2006 年）以来的所有公开信息，并归档于美国国会图书馆——除了已删除的信息以外。Google 已经实时索引 Tweet 信息，Yahoo! 和 Microsoft 也得到了副本。这可能是你的审核过程的一部分，你是否对它们在你与第三方公司共享的数据上的安全策略有所了解？

在处理第三方应用时，策略框架必须考虑如下重大安全概念：

- 社会化媒体通常基于第三方"云"应用，因此，你的公司无法控制它们的安全性。
- 社会化媒体 Web 应用和可下载应用与其他基于 Web 的应用及其他已安装的软件应用面临着相同的安全挑战。
- 一般公众和你一样涉及你的公司对社会化媒体的使用，你的策略必须为员工提供一个公众交流处理方法的指导方针。
- 你的公司应该有社会化媒体策略的公开版本，说明你在社会化媒体上的立场。
- 数据的共享在社会化媒体中是必然的，但是数据共享从技术入侵角度和内容入侵角度来说都是关键的攻击方向。
- 通过社会化媒体门户和可下载应用更容易共享恶意代码，然后，这些应用可以连接到企业环境，引入病毒、木马和其他恶意软件。
- 处理社会化媒体引起的风险时，声誉管理往往比基于安全技术的控制更重要。
- 在可能的情况下启用社会化媒体网站的加密通信。这在大部分网站上不容易做到，但是有些应用程序有助于完成这项任务。来自 Electronic Frontier Foundation（https://www.eff.org/https-everywhere）的 HTTPS Everywhere 就是一个例子，正如他们的网站所说：

> HTTPS Everywhere 是一个 Firefox 扩展，是 Tor Project 和 Electronic Frontier Foundation 合作的结果。它加密你与许多主流网站之间的通信。Web 上的许多网站提供对 HTTPS 加密的有限支持，但是很难使用。例如，它们在默认情况下可能不加密 HTTP，或者在加密网页上充满指向未加密网站的链接。HTTPS Everywhere 将所有这些网站的请求重写为 HTTPS，以解决这个问题。

当你在 Firefox 中安装 HTTPS Everywhere 加载项时，它在所覆盖的网站上强制使用加密。在图 6-1 中，你可以看到不使用 HTTPS Everywhere 时，Facebook 网站没有加密。一旦安装了 HTTPS Everywhere，你将会看到（如图 6-2 和图 6-3），不需要任何用户交互，你所访问的社会化媒体网站都强制使用"https"。

图 6-1　在没有开启 HTTPS Everywhere 的情况下访问网站，没有加密

图 6-2　用 HTTPS Everywhere 访问 Facebook 时强制加密

图 6-3　用 HTTPS Everywhere 访问 Twitter 时强制使用 "HTTPS"

HTTPS Everywhere 实际上提供了对 Firesheep 的防御，该软件目前支持其他网站如 Google Search、Wikipedia、bit.ly、GMX 和 Wordpress.com blogs，当然还有 Facebook 和 Twitter。（我们在第 5 章中已经提到过，BlackSheep 也能帮助识别 Firesheep 威胁。）因为 Facebook、Google 以及其他网站的 HTTPS 连接越来越容易访问并成为默认选项，未加密通信的威胁将会减小。

外部社会化媒体网站检查列表

尽管确定第三方网站采用的安全措施可能很困难，但是在允许公司采用任何网站进行市场活动、存储客户数据以及和公众交流时，至少要有一组基线标准。至少，你应该尝试理解将要使用的第三方应用，并且询问一些尖锐的问题，获得对其安全协议的了解。你用于收集信息的策略至少应该列出这些需求：

- 审阅社会化媒体网站 / 平台的 SAS 70 II 审计报告。如果该网站没有，要求进行该项审计，如有可能将结果发送给你。
- 要求审阅该公司的基本财务报表——它们是否盈利或者正在走向盈利？
- 审核网站的隐私策略，找出任何可能危害你的数据或者客户数据的步骤。
- 要求提供网站对自身内部漏洞测试规程的指导方针，并审阅其规程。测试安排是怎么样的？

注意　2010 年 5 月，安全公司 F-Secure 发现了一种恶意软件攻击，由伪造的 Twitter 账号在带有 "haha this is the funniest video i ve ever seen"（哈哈，这是我所见过的最有趣的视频）消息的 Twitter 帖子上发动。当用户单击这个帖子，就会在他们的系统上安装一个木马！如果 Twitter 部署了非常主动的安全程序，他们就应该在 F-Secure 之前发现。

- 要求审阅网站的事故响应计划。
- 审核网站数据存储、数据传输和验证的加密。

- 要求审阅网站的备份策略。
- 如果该公司停业，对你的数据会发生什么？这是你可能无法得到好的答案的问题，但是你可能希望询问第三方数据保管服务的相关问题。
- 审核网站有关行业规章或者存储数据类型的任何文档。审阅网站的数据泄露通知策略。
- 审阅与此网站的服务水平协议。如果网站没有这种协议，要求其开发一个。

6.2.4 企业范围协调

和你当前的人力资源策略和 IT 安全策略类似，你的社会化媒体策略必须是一个全公司范围的计划。如果只有市场团队接受这个策略的管理，其他员工就不会知道什么是允许的，从而很有可能张贴不当信息。如果 IT 部门是唯一遵循这一策略的部门，其他部门就不知道如何以安全的方式使用社会化媒体网站，或者不会接受任何能否张贴与公司有关帖子的培训。

编写社会化媒体策略是协作性的工作。创建粒度更细的社会化媒体安全策略并教育员工必须在全公司范围开展。这个策略可以分解为多个策略，并随着业务功能变化而编写，也可以以更通用的格式编写，以应对相关流程未来的变化，但是这可能更难做到。大部分公司目前有便携电脑策略和移动设备策略；这些都是细粒度的策略。你所选择的方法完全取决于个人的选择。

如果你希望编写细粒度的策略，可以考虑从如下策略开始：

- 社会化媒体策略。
- 社会化媒体安全策略。
- 员工在线交流行为准则。
- 员工社会化网络信息披露策略。
- 员工 Facebook 策略。
- 员工个人社会化媒体策略。
- 员工 Twitter 策略。
- 员工 LinkedIn 策略。
- 公司博客策略。
- 公司 YouTube 策略。
- 社会化网络密码策略。
- 个人博客策略。

6.2.5 行为准则和可接受的使用

对于你所定义的任何策略，都有员工必须坚持和理解的基本要求。任何 HR 专业人士都要牢记！这种广泛使用的策略条款包括：

- 所有员工都有义务了解策略，就像阅读公司手册一样。当然，培训对于确保员工能够正确遵守策略来说是必需的。
- 员工必须理解该策略是用于所有社会化网络活动的全局策略。

- 员工不管使用何种平台，都处于相同的公司信息机密限制之下。
- 任何透露给公众的信息都必须包括合适的免责声明，例如，员工在谈及公司或者行业时应该清晰地表明自己是公司的员工。
- 员工在公司之外进行交流时不能侵犯公司商标或者知识产权。
- 发送特定类型的公司相关信息（从广告小册子到销售计划）的指导方针。
- 员工可能因为公司信息的不当使用或者导致与员工身份不相配的公司负面影响而遭到解雇。

不同部门协作开发策略和管理技术时，公司可以更好地处理社会化媒体的内部和外部使用方式，以及社会化媒体使用规则的开发方式。

下面是员工必须遵守的基本规则和指导方针：
- 员工必须阅读和理解与社会化媒体相关的所有策略。
- 员工必须理解在社会化媒体使用中接受相关培训的必要性。
- 员工在工作时间内，只能将公司资源用在经过批准的社会化媒体活动上。
- 员工不能散播机密信息。
- 除非另作规定，员工不应该使用不安全的社会化媒体系统进行与公司相关的工作活动。
- 不允许员工避开公司安全规程和技术。
- 员工不应该以任何未经批准的方式共享社会化媒体网站的登录信息。
- 员工应该遵循使用安全密码的公司指导方针。
- 员工应该理解，他们在社会化媒体网站上讨论公司名称时代表公司，并且应该尊重公司的策略。
- 员工至少应该每年进行一次有关安全过程的培训。
- 员工和IT部门一样，对安全负有责任。

6.2.6　角色和职责：社区管理员

社区管理员是相对新颖的角色，适用于Web 2.0之后的在线环境。这一角色在公司组织结构中的位置仍然有争议，很大程度上取决于公司的行业、文化和参与社会化媒体的目标。在许多公司中，社区管理员角色是市场部门的职能，这是因为社会化媒体具有难以抗拒的交流特性。其他公司（如Comcast）主要将社会化媒体用于改进客户服务。玩具制造商Lego利用社会化媒体提供新产品的思路。Dell已经成功地用社会化媒体建立社区并促进了销售。Dell鼓励所有员工不管身处哪个部门，都参与社会化媒体中的社区。员工每天平均花费20分钟与在线社区和客户联系。

有些公司已经认识到社会化媒体的跨职能特性，根据战略目标建立了不同的报表行，如将社会化媒体作为成本或者利润中心，或者作为共享的支持服务。不管是哪种情况，社区管理员都负责指导与社会化媒体出口相关的战略、战术和运营活动，并且实施日常规程、计划、临时活动，并监督围绕多平台社区伸缩性的资源和流程。

但是，这个角色必须在一开始就从安全利用社会化媒体的出发点进行定义。社区管理员的责任包括与 IT 安全、法律和人力资源部沟通，确保一个有凝聚力的战略，减少公司遭到第 4 章和第 5 章讨论的潜在社会化媒体威胁的风险。

目前社区管理员的角色通常是下面这些方面的一个组合：

- 欢迎客户进入组织的社区。
- 识别关键影响力人物并与之建立关系。
- 实时监控、调节、响应和引导交谈。
- 促进成员之间的交互和社区的发展。
- 管理程序和内容。
- 管理为社会化媒体分配的内部资源。
- 实施策略和指导方针。
- 管理用于社会化媒体发展计划和通信的工具。
- 报告活动并开发新的衡量标准。
- 跟踪客户意见。
- 开发、实施和管理内容创建战略。
- 管理对品牌的响应。
- 将反馈传递给内部团队。
- 发展 Web 交流，优化所有的客户交互。
- 管理公司博客的参与度和读者。
- 危机响应和管理。
- 通过思想领导、员工参与和培训发展内部交流。
- 制订公司与客户社区之间联系的在线和离线活动计划，为趣味相投的客户提供论坛，倡导客户相互结识和交流。

在这个描述中没有明确的社区管理员与 IT、法律和人力资源部门之间的接口。这种必要的联系经常在策略中被忽视，也容易被管理层所忽视。社区管理员的角色必须扩展到联络项目管理的职能，而不仅仅是管理社会化媒体内容和交流。为了有效地成为公司的真正接口，社区管理员的必须承担下列进一步的职责：

- 在所有业务单位之间协调策略开发。
- 与 IT 安全部门合作跟踪事故。
- 与市场和 IT 部门一起协调对事故或者客户威胁的公开响应。
- 与法律部一起理解社会化媒体的法律运用。
- 与人力资源部一起，确保所有涉及社会化媒体的员工理解使用限制和潜在危险。
- 与 IT 安全部门协作，使用合适的工具跟踪、监控和报告员工对社会化媒体工具的使用。

这些新的任务使社区管理员脱离了当前的角色。最好的办法是指定 IT 或者 IT 安全部门的人员与社区管理员搭档，甚至承担社区管理员某些 IT 领域的职责。在辅助 IT 部门帮助员工理解社会化媒体安全影响的工作中，社区管理员可以与 IT 部门共同审阅和搜索与所使用的社会化

媒体手段相关的安全信息。这必须是共同分担的职责,因为社会化媒体网站的监控包括:

- 每天审核公司简档页面,确定是否显示了不当或者被黑客篡改的内容。
- 审核其他网站和简档对公司的引用和关联,查看公司信息的使用是否可接受。
- 创建相关规程,检查连接到公司社会化媒体简档的用户和客户进行在线活动时,是否与公司可接受标准相一致。
- 扫描指向公司的链接,查看是否张贴了受到侵害的页面。
- 与IT安全部门协作测试公司网站弱点。
- 与IT安全部门紧密协作,研究新漏洞可能对用于社会化媒体市场活动的应用程序和网站所造成的影响。

提示 跟踪漏洞的网站包括国家漏洞数据库(http://nvd.nist.gov/nvd.cfm)、Security Focus Database(http://www.securityfocus.com)、开放源码漏洞数据库(www.osvdb. org)。在这些网站上,你可以搜索所使用的技术和社会化媒体渠道的任何可能危害安全的已知漏洞。

社区管理员职责的成功实施必须由多个部门进行评估。IT部门必须能够交流技术难题、来自社会化媒体的威胁场景和响应能力。人力资源必须有能力在社区管理员的帮助下实施和执行策略,并且一同督促员工服从这些策略。市场部门必须有能力通过社区管理员在所有其他部门中协调交流项目和业务目标,并且能够使用合适的技术资源实现它的目标。法律部应该能够通过社区管理员在所有部门范围内协调有关社会化媒体使用的规章约束。

由于这些新的职责,报告结构将成为一个难题,特别是在该角色随着时间自然地演化成跨职能角色的时候。尽管员工永远不应该有两个老板(这通常是失败的根源),但是在评估社区管理员的工作绩效的目标设定过程中,将其他部门包含在内可能很有效。安全主管在与社区管理员协作中起着关键的作用。许多大型公司可能已经部署的安全技术也可以用于加强新媒体交流的安全性。数据丢失预防工具可能是监控进入和离开公司环境的数据类型的最全面工具。通过与社区管理员协作执行的IT安全流程,可以监控新的项目和活动、新的Web应用和提议的社会化媒体工具,并且更加及时地报告。

6.2.7 教育和培训

和所有安全框架一样,教育你的员工是至关重要的。好的基线培训计划能够减少风险,并减少因员工疏忽而导致的漏洞。员工可能不知道,社会化媒体渠道有多么容易被用于操纵用户,使其泄露机密信息或者授权访问计算机系统。使用社会化媒体,攻击者试图使用以下各种技术(这里列举的只是一少部分)收集私有信息:

- **借口**。使用编造的场景和一些已知信息在目标心中建立合法的形象,然后尝试获得社会保险号码、生日或者其他用于个人验证的信息。
- **网络仿冒**。似乎来自合法来源(如你的银行)的一封电子邮件,请求验证信息并且对不服从的后果提出警告。

- **特洛伊木马**。假扮无害应用的破坏性程序。许多员工能够识别某些这类攻击技术。遗憾的是，并不是所有员工都理解整个攻击形势，这会使你的公司（可能还有你的网络）容易遭到攻击。员工必须理解网络安全的重要性和他们在帮助保护公司信息中所起的关键作用。例如，员工可能创建一个公用的密码以使用社会化媒体网站，简化他们的交互和日常例行事务，但是这种易用的方案也使得攻击者更容易获得对社会化媒体账户的访问权，并且可能对你的网络采取进一步的攻击。

员工安全培训的好处包括：

- 员工理解了"最佳实践"的重要性，然后他们就能实践并且宣传对公司安全文化的更深入理解。
- 员工更不容易成为攻击的受害者，更不容易使公司暴露在其他攻击之下。
- 员工了解到公司中可接受行为和文化的新模式。
- 员工了解到他们有责任避免恶意行为和发现问题。
- 培训有助于减少有意或者无意误用信息的风险。
- 一些联邦和州法规要求开展安全意识培训，培训能为这些法规的符合性提供一个基线。

6.2.8　策略管理

你的社会化媒体安全策略一旦就位，就必须持续更新它们。社会化媒体与其他技术相比，难点在于网站、技术、功能和过程改变的速度。新的功能如此之快地构建起来，以至于在 6 个月里就出现了当前你的策略所没有覆盖的全新性能、功能或者应用程序。为了加强这些新功能的安全并理解员工和客户与新网站的交互方式，就要求你在策略更新上要比过去对待常规的 IT 安全策略更加努力。

IT 人员和市场人员都必须制订一个流程，以研究新技术、确定员工和客户使用的工具、理解这些新网站对公司资产和资源的影响。例如，由于新的应用每周都推出，地理位置服务快速地流行起来，但是大部分公司还没有掌握地理位置应用的功能、危险和所创造的机会。为了了解最新的潮流和功能，社区管理员必须与市场部门和 IT 部门进行如下合作：

- 选择特定网站（如 Mashable.com 和 TechCrunch.com）进行阅读和研究。
- 研究员工的 Web 冲浪，探寻趋势。
- 实施一个流程，在公司遭遇员工或者客户的未预期行为的影响之前分析新的应用。

6.3　H.U.M.O.R. 指导方针

在第 2 章中，我们概述了一些基本策略问题，这些问题是在考虑公司整体社会化媒体安全性战略时应该着手处理的。在 H.U.M.O.R. 矩阵中，我们还应用了策略需求，在第 7 ～第 11 章中，我们将详细研究 H.U.M.O.R. 矩阵中的每个需求，每个需求都有必须处理的不同策略问题。

表 6-1 列出了社会化媒体策略的关键特征。

表 6-1　H.U.M.O.R. 矩阵策略组成部分

H.U.M.O.R. 需求	策略组成部分
人力资源	提供给公司所有员工的易于理解的分发策略 分发适用于员工和客户的策略需求的公开版本 开发因业务需求而使用社会化媒体的指导方针 确保符合所有法律和规章要求 开发清晰的事故管理和公共交互响应计划 建立教育和培训策略 建立限制公司私有信息访问的策略
资源利用	创建员工和公众使用知识产权的策略 建立响应知识产权盗窃的指导方针 建立有关内容编写和剽窃的策略 为不同社会化媒体活动开发正确利用技术资源的流程 建立随着能力的变化而更新工具的策略
财务支出	建立相应策略，为社会化媒体活动花费的预算项目提供商业上的正当理由 定义用于教育和培训的预算 开发识别因社会化媒体活动而造成的财务损失的流程
运营管理	开发 IT、市场、法律、HR 部门的运营指导方针，详细规定每个部门的职责 定义 HR 和 IT 的执行需求和活动 定义相关流程，理解所用社会化媒体资源以及各种云服务对业务的影响 建立密码策略 开发威胁管理流程
声誉管理	开发事故响应管理的清晰流程 确定监控和报告影响公司员工和客户 / 公众社会化媒体活动的策略 开发控制声誉监控的流程

6.4　开发你的社会化媒体安全策略

一旦你根据 H.U.M.O.R. 矩阵定义了社会化媒体安全策略的关键组成部分，就可以进行实际的编写工作。针对矩阵的每个部分，我们在接下来的章节中演练一些步骤，概述策略的实施。第一步是理解你的公司面临的风险。第 4 章讨论了威胁评估，并在第 5 章中进一步阐述。本书的这一部分讨论你的策略所需要实施的控制。你的威胁评估应该已经识别了用于社会化媒体活动的工具和网站的风险，这种评估的意图是识别你的社会化媒体活动的风险，理解有问题的地方，并根据明文的策略实施减缓风险的控制手段。

6.4.1　策略团队

策略团队可以由社区管理员牵头组织，也可以由人力资源部领导。其他利益相关方可能包括市场、PR、销售、业务开发、法律和客户服务。这个跨职能团队应该审核你的社会化媒体战略的各个可操作特性，确定完成业务目标、开发策略、实施策略、对变化的形势做出反应的最佳过程。所有策略应该是灵活的，鉴于社会化媒体环境的多变性，每 6 个月要重新审阅策略。团队的领导应该负责指派各个角色和职责。

所有修改必须由策略团队进行和批准。该团队将对使用社会化媒体的相关业务流程进行定期的风险分析，理解采用的技术，并确定必须进行的操作性修改。该团队将负责分发所做的修改，并确定相关员工了解策略的要求。策略团队将是其他受到社会化媒体使用影响的部门的联络人。

6.4.2　确定策略响应

针对违反策略行为的安全性监控自然需要由 IT 部门管理的技术。必须利用自动化的过程搜索员工违规行为，以及搜索社会化媒体平台上对公司品牌产生影响的客户和公众交互。策略团队可以确定违规行为的组成，并且与人力资源部协调开发相关的响应。不同的风险级别可以采用不同的响应级别应对。例如，Facebook 允许张贴更多的信息，员工可能很容易在不知情的情况下安装恶意的 Facebook 应用，这比你在典型的 Twitter 使用中面对的威胁更严重，使用 Twitter 对网络资源的影响没有这么大。

必须准备好针对违法策略行为的响应流程，以及实际用于监控违规行为的相关机制。如果你打算搜索内部员工的访问，则需要数据丢失预防工具。如果你打算搜索外部事故，那么可能需要第三方监控服务如 ReputationDefender.com。你可以为不同的社会化媒体活动指定不同的风险级别，并且根据对组织的威胁程度应用合适的资源。一旦发生违规行为，需要一个清晰的流程来通知合适的资源做出响应。快速反应是很重要的，这是因为社会化平台的实时、瞬时特性加速了事件的传播。要制订识别可能的错误区域、最小化风险的计划，并且为所有团队提供全天候（7×24 小时）的缓解指导方针。

必须定义响应团队的职权。和你的灾难恢复计划一样，你应该用可能的攻击场景测试社会化媒体响应计划。处理违规行为时的决策可能包括：
- 识别即将出现的问题。
- 响应媒体质询。
- 承认问题并且及时、谦虚和专业地响应相关博客、微博和社会化网络上的意见，特别是在影响力人物提出意见时。
- 确定员工可能的过失。
- 实施更改措施，避免持续的违规访问。
- 隔绝已经受到侵害的技术（如果有）。
- 联络涉及的网站。
- 记录证据和事件以及所采取的弥补措施的时间轴。
- 有必要的时候联络相关的公共机构。
- 通知内部管理人员和法律顾问。

6.5　简单的社会化媒体安全策略

　　根据公司的大小、行业、规章要求、公司文化以及客户及公众的参与度，每个策略都有所不同。有些公司可能更关注品牌意识，而其他公司更关注销售活动。如果你所在的是一个小公司，可能无法组建来自法律、HR、市场、销售、客户服务和IT部门的跨职能团队，以管理社会化媒体安全战术：这些任务可能全部落到市场部和IT（或者只有市场部）部的肩上。不同公司可能提出许多不同的策略需求，但是每个参与公众交流的公司都需要制订风险缓解手段的策略。

　　下面是你可以用来开发自己的社会化媒体安全策略的一个基本大纲。

社会化媒体策略大纲

1. 导言
   - i. 本策略的目的
   - a. 策略管理
   - ii. 公司修改和更新本策略的权力
   - b. 生效日期
   - c. 目标
   - i. 本策略的目标（设定指导方针、确定职责、管理声誉等）
   - d. 作用
   - i. 本文档的作用是什么？适用于哪些人
   - e. 范围
   - i. 本策略对于技术和员工、承包人和商业伙伴等的适用性
   - f. 策略所有者
   - i. 谁管理本策略
2. 如何使用社会化媒体
   - a. 社会化媒体渠道（Facebook、Flickr、LinkedIn、Twitter、YouTube、GoWalla、Foursquare等）
   - b. 社会化媒体的好处（市场、销售、客户服务、新产品开发、客户反馈、媒体访问、合作关系、交流、降低成本等）
   - c. 社区管理员目标
   - i. 谁是社区管理员
   - ii. 社区管理员的职责是什么
   - d. IT安全部门职责
   - i. 定义IT安全部门角色
   - ii. 标识验证和授权每个社会化媒体平台的过程
   - iii. 定义实施职责

　　　iv. 定义报告职责

　　　v. 定义监控职责

　　e. 市场部职责

　　　i. 定义 IT 安全部门的角色，协助市场部门以安全的方式行使职责

　　f. 人力资源部职责

　　　i. 定义 IT 安全部门在辅助 HR 部门以安全的方式行使职责中的角色

　　g. 法律部职责

　　　i. 定义 IT 安全部门的角色，辅助法律部门以安全的方式行使职责

3. 社会化媒体通用策略

　　a. 广告宣传

　　b. 规章要求

　　c. 社区管理

　　d. 机密性

　　　i. 哪些信息可以共享

　　e. 披露

　　　i. 员工使用社会化媒体时必须披露哪些信息，哪些信息不能披露

　　f. 法律问题

　　　i. 哪些法律约束适用于社会化媒体的使用

　　g. 参与度

　　　i. 参与社区的预期目标是什么？需要哪些内部和外部资源

　　h. 管理公司的好友

　　　i. 理解好友带来的危险和机会，审核连接和共享的批注、简档信息，对信任关系进行管理

　　i. 如何处理负面的评论

　　j. 出版物质询

　　　i. 定义出版物的处理职责

　　k. 第三方员工

　　　i. 标识用于管理第三方关系的过程

　　l. 商标和知识产权相关约束

　　　i. 商标、版权和 IP 如何管理

4. IT 安全策略

　　a. 这些策略的目的是建立 IT 安全的技术指导方针，并表达安全的网络基础架构所需的控制措施。网络安全策略将提供实用的机制，以支持公司的整个安全策略集。本策略有意地避免过分具体，以便提供实施和管理战略中的某些自由度

　　b. 社会化媒体网站验证

　　　i. 定义所有内部部署的应用程序和第三方托管社会化媒体应用的密码复杂性

1）密码构造

下面的说明适用于网络设备的密码构造：8个字符，混合字符、数字和特殊字符（例如标点符号）。

密码不应该由词典中可以找到的单词组成，不应该包含"可猜测"的数据，如生日、地址、电话、位置等个人信息。

2）修改要求

密码必须根据公司的密码策略进行修改。相同的要求也适用于修改网络设备密码。

3）密码策略实施

应用程序中使用的密码必须强制实施公司有关构造、修改、重用、锁定等的密码策略。

4）管理密码指导方针

作为通用的规则，系统的管理性访问应该仅限于有这类访问的合法业务需求的人。

c. 内部部署的社会化媒体应用

i. 失败的登录

重复的登录失败可能表明有人企图"破解"密码并秘密访问网络账户。为了防御密码猜测和暴力法尝试，公司必须在5次不成功的登录之后锁定用户账户。

ii. 日志

日志的需求取决于网络系统的类型和系统持有的数据类型。以下的部分详细说明了公司对于记录日志和日志审核的需求。

1）应用服务器

来自应用服务器的日志很有趣，因为这些服务器往往允许来自大量内部和/或外部来源的连接。至少需要记录错误、故障和登录失败。

2）网络设备

来自保护应用服务器的网络设备的日志也很有趣，因为这些设备控制所有网络流量，对公司的安全可能有巨大的影响。至少需要记录错误、故障和登录失败。

iii. 日志管理

1）日志审核

日志管理应用程序能够帮助指出重要的事件，但是，许多公司的IT团队仍然必须以合理的频率进行日志审核。

2）日志保留

日志应该根据公司的资料保存策略予以保留。

iv. 入侵检测/入侵预防

公司要求在关键应用服务器上使用IDS或者IPS。

v. 安全性测试

安全测试又称漏洞评估、安全审计或者渗透性测试，是维护公司网络安全的重要部分。

1）内部安全测试

2）外部安全测试

vi. 社会化媒体应用文档

文档（特别是与安全相关的）对有效和成功的应用管理很重要。

vii. 防病毒／防恶意软件

viii. 所有应用服务器和连接到应用服务器的最终用户系统应该运行防病毒／防恶意软件

ix. 软件使用策略

1）软件应用可能以许多种方式造成风险，因此本策略必须覆盖软件的各个方面

2）所有用于桌面、便携电脑和移动设备的可下载社会化媒体最终用户软件和应用必须得到 IT 管理人员批准

x. 可疑的安全事故

1）在怀疑安全事故可能影响一个网络设备时，IT 人员应该参考公司的事故响应策略

d. 第三方托管应用

i. 服务水平协议

审核与网站和应用提供商的所有服务水平协议。

ii. 更新

必须进行更新、升级和热修复，以处理安全关注点。

iii. 测试

1）第三方必须提供应用安全测试的证据，或者允许公司测试应用程序安全性弱点

2）第三方必须提供安全基础架构的证据和维护客户数据安全环境的策略

e. 教育与培训

i. IT 安全部门负责为最终用户提供关于所有硬件和软件资源的安全需求的培训

ii. HR 负责策略和流程的培训

iii. 推行年度培训计划并持续更新，向用户通告新的风险和安全措施

5. 社会化媒体中的行为准则

a. 主要的行为准则

b. 社会化媒体中的应有行为

i. 为公司增值，正面地推销公司，训练，成为品牌大使，答复客户，参与谈话，成为知识资源，建立关系，了解内容限制，理解媒体风险，核查所有事实，提供免责声明，获得反馈，检查规章风险，理解法律后果，加强通信安全，加强和保护客户信息安全，理解隐私要求等

c. 社会化媒体中的禁止行为

i. 讨论机密信息，共享私有的客户信息，共享不敬的评论，访问不安全或者未加密的渠道，讨论客户活动，张贴内部信息，将私生活与公司账户关联，贬低竞争者，贬低工作伙伴，屈就或者傲慢等

6. 品牌指导性策略

　　　a. 品牌策略是怎么样的，对于讨论和推销品牌有什么样的准则

7. Twitter 使用策略

　　a. 确定 Twitter 应该用来做什么

　　b. 识别目标（访问、品牌监控、身份管理、调查、客户交流、媒体报道等）

　　c. 策略团队所有者

　　d. 确定提供和发布 Twitter 消息的人

　　e. 内容指导方针

　　　i. 确定内容需求，如频率、上下文、内容、风格、热门话题标签（Hashtag）的使用、追随者、追随等

　　　ii. 链接缩短策略

　　f. 转发和追随

　　　i. 焦点领域：调查、商业伙伴、行业新闻、统计、其他相关内容

　　　ii. 调查、商业伙伴、行业新闻、统计、其他相关内容

　　g. 产品专用账户管理

　　　i. 将账户链接到产品

　　　ii. 监控专用账户

8. Facebook 使用策略

　　a. 确定 Facebook 应该用于什么目的

　　b. 识别目标（访问、品牌监控、身份管理、调查、客户交流、媒体报道等）

　　c. 策略团队所有者

　　d. 指定可以使用 Facebook 和从公司账户张贴信息的人

　　e. 内容指导方针

　　　i. 什么内容适用、允许发布

　　　ii. 内容类型和来源（如事件、新闻、调查、照片等）

　　　iii. 社区交流和交互的风格（个人、公司、友好、专业）

　　　iv. 从安全角度出发的在线内容一般准则

9. 公司博客策略

　　a. 定义公司博客的目的

　　b. 目标

　　c. 策略团队所有者

　　d. 指定负责博客的人

　　e. 内容指导方针

　　　i. 定义博客中允许的内容

　　　ii. 确定博客视频策略

10. 个人博客策略

a. 指定员工在个人博客和社会化网络帖子中使用公司信息的允许方式，以及可以访问个人博客的时间和地点

　i. 有什么限制

　ii. 可以使用哪些公司 IP

　iii. 对于公司产品和服务可以说些什么

　iv. 确定人力资源策略，限制员工以任何形式发布公司信息

　v. 公司的哪些机密或者其他信息可以张贴

b. 批准流程

c. 免责声明

　i. 员工必须使用哪种免责声明

d. 披露

　i. 员工在博客中必须披露哪些信息，哪些信息不允许披露

e. 批注

11. 员工行为准则策略

a. 引用人力资源手册中有关行为准则的部分

b. 不能损坏公司声誉

c. 不当评论的使用

6.6　小结

你的社会化媒体策略是运营和规程的基础，构造这个策略是个挑战，因为必须考虑许多公司之前从未应对过的新功能，还必须不断更新。而且，各部门必须以前所未有的方式展开协作。为了开发一个全面的策略，你必须考虑 H.U.M.O.R. 的所有主要方面。关键的驱动力是不同的部门如何在日常工作中协作，实现安全运营的基线。

改进检查列表

- 各部门有无持续的交流和协作？
- 你是否定义了内部部署应用和外部托管应用的专有策略？
- 你是否以不变的方式管理策略？
- 你是否为社区管理员建立了一个新的角色？

第 7 章

人力资源：战略与协作

不管员工因为个人或者专业原因（或者两者都有）使用社会化媒体平台，社会化媒体使用的关键价值是人们相互交流并且互相注意。但是谁在寻求社会化媒体交流对公司的影响？从组织的角度上看，加强社会化媒体安全性应该从密切关注员工使用这些新的媒体工具和技术交流与协作的人力资源战略开始。人力资源部门管理组织的这个整体战略，并在 IT 部门的辅助下驱动和执行社会化媒体安全策略。

加强社会化媒体安全的第一步是创建社会化媒体策略，这在前一章中已经概述过。在本章中，我们研究下一步骤：人力资源部在加强社会化媒体安全中必须承担的关键角色。对于建立将社会化媒体策略跨越各个部门（包括信息技术、客户服务、产品开发、法律和市场）与现有业务过程联系起来所需的规程来说，人力资源战略是必不可少的。为了和其他部门统一安全方法，需要创建一个用于弥补因违反策略造成的问题的监管链。

社会化媒体策略面对两类员工：社区管理员和其他员工。社区管理员的任务是在日常工作中通过聆听顾客、客户和消费者意见并与之交谈，积极参与社会化网络。而其他员工主要将社会化媒体用于个人目的或者特定的专业目标（如一对一销售），也可能在工作中不允许使用社会化媒体的情况下仍然参与社会化媒体。人力资源部门应该在社区管理员的指定或者招聘中起到关键的作用，还要确保通过和 IT 以及法律部门协作实施社会化媒体监控措施，确保所有现有员工和新雇用的员工签阅公司不断演变的社会化媒体策略。人力资源还要负责保持监管链，列出违反策略的行为，在必要时实施紧急补救措施。

本章讨论人力资源所应该处理的关键问题：

- 确定与社会化媒体使用相关的必要业务过程、规章和法律约束。
- 定义和实施社会化管理人员的职责，并启动跨部门的协调工作。
- 对社区管理员和员工进行有关社会化媒体正确使用方法的培训。

我们还要研究在小型、中型和大型公司中社区管理员的角色。

7.1 案例研究："昂贵的镇纸"被解雇

2010 年 4 月，（新西兰）奥克兰社会发展部（Social Development Ministry Authority of Auckland (New Zealand)）的一位员工因为 Facebook 账户上的帖子而遭到解雇。在帖子中她自称为"非常昂贵的镇纸"（very expensive paperweight），"擅长浪费时间、推卸责任和盗窃文具"[⊖]。她最受喜爱的 Facebook 帖子是"嗨，老板，我可以回家看病吗？"奥克兰的雇佣关系委员会不支持该员工提出的她遭到不公正解雇的投诉。可以理解，这名员工已经失去了信任。另一位委员会成员说，这名员工的网上评论"是对公务员懒散的寄生虫形象的注解"。

但是只有帖子并不能自动地作为解雇的理由，该员工过去的其他行为和这些帖子合起来使得她被解雇。雇主可以将张贴的评论加到她的档案中，为解雇提供证明。

遗憾的是，我们不知道该部门后来在有关正确的社会化媒体使用方面对员工进行了什么样的培训。有趣的是，这位员工曾经在多个场合下说过要回家看病。我们所知道的是，该部门在公共空间里搜索有关对该组织的议论是正确的做法。我们不确定社会发展部花了多长时间来寻找这个帖子，但是他们了解到一个事实：外部攻击可以从 Facebook 这样不在组织控制之下的区域，从企业防火墙之外发动。

在前面的例子中社会发展部犯了什么错误呢？她曾经因为以前的帖子而受到惩罚吗？在此之前该部是否知道她所张贴的内容？目前在由社会化媒体引发的解雇案中，通常没有提到以前的事故，所以我们不知道这名员工是否接受过警告或者被交给警方，是否接受过内部社会化媒体培训课程。没有这些策略和培训，就可能导致不公正的解雇。许多公司确实有关于什么行为会导致解雇的政策，但是这些政策通常有些模糊，有些政策可以有多种解释，从而导致出现这么多诉讼案件。对于社会化媒体帖子，解雇的原因可能变得更加模糊。我们将会看到，在下一年这种情况有什么样的发展。

JAG 做得如何？

我们的 JAG 公司已经对其社会化媒体的使用进行了评估。作为中小型公司（Small and Medium Business，SMB），JAG 意识到它需要做出改变；但是改变毕竟需要资源。然而，不管公司大小，法律和人力资源控制都是必需的。我们来看看 JAG 从第 2 章进行自我评估之后已经实施了哪些措施。在下表的当前状态这一栏中，我们可以看到 JAG 已经实施了一些措施，将环境从开始的"差"改善成了"普通"或者"最佳实践"。

人力资源	当前状态 1—差 2—普通 3—最佳实践
人力资源策略	
专用社会化媒体安全策略	2—JAG 已经编写了 HR 分发的社会化媒体策略

[⊖]　Victoria Robinson，《"Expensive Paperweight" Fired After Facebook Posts》（"昂贵的镇纸"因 Facebook 帖子而被解雇）Stuff.co.nz，《自治领邮报》（2010 年 12 月 10 日），网址：http://www.stuff.co.nz/national/4472229/Expensive-paperweight-fired-after-Facebook-posts。

（续）

人力资源	当前状态 1—差 2—普通 3—最佳实践
HR 定义的社会化媒体准则	2—在策略中，HR 已经定义了社会化媒体使用的范围
HR 管理社会化媒体的能力	2—JAG 的规模不足以拥有专门的社区管理员，但是 HR 和市场部将分担这些职责
HR 的分发能力	2—JAG 已经在企业内部网中发放了策略
使员工加入策略和过程的能力	2—已经布置了年度培训计划
HR 管理培训的能力	2—已经布置了年度培训计划
HR 传达策略的能力	2—HR 使用公司内部网和电子邮件向员工发布社会化媒体策略和风险的更新
HR 响应社会化媒体破坏的能力	2—HR 有一个基本的事故响应过程，作为社会化媒体策略的一部分
IT 安全策略	
社会化媒体策略适用性	2—IT 安全策略现在引用社会化媒体策略并与之整合
IT 策略中定义的社会化媒体安全性技术	2—IT 运营策略已经部署了监控社会化媒体安全性风险的具体操作
响应社会化媒体漏洞的能力	2—IT 已经部署了社会化媒体监控过程，包括 Social Mention 和 Radian6 等工具
培训制度	
关于社会化媒体使用的员工培训	2—现在，员工参与年度培训，并且接收有关社会化媒体风险和策略更新的在线和电子邮件提醒
关于社会化媒体问题的员工培训	2—现在，员工参与年度培训，并且接收有关社会化媒体风险的在线和电子邮件提醒

7.2　确定业务过程、规章和法律需求

　　社会化媒体安全策略的每个部分必须通过培训、实施和监控加以管理。因为策略本身包含预期行为的高级别描述，这些行为有时候会转化成友好的指导方针，公司必须能够跟踪和度量策略的有效性、对法律规章和策略的服从（符合性）情况，将其用作关键绩效指标；使策略适应变化的情况；并且在有问题的情况下建立监管链。我们假设你的公司接受和保留信用卡信息，公司必须遵守支付卡行业（Payment Card Industry，PCI）2.0 版规章的要求（https://www.pcisecuritystandards.org/）。PCI 标准包含一个部分，适合于在你的社会化媒体活动影响客户个人信息时进行员工培训：

- 12.6：实施正式的安全意识计划，让所有人员了解持卡人数据安全的重要性。
- 12.6.a：验证存在用于所有人员的正式安全意识计划。
- 12.6.b：获得并检查安全意识计划的规程和文档，并进行如下工作：
- 12.6.1：在雇用时教育员工，并每年进行一次教育。注意：根据不同的员工职责和访问持卡人数据的级别，方法可以有所不同。
- 12.6.1.a：验证安全意识计划提供了传达意识和教育员工的多种方法（例如，帖子、信件、备忘录、基于 Web 的培训、会议和宣传）。
- 12.6.1.b：验证员工在雇用时参加了意识培训，并且每年至少参加一次。
- 12.6.2：每年至少一次要求员工确认他们已经阅读并理解了安全策略和规程。
- 12.6.3：验证安全意识计划要求员工每年至少一次以书面或者电子形式确认他们已经阅读和理解信息安全策略。

具有培训部分的规章的另一个例子是 Massachusetts 201 CMR 17.00：国民个人信息保护标准（Standards for the Protection of Personal Information of Residents of the Commonwealth）：

- 17.03：保护个人信息的义务和标准
- （b）适度地识别和评估对任何包含个人信息的电子、纸质或其他记录的安全性、机密性或者完整性的可预见的内部和外部风险，必要时评估和改进当前的安全保护手段，限制这样的风险，包括但不仅限于如下手段：
- 持续员工（包括临时和合同制员工）培训；
- 员工对策略和规程的服从性。
- 17.04：计算机系统安全性需求
- （8）与计算机安全系统正确使用以及个人信息安全重要性相关的员工教育和培训。

分享客户数据或者在社会化媒体帖子中讨论客户信息非常容易。这些规则试图限制数据的不正当共享。

可能影响公司各个部门的在线交互很广泛。员工可能张贴用于现有品牌的一个很棒的新产品思路，客户也可能张贴一个有关不愉快的客户服务体验的视频或者 Tweet（就像 Kevin Smith 对西南航空公司做的那样）；上市公司中的员工可能张贴违反严格控制行业中的法规的内容，例如有关药物副作用的帖子；客户也可能表达对最喜欢的品牌的热爱。社会化媒体的每个意见都值得在公司里继续跟踪，以便解决存疑的问题或者研究和抓住新的潜在机会，以及教育员工哪些帖子是允许的，哪些是不合适或者可能导致攻击的。

公司一般来说已经为所有工作职责建立了业务流程，很可能已经有了处理客户服务投诉及赔偿或者新业务发展的流程。如果没有这些流程，就必须开发。例如，你可能需要一个为高兴的客户提供特别响应的策略（如响铃），或者将网上的意见包含在规章符合性报告和决议当中。在客户推介的情况下，必须留意联邦商务委员会（Federal Trade Commission，FTC）有关博客泄密的规章。

　　2010 年，FTC（www.ftc.gov）调查 Ann Taylor 公司向销售活动的博客作者提供礼品的情况[⊖]。这项调查在 Ann Taylor 的 LOFT 部门 2010 年 1 月举办"独家博客作者预展"之后进行，该公司承诺："参加的博客作者将收到特殊的礼物，张贴对这项活动报道的人将被输入到神秘礼品卡的图案中，可以从 LOFT 得到最多 500 美元的奖金！"礼品的规模不是问题；而是在博客文章中透露了 Ann Taylor 向博客作者发放礼品这一事实。FTC 的第一次调查以《广告推荐与见证的使用指南》（下称"指南"）为基础，这一指南覆盖了产品和服务的推销。最终结果是 Ann Taylor 未受到处罚。

　　尽管 FTC 在这个案子中非常仁慈，但是他们迈出了管理社会化媒体空间的第一步。此后，Ann Taylor 开发了所有给博客作者的礼品的披露策略。FTC 有权力管理"影响贸易的不公平或者误导性的行为和方法"，包括发布规章、发起调查以及寻求禁止令和民事处罚的强制行为（参见 15 U.S.C. § 45）的权力。从根本上，Ann Taylor 必须清晰地定义市场和产品推介之间的界线。更不用说，该公司应该定义有关使用社会化媒体的策略。这个策略应该归法律部和人力资源部所有。

　　业务过程一经筹划和开发，人力资源部就应该为所有员工提供培训，这些培训与如何遵循预期的规章，确保所有业务中的操作规程一致相关。但是，我们首先要更密切地关注公司中一个新兴的角色：社区管理员。

7.3　社区管理员：定义和执行

　　社区管理员是新的职务类型，将公司与其消费者和爱好者的社区相联系。人力资源部应该与市场部一起开发这个新的职务功能并且定义其责任。这个角色处于社区与公司的交点，有时候处于左右为难的境地。换句话说，社区管理员的重要作用是听取社区的意见，并向公司反馈信息——了解这些信息中公司应该注意和处理的问题，并且根据公司的战略目标响应和参与社区。

　　为了有效地完成他们的工作，社区管理员必须具有或者取得某种资格，包括好的人际关系技巧，熟练的技术和敏锐的商业头脑。首先，担负这个职务的人必须愿意——最好是喜欢——在网上与陌生人聚会、讨论和建立关系。为此，他们必须能够识别将要沟通的人，并且能够恰当地做出反应，不会过分谦逊或者傲慢。因为网上的人来自各行各业，具有不同的教育背景，社区管理员必须能够用恰当的语言来与各个阶层的人士交谈，同时坚持公司的价值和原则。

　　其次，社区管理员必须接受技术。我们已经提到了 Dell 对社会化媒体的积极参与。Dell 有两个关键的社会化媒体工作岗位：社会化媒体聆听与会谈运营高级经理，以及负责社会化媒体及沟通的副总裁。超过 5000 名员工受到了与社会化媒体相关的训练，积极地参与社区建设。

⊖　Natalie Zmuda，《Ann Taylor Investigations Shows FTC Keeping Close Eye on Blogging》（对 Ann Taylor 的调查表明 FTC 密切关注博客），《广告时代》（2010 年 4 月 28 日），网址：http://adage.com/article?article_id=143567。

这些角色已经建立了过程和培训方法，而不仅仅是新技术的实施。虽然社会化媒体工具变得越来越易用和直观，但是仍然有许多难题仅用这些工具是无法解决的。举个例子，社区管理员在听取、评估和响应意见的时候不能过分敏感！并不是所有市场部员工都愿意与一般公众交谈，因此市场部人员可能不适合于这个角色。而且，在张贴博客、在社会化网络创建和维护简档特别是创建、张贴和嵌入照片、视频和音频播客中，总是包含一些技术因素。在雇用你的社区管理员之前，确保他有一群追随者、曾经建立过社区，并且曾被公共的社会化媒体社区提及。

　　社区管理实际上包括了用于社会化媒体沟通和关系的持续管理，可以使用社会化网络本身或者由第三方提供的在线、桌面和移动平台、工具和应用程序。你的社区管理员必须既为员工提供培训，又在 Asterisq.com 的 MentionMap（http://apps.asterisq.com/mentionmap/#user-mentionmap）或者其他工具中监控你的 Twitter 流（如图 7-1）。恰当和安全使用这些工具所需的技术很容易学到，但是社区管理员还需要一种重要的天性——好奇。

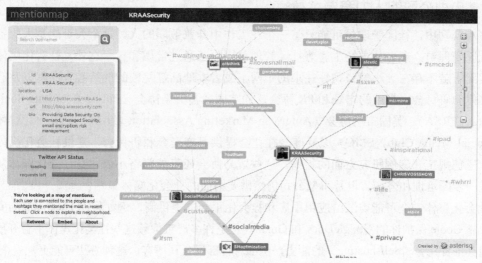

图 7-1　MentionMap Twitter 可视化仪表盘

　　社区管理员应该与 IT 协同工作，识别和推荐用于这一工作的必要应用，包括监控社会化媒体意见和活动、内部协作和报告，以及跨平台的外部通信工具。根据不同的需求，这些工具可以是免费或者订阅的；可以是基于云的服务或者自行部署的；也可以使用开放源码或者专利技术来构建。每种配置或者组合都会提出其他的社会化媒体安全关注点和培训。

　　例如，使用自行部署的系统（如 Drupal 社区网站或者 WordPress 博客）时，你必须定期检查核心程序和安装插件以及模块的最近更新。但是，这些更新在打开日常用的仪表盘时不会立刻出现，用户必须受过培训，定期地检查仪表盘上的特定屏幕。你可以订阅由社区维护的包含安全漏洞和补丁相关的新闻和更新的邮件列表。在基于云的系统上，服务提供商集中维护软件安全性，例如 Twitter 和 Facebook。因为大量用户使用这些平台，与安全相关的是维护密码完整性和留意安全技术，而不是安装安全补丁。规划所有情况下的备份系统以保存发布的材料、交互和网络上的活动历史,这也是明智的。这些安全和备份方法与社区管理员必须使用的每个工具和平台相关,工具和平台不断发展,出现新的功能,社区管理员的技术技能和对这些工具的熟悉程度也在日常的使用和实践中自然增长。

最后,社区管理员在社区的发展及沟通中必须知道组织的业务目标。尽管应该随着时间的推移建立友好的关系,沟通也应该是亲切的,但是必须牢记业务上的当务之急,更好地根据预先确定的目标和安全重点集中精力和分配给社会化媒体的资源。

社区管理员有不同于普通员工的职责。但是许多公司让所有员工使用社会化媒体——大部分人都没有经过合适的培训,实际的工作职责也各不相同。在"培训"部分,我们将研究各种角色,看看每种角色在日常社会化媒体工具使用中需要哪些不同的实用应用程序。但是,我们首先要关注小型、中型和大型公司中社区管理员岗位和人力资源部门面临的挑战。

7.3.1   小型公司的人力资源挑战

在小公司中,社区管理员可能只是一个在工作中身兼数职的人。这个人可能是人力资源主管兼社区管理员,或者是市场主管兼社区管理员。除了通过常识和自学之外,社会化媒体策略可能实际上就不存在。小型公司往往求助于网上或者本地高等院校的继续教育课程以及有关社会化媒体的研讨会。当地的市场和 PR 协会,如美国公共关系协会(Public Relations Society of America,PRSA)、美国市场协会(American Marketing Association , AMA)、社会化媒体俱乐部(Social Media Club,SMC)以及商会往往会提供月度聚会和研讨会,提供社会化媒体最佳实践、道德规范和案例研究方面的指南。这些贸易协会还可能联系小公司与社会化媒体从业者进行进一步的培训和咨询。但是小型公司仍然需要书面的社会化媒体策略。

社会化媒体安全可能委派给应用程序和社会化平台的提供商,例如依靠 Facebook 的安全性或者依靠 Goole 保护你的 GoogleDocs 和 Gmail。但是许多严重依赖这些社会化媒体平台开展业务的公司具备自托管(Self-hosting)的能力,例如自行部署公司博客,这种方法可能更加安全。

总的来说,小型公司的安全社会化媒体方法包括:

- 在具备支付能力的情况下,尽可能在公司的主机提供商托管应用程序;在许多情况下,使用基于云的应用在财务上可能更有意义。
- 创建单独的安全密码。
- 根据公司的原则安全地分发用于通信持续性的密码,以防紧急情况和意外的密码缺失。
- 识别社区中的影响力人物,不管是正面的还是负面的。
- 跟踪最新的安全缺陷以及领先的技术和社会化媒体博客(包括 TechCrunch.com 和 Mashable.com)强调的新观念。你使用的每个单独应用都有安全性的问题,需要你进行跟踪并且知道问题在何时发生。
- 研究所用的每一种云平台,确定可以在托管应用中采用哪些安全限制。例如,每个管理人员应该知道如何访问和修改 Facebook 隐私设置,如图 7-2 所示。在本书出版的时候,我们(再一次)肯定地说,这一切都将改变。

注意　密切注视 Bob Lord 在 Twitter 上发表的 Twitter 安全专属信息（http://twitter. com/boblord）。

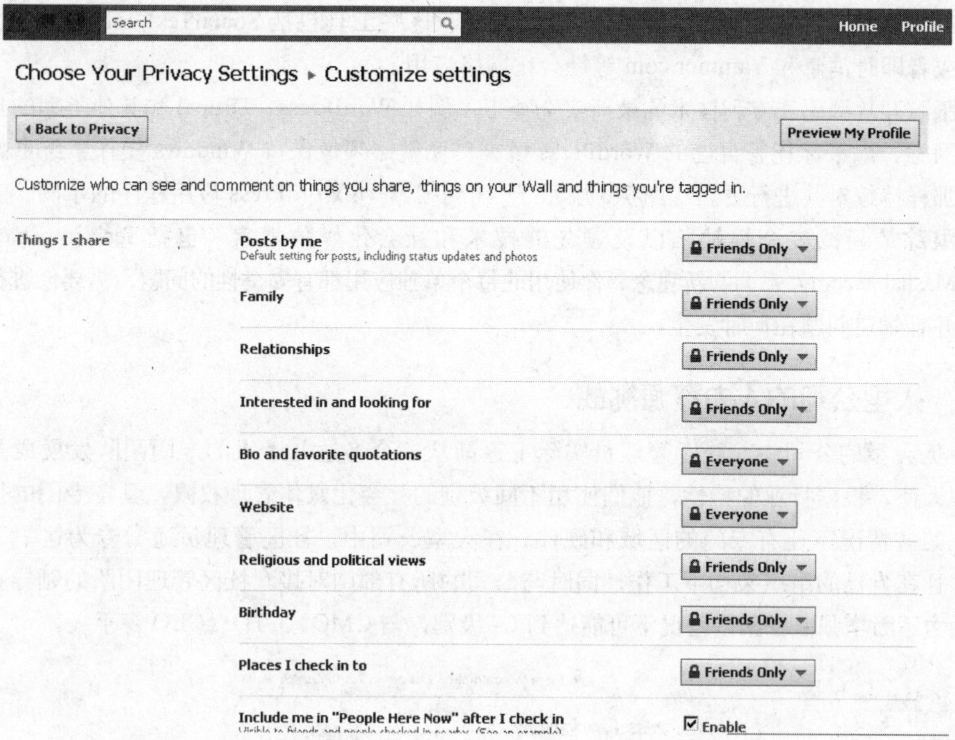

图 7-2　Facebook 隐私设置

7.3.2　中型公司的人力资源挑战

在中型公司中，社区管理员可能是公司中身兼不同职能的几个人，通过使用内部工具（如 Wiki、社会化媒体监控应用程序和群组发布应用（包括 CoTweet for Twitter））相互协作。在中型公司中，人力资源通常是单独的部门，能够和市场部和 IT 部门一起处理社会化媒体策略的问题。

有时候，社区管理员从较大的客户和爱好者社区中选出。有些人天生有这种意愿，而且非常熟悉他们所喜爱的品牌，乐于接受代表这些品牌参与社会化媒体的机会，而不管是否有酬劳。在其他的情况下，社会化媒体交互可以交给具有天赋的社区管理技巧（本章前面已经描述过）的员工，他们会对这一机感到兴奋。

除了小公司采取的手段之外，中型企业可能还要坚持一些额外的安全准则：

- 在可能的范围内，将应用托管于公司的服务器。某些应用只能在云环境下使用。
- 将应用的访问权限制在得到授权的社区管理员，单独分配安全密码并且定期修改。
- 每周或者每两周召开定期会议，讨论网上发现的挑战和机会。
- 保留管理级密码，用于必要时的高级访问。

- 通过社会化媒体客户关系系统（社会化 CRM）识别社区中的关键影响力人物、顾客和客户，这一系统可以添加到公司现有的 CRM 系统中。
- 通过全企业范围的内部协作工具进行交流，这些工具包括 SocialText.com 之类的 Wiki，或者即时消息和 Yammer.com 等社会化网络应用。
- 跟踪开放源码和专利技术的最新安全补丁，例如 WordPress、Drupal 和其他类型的自托管网站。如果你托管自己的 WordPress 博客，你就必须像保持 Windows 操作系统更新补丁那样持续对其进行更新。图 7-3 展示了一个手工修补 WordPress 应用程序的示例。
- 跟踪最新的安全性缺陷以及领先的技术和社会化媒体博客（包括 TechCrunch.com 和 Mashable.com）强调的新观念。你使用的每个单独应用都有安全性的问题，需要你进行跟踪并且知道问题在何时发生。

7.3.3　大型公司的人力资源挑战

在更大型的公司中，社区管理员实际上逐渐从一个多达几十人的专门团队发展成几千人的品牌大使，根据行业的特性，他们使用不同级别的社会化媒体管理权限，具备专门的技术资源，在某些情况下还有专门的区域和硬件。在大型公司中，社区管理员通常专为这一工作招聘，并且在自己的组织架构下工作，同时与公司的所有部门对接。社区管理团队的领导在公司的影响力不断增强，在某些情况下可能达到 C- 级别，与 CMO、CTO、CLO 等平级。

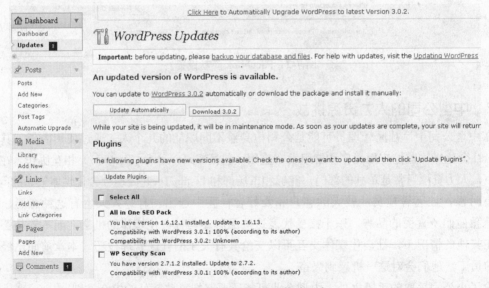

图 7-3　WordPress 人工安全更新

在某些情况下，许多人在当前工作职责之外被赋予社区管理职责。例如，在 Microsoft 和 Intel，认证工程师们得到培训，并且得到鼓励创建和维护自己的博客。在这些博客中他们将自己标识为员工，与他们各自的追随者进行更多技术性问题的交谈。尽管他们不共享公司机密信息，也不是公司范围问题的官方发言人，但是他们有助于组织的人性化，并且推进有关产品思路和创意的交流。

在尖端的社会化媒体管理中，为专门的团队在公司总部分配专用的区域和硬件以完成他们的职责，包括管理和协调公司在世界其他地区分布的社会化媒体工作。Gatorade 公司的"任务控制室"就是一个很好的例子（图 7-4）——这个区域充满了平板显示器，社区管理员在这里观察所有社会化媒体网站上人们对品牌的评论，他们还在这里与客户交谈。

图 7-4　Gatorade 社会化媒体任务控制

在 Gatorade，4 个全职人员组成的一个团队在控制中心工作，与公司的 PR 和市场机构协作。Facebook、Twitter 以及网络上的博客和其他网站提及 Gatorade、竞争对手以及相关主题（如"体育"和"水化"）的言论得到了监控，如图 7-5 所示。任务控制运营已经参加了网上数以千计的一对一交流，帮助品牌展开围绕运动成绩而不只是水化的交谈。

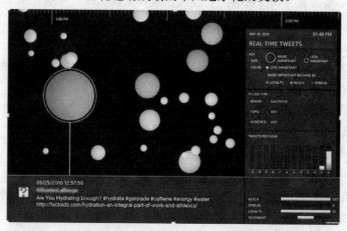

图 7-5　表现 Twitter 上提及 Gatorade 言论的仪表盘

安全性问题随着社区管理团队参与新的领域而增加，除了前面的小节中列出的那些最佳实践外，大机构的最佳实践还包括：

- 在合适的时候开发应用程序和 Mashup，这些应用往往使用社会化媒体平台和移动平台所提供的应用程序编程接口（Application Programming Interface，API）。
- 为基于公司产品和服务的社区创建和部署一个安全的社会化网络。例如，Nike Plus Running Community 或者制药公司组织的特别的医生社区。这些社区往往包含移动或地理位置特性。
- 创建并部署有限的市场微网站，支持具体的宣传或者产品发布活动。
- 为社区管理员指定有限的管理职责，这样他们就可以更好地作为"超级用户"行使更多的权力。
- 保留"用户1"管理级密码，用于必要时的高级别访问。
- 通过内部企业范围协作工具（包括 SocialText.com 这样的 Wiki）或者即时消息和社会化网络应用（如 Yammer.com）进行交流。有时候，交流通过 VoIP 应用（特别是不断发展的 Skype）进行。
- 每日举行运营会议，支持公司的倡议和市场目标及沟通目标。
- 与开放源码社区建立关系并且贡献新的开发产品、模块和插件。开放源码社区维护品牌声誉，能很快地做出反应，帮助历史上曾经有过帮助和贡献的社区成员。

正如你所看到的，在管理社会化媒体时人力资源、市场和 IT 的角色都有了变化。这些角色的关键职责是逐渐成为连接市场、信息技术、人力资源和法律部门之间的桥梁。现在我们所了解的跨部门职能包括：

- **品牌传道者**，在所有社会化媒体平台上推销公司，利用合适的技术和过程传播信息。
- **调查者**，确定行业的方向，寻找下一个好的社会化媒体平台。
- **培训者**，在必要时教育员工和客户，遵循法规和最佳实践，并确保员工服从这些要求。
- **系统管理员**，管理社会化媒体空间中的技术，定义需求，实施和监控。
- **内容开发者**，管理公司和社区有关公司的内容。
- **战略家**，开发新的活动，决定适用的技术，管理资源，并指导公司在社会化媒体使用上的限制。
- **解决方案提供者**，对公司在社会化媒体讨论中的问题做出响应，并提供答案。
- **协调人**，组织不同角色之间的会谈，并协调商谈的内容。
- **社会化网络建立者**，将人们带入公司的社区。
- **反馈专家**，考虑客户的意见，并将问题转达给公司的相关部门。
- **策略管理者**，开发、推广和监控社会化媒体策略和安全策略，确定并管理违反策略的行为，并快速地响应由于社会化媒体使用引发的威胁。

因为在日常工作中使用社会化媒体平台、工具和应用程序，社区管理员有额外的安全职责，需要遵循和维护的规程，以及保持更新的定期培训。他们的安全职责连接了人和技术的因素。在人的方面，他们必须坚持在网下所遵循的常识性的人际关系原则，同时要牢记公司的业务和沟通目标与价值。在技术方面，他们负责及时掌握与所使用的工具相关的最新的安全方法，并与 IT 和人力资源部门紧密合作，将这些安全方法提炼到所在组织。

7.4　培训

Intel 实施了一个更好的培训战略。该公司的高级数字战略家 Bryan Rhoads 已经根据 Intel 社会化媒体指导方针（http://www.intel.com/sites/sitewide/en_US/social-media.htm）实施了一套战略。他还提供了如何将社会化媒体用于经营成果以及员工如何负责任地使用社会化媒体的培训。Intel 创立了卓越社会化媒体中心（Social Media Center of Excellence），该中心是由法律、市场、PR 和 Web 通信专家组成的多功能团队，共同建立跨越社会化媒体平台的培训。

和明确赋予社区管理职责的员工相反，其他员工必须遵循另外一组指导方针，尽管性质相似，标准的员工指导方针在对涉及行业问题的帖子进行回复时的标识方式、报告相关社会化媒体意见的方式以及社会化媒体意见升级时所应该做的事情上都有所不同。

一般来说，公司的社区管理员是确定安全策略、指导方针、过程和培训的跨职能团队的重要组成部分。该团队其他成员负责确定培训目标，这些成员应该包括 IT、人力资源、市场、PR、法律和客户服务部门，因为大部分企业社会化媒体活动发生于这些领域中。

要注意的是，社会化媒体平台受到国家有关雇佣法律的约束，甚至在处理大型的跨国平台如 Facebook 时也是如此。例如，在某些国家里，人力资源和公司员工不能将应聘者的社会化网络简档作为拒绝雇用的理由。在其他国家中，社会化媒体平台被当做公共论坛对待，员工拥有的言论自由权力与在离线的实体空间中的相同。在这些情况下，员工在非工作时间里对他们的朋友对公司提出的任何意见在解雇案中不为监管链所采信。

7.4.1　培训社区管理员

被指定、提升或者招聘为社区管理员类职位的人很有可能已经拥有了我们前面讨论过的必要的人际关系、技术和业务技能。但是，在下列领域还需要进行更具体的培训和指导：

- 定义沟通准则、发言风格和个性，与在线社区不断变化的情绪相适应，同时反映公司的整体市场目标和沟通目标，以及公司的品牌价值和文化。
- 定义每个平台和应用专用的技术和相关安全手段。
- 确定紧急情况或者技术问题出现时的汇报关系。
- 定义业务目标，并为公司每个部门的关键利益相关方开放沟通渠道，以便更快地解决已经识别的问题。
- 创建业务过程以弥补新的问题、抓住新的机遇。
- 协同公司 IT 和人力资源部门持续开发和提炼安全方法。

尽管在小型、中型、大型公司中社区管理员的角色本质上相同，但是正如前面所讨论的那样，实施的方法却有广泛的不同。例如，较大型的公司可能有更多的危险，特别在公司被舆论公开提及，需要维护公司品牌和声誉的时候。而且，较大型的公司通常分配更多的社会化媒体人员和技术资源。尽管较大型的公司有更大的社会化媒体社区管理预算，但是它们仍能从中小型公司学习到更实用的方法，特别是在发展地区级别的社区时。

社区管理员必须具有与 IT 部门的接口，他们所使用的工具由 IT 部实现和维护。如果这些工具允许信息发送到公司之外，则必须部署数据丢失预防技术以监控社区管理员对这些信息的实际使用、发送的内容，并确定发送的内容是否包涵了机密信息。我们已经讨论过，如果你不理解制度的限制，就很容易破坏规章制度，而大部分社区管理员不像 IT 安全团队或者人力资源部门那样受过有关哪些数据可以与公众分享、如果破坏规章将会受到什么样的惩罚或者调查的教育。

7.4.2　培训员工

与专注于通过社会化媒体平台推动公司目标的社区管理员不同，员工使用这些平台通常是混合了个人和职业的原因。不管目的如何，他们都很可能每周数次（甚至每天数次）与其他人在网上进行个人和专业上的联系。

在个人的方面上，你的大部分雇员很可能都加入了 Facebook、Twitter、Flickr 和其他社会化网络，与朋友、家人和志同道合的熟人接触。这些交互通常是为了与其他人分享他们生活中的新鲜事，可能包含了照片和感兴趣文章的分享。过去的一些通过电子邮件进行的活动现在移植到了社会化网络。在专业的方面上，员工可能开发自己的品牌，通过新的专业和销售联络人改进他们的工作，为未来的进步和工作发展新的选择，或者及时跟上行业的潮流。为了吸引未来的雇主，以及目前的买主和供应商，他们可能用职业生涯的简历加入 LinkedIn。如果他们承担的是销售和市场的工作，他们可能使用包含在商业平台（如 Salesforce.com）上或者商业联盟（或网络）专用的网站上的社会化特性和应用。

不管个人还是专业使用社会化媒体，不承担社区管理职责的员工必须理解他们的社会化媒体活动与社区管理员之间的区别，以及发现了公司社区管理员需要注意的问题时所需要遵循的流程。特别是员工直接在社会化媒体网站对问题作出响应的情况下，员工必须理解：应有的行为，如何表示自己的身份，以及不应有的行为。正如我们在第 6 章中讨论的策略模板中所指出的，员工应该接受以下内容的教育：在帖子中使用公司名称的限制，可以披露和不可披露的事项，以及破坏策略的后果。

员工们还应该在正面的结果出现时受到鼓励，所以你要发展正激励而非负激励的文化（在社会化媒体中，负激励会带来更多长期的威胁）。负激励会引起企业社会化媒体空间的对抗行为。如何处理正面和负面的帖子是社会化媒体安全性中的重要领域，因为错误的响应可能造成更大的安全问题，甚至在这种响应是真诚、可信并抱有最大的诚意地做出时也无济于事。通常，不愉快的客户应该由最高层领导单独处理，同时让更大的社区了解问题和公司的响应。在这方面上出现严重后果的一个好例子是西南航空公司 2010 年在一次航班上对待演员 / 导演 Kevin

Smith 的方式[二]。Smith 先生因为太胖而被赶下飞机！事后他发动了对西南航空品牌的 Twitter "攻击"或者"讨论"。他的第一个 Twitter 信息很简单，但是很快在次日的 Tweet 中升级。

亲爱的 @SouthwestAir 我知道我很胖，但是 Leysath 机长真的有理由将我从已经就座的飞机上赶下来吗？

亲爱的 @SouthwestAir，我购买一张机票乘机远游，但是在发给我一张备用机票之后，西南航空在奥克兰的接待人员 Suzanne（我不知道她的姓）告诉我：Leysath 机长认为我是"安全风险"。再说一遍：我是很胖…但是也没有那么胖。就算我有那么胖，为什么要等到我的行李已经放好，就座并且把扶手放下之后，在拥挤的飞机中成群已经认出我就是"沉默鲍勃"[二]的乘客面前把我赶下飞机？

你们是要告诉我，我的宽度连天空都容不下了吗？伙计们，听听我的忠告：如果你和我一样，可能会被 @SouthwestAir 扔出来。

嗨！@SouthwestAir！我刚刚为你们录制了一段非常特别的 SModcast 片断，它将在明晚 http://www.smodcast.com 上直播。

那么西南航空如何处理这次"品牌攻击"呢？西南航空做了如下的答复：

"我已经连夜阅读了来自 @thatkevinsmith 的 Tweet——他将会在今晚上接到来自我们的客户关系副总裁的电话。

再致 @thatkevinsmith，我对于您在今晚的遭遇感到非常抱歉。请让我们知道有什么地方可以帮助您。

"Smith 先生原本购买了两张西南航空从奥克兰到伯班克班机的机票——因为他已经知道了乘坐西南航空公司班机旅行的规则。他决定改变计划搭乘更早的班机，这在技术上意味着要购买备用机票。你可能知道，航空公司在所有乘客登机之前是无法安排持备用票的乘客的。在轮到 Smith 先生登机时，我们只有一个座位供他使用。我们的飞行员必须对飞机上所有乘客的安全和舒适负责，因此做出决定：Smith 先生需要超过一个座位才能完成他的飞行。我们的员工已经解释了做出这一决定的理由，向 Smith 先生提供一个较晚航班的座位，并且向他发放 100 美元的西南航空旅行代金券以补偿他的不便。"

但是破坏已经形成，100 美元的代金券真的能弥补这一切吗？处理西南航空 Twitter 反馈的员工是否在没有指导的情况下做出处理？将 Kevin Smith 赶下飞机的员工无疑没有考虑到后续的社会化媒体风暴，对此没有做出反应说明缺乏人力资源部门开发的社会化媒体策略。他们都

⊖　Chris Lee，《Kevin Smith's Southwest Airlines Incident Sets Web all a-Twitter》（Kevin Smith 在西南航空班机上的遭遇令 Web 骚动），《洛杉矶时报》（2010 年 2 月 16 日），网址：http://articles.latimes.com/2010/feb/16/entertainment/la-et-kevin-smith16-2010feb16；Foster Kamer：《Update: The Kevin Smith Southwest Airlines Fat-Fight Tweakout of Epic Proportion》（最新报道：Kevin Smith 与西南航空的"肥胖战争"愈演愈烈）Gawker，网址：http://gawker.com/5471463/update-the-kevin-smith-southwest-airlines-fat+flight-tweakout-of-epic-proportion。

⊖　沉默鲍勃——Kevin Smith 自导自演的电影《Jay and Silent Bob Strike Back》中的角色。

遵循公司的指导方针。员工教育是人力资源策略的重要部分，但是有证据表明，将乘客从飞机上赶下来的政策总是会触犯某些人。对该政策的修改超出了本书讨论的范围。

因为每个公司都有不同，而员工会在公司之间跳槽，所以应该有标准的安全培训制度。许多员工没有安全意识，也不知道对组织的真正风险。由于每个新的社会化媒体平台的启动都会造成安全局势的快速变化，几乎是一天一变，没有一位员工能够在没有帮助的情况下跟上这种变化。所有员工都必须帮助组织保护他们在社会化媒体空间中分发的信息的安全性，并且知道何时他们的交流方式有潜在的问题，认识到他们是整体解决方案中的一部分。培训可以通过基于 Web 的门户、在线研讨会、帖子和提醒、阅读邮件等方式进行，但是必须一致和持续。员工培训的关键部分应该包括：

- 发现和避免社会化工程攻击。
- 识别来自未知"好友"的竞争性情报侦察。
- 选择强密码并且定期修改。
- 保护机密信息。
- 实施基本的 PC 安全手段。
- 网站加密访问的基本理解。
- 采用电子邮件安全保护措施。
- 识别和处理病毒、恶意软件和木马。
- 报告可疑的安全违规行为。
- 报告安全漏洞。
- 认识从不安全的电脑访问新的社会化媒体网站的危险。
- 识别网络仿冒和身份盗窃。
- 理解安全的 Web 冲浪方法。
- 理解数据泄露的风险。
- 理解何时他们可能使公司陷入违反规章的麻烦。
- 理解在社会化网络上共享过多信息的危险。
- 了解张贴信息时的软件和版权法规。
- 理解自己的数据和客户数据的隐私问题。
- 数据加密和数据破坏。
- 社会化媒体策略各方面的培训。
- 了解何时以及如何使用公司名称。
- 了解何时披露有关自身及公司的信息。

一旦开发出社会化媒体策略，分发并进行了员工培训，人力资源部必须和 IT 安全部门合作跟踪违规行为，并且在违规行为发生时做出合适的响应。员工必须理解违反政策、破坏公司品牌或者侵犯客户数据的后果。需要部署跟踪和报告工具，并且了解何时由人力资源部介入，进行处罚、解雇或者起诉。

7.5 小结

社区管理员和人力资源部必须主导公司社会化媒体策略的分发。IT 安全部门不能实施未经社区管理团队、人力资源、法律和市场清晰定义的限制。IT 的任务是实施工具和技术，确保员工遵循组织的要求。

改进检查列表

- 你是否将业务过程映射到社会化媒体的使用中？
- 你是否定义了社区管理员和市场部门在管理社会化媒体方面的责任，你是否确定了何人管理何种工作？
- 你是否根据公司使用社会化媒体应用和网站的方式制订了必要的手段和规程？
- 你是否为员工提供社会化媒体培训？

第8章

资源利用：战略与协作

部署资源和控制措施以保护知识产权和版权的利用是一个巨大的挑战。你如何知道员工是否在博客帖子或者 Twitter 消息中发送了机密信息？或者，如果你是苹果公司，你如何知道员工是否带着最新的 iPhone5 出去兜风，并且开始发表有关最新开发情况的 Tweet? 或者可能在你的医院里的一位护士和 HealthPark 医疗中心的情况一样，正在 Facebook 上分享患者的信息。

公司很难知道所有从他们的网络通过交流渠道发送的信息，这些渠道包括电子邮件、FTP、Web 浏览器等。增加了社会化媒体之后，这就变得更加困难。传统的安全控制（如防火墙和防病毒软件）关注于 SQL 数据库或者包含客户信息的重要电子表格等数据元素。这些控制很容易实施。许多公司已经用新技术增强了监控和拦截能力，这些技术能够检查出入网络的每个数据包。但是，尽管 McAfee 等工具提供了许多数据丢失预防（Data Loss Prevention，DLP）工具，但是并未得到广泛的部署。新的产品正在投放市场，但是我们预测它们不会很快得到采用，因为许多公司尚未理解社会化媒体的风险。

在框架中，资源的利用与安全社会化媒体能力的实施、跨技术手段以及保护知识产权、版权、商标和机密数据的策略有关。本章还要关注组织受保护信息在社会化媒体上使用所带来的额外挑战。我们将关注避免数据通过社会化媒体渠道离开你的组织的流程、工具和手段。

本章还要介绍加强公司知识产权安全性所需的能力。许多 IT 部门没有实施处理社会化媒体关注点的方法。我们还要讨论拦截、监控和报告工具的相关功能。

8.1 案例研究：不恰当的 Tweet

有了合适的工具，你应该能够拦截、监控和报告社会化媒体使用。管理社会化媒体工具的完整过程需要涵盖社会化媒体的用户（如市场部）和负责加强社会化媒体使用的部门（如 IT 部门）。每个小组使用不同的工具。缺乏正确的工具，更重要的是缺乏合适的流程，都可能导致许多损失。

缺乏工具和流程的一个好例子是一位政府员工所发送的不正当 Tweet。2011 年 3 月，新加坡政府的一名员工偶然地用政府官方 Twitter 账户而非自己的个人账户发出了一条 Tweet，这条 Tweet 中使用了骂人的话⊖。这段消息如下："F*** you lah, you same level as me can dont talk to

---

⊖ Jamie Yap, "Social Media Use Puts Business Reputation at Risk"（社会化媒体的使用给公司声誉带来风险），《ZDNet》（2011 年 3 月 2 日），网址：http://www.zdnetasia.com/social-media-use-puts-business-reputation-at-risk-62207284.htm。

me like tt?"。除了拙劣的语法和词汇中的"lah"之外，新加坡政府在处理社会化媒体方面似乎还有很多问题。

技术在这种情况下能够做什么呢？从理论上，DLP 解决方案能够阻止包含粗话的信息从网络中发出。但是如果员工从电话或者家里访问 Twitter，这种技术资源就没有作用。

接下来，应该部署报告工具，监控与政府 Tweet 相关的所有活动，以便做出更快的反应。政府的响应时间需要多久？在有人通知之前，政府对这条 Tweet 的有关情况是否一无所知？

从流程的角度看，对谁能访问 Twitter 账户有什么限制？是否有用于确定谁有权访问官方账户的批准流程，所有发出的 Tweet 是否需要经过一个审核流程？

政府的流程在几个领域上都有所不足：对代表政府发出的数据没有严格的批准流程；员工没有受到合适的礼节培训；没有合适的工具监控和报告活动。

8.2　安全过程如何处理

IT 安全的第一反应就是拦截、拦截再拦截。拦截在社会化媒体中是非常有限的功能，特别是在有些人能够在组织中访问某个社会化媒体网站，而其他人不能访问的时候。实施 URL 过滤技术很容易，但是只能在工作场所控制员工。当他们在路上用便携式电脑和宾馆的 Wi-Fi 连接社会化媒体时会发生什么情况？他们在家里时会发生什么情况？他们使用公司提供的可以启用 Web 的智能手机时又会发生什么？

正如我们已经提到过的，教育用户在社会化媒体中的表达方式也是加强数据安全的一部分。通过组合有关哪些数据可以正确利用（不能践踏数据实际所有者的权利）的用户培训和正确的工具，IT 部门能够监控和报告数据使用，而且在某些情况下，能够阻止未授权使用。实施合适的工具，IT 能够执行已有的策略，而不会妨碍社会化媒体平台的业务用途。对于大公司来说，构建一个跟踪所有公司拥有的智能电话和便携式电脑的 Web 使用情况的简单应用程序，可能是监控社会化媒体和其他网站的使用而又不予阻止的简单解决方案。第四部分将更深入地介绍监控和报告。

在跟踪跨越所有平台的数据时，随着公司在实施和使用新的监控技术中获得更多的经验，行为模式将会显露出来。历史上，IT 已经使用日志管理系统和安全信息管理（Security Information Management，SIM）系统之类的工具跟踪数据的使用和员工的访问。跟踪数据的使用方式仍然是优先的考虑；它不仅能够提供一个历史的视角，有助于识别行为模式，而且还能引导更加有效的培训和更有针对性工具的部署。

有许多安全控制能够用于理解：社会化媒体的使用方式，控制方式，以及员工甚至客户访问不同类型信息的监控方式。当然，这里主要关心的是知识产权和版权信息。

8.2.1　安全的合作

安全利用社会化媒体资源的第一步是确定通过社会化媒体引导业务的最佳合作方法。传统的通信方式对 IT 部门来说很熟悉。当你检查公司邮件时，有望使用加密隧道（如 VPN 访问）

或者通过实施 SSL 的网站访问电子邮件。访问公司数据的信道已经为人熟知。可以加密这些信道（即使选择不加密）。可以用几百种日志管理工具监控数据访问，用许多入侵检测程序拦截访问。但是社会化媒体在必要的安全工具方面尚未成熟。新的合作形式包括共享在线工作空间，例如内部 Wiki 页面或者讨论项目所用的共享论坛。必须利用现在拥有的 IT 安全工具，并且实施正确的流程，确定应该修改哪些流程以便更好地跟踪社会化媒体技术。可以加密所有到内部社会化媒体平台（如 Wiki 访问）的通信，但是当公司使用 Facebook 粉丝页面等第三方社会化媒体共享信息或者使用 LinkedIn 讨论组展开讨论时，所拥有的控制就较少。

许多公司给予他们的用户在计算机上安装软件的权力。但是用户可能使用 Facebook 之类的社会化媒体应用安装木马或者恶意软件，因为他们不知道幕后发生的事情；许多用户相信具有技术性外表的信息和提示。例如，2010 年 10 月，McAfee Labs 发现一个利用 Facebook 的恶意 Java 小程序。通过浏览一个特殊的 Facebook 应用页面，用户被重新路由到一个黑客网站，该网站部署了攻击应用程序，显示如下信息："Sun_Microsystems_Java_Security_Update_6"（Sun 微系统公司 Java 安全更新 6），按其说法是由 "Sun Java MicroSystems" 发布的，如图 8-1 所示。你可以看到，这条消息似乎是合法的，但是实际上使黑客能访问你的机器。这个木马窃取密码并通过加密的 SMTP/TLS 连接将密码记录发送给一个 Gmail 账户。赋予用户安装他们需要的任何社会化媒体应用的能力可能充满了危险。为了对抗这种现实，公司应该预先安装所有智能电话应用，如 Facebook、Flickr、Twitter 和 LinkedIn，确保这些应用是安全的，并发送给员工一个经过批准的链接以定期更新社会化媒体应用。许多公司已经在台式机上应用了这种策略，这一策略也应该扩展到公司的智能电话。

8.2.2 利用技术

第 2 章将技术的利用分类为清点、能力和策略映射（2.4.1 节）。可以按照表 8-1 所示的步骤进行，实施各种技术以支持最佳实践的需求。你还可以了解虚构的 JAG 消费电子公司如何实施这些战术手段以改进环境。

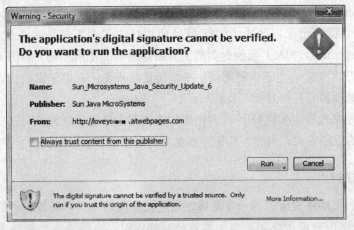

图 8-1 正在安装的 Facebook 恶意应用

表 8-1　技术映射

技术步骤	行动项目 / 需要实施的规程	JAG 的实施情况
清点	1. 利用当前用于 IT 硬件和软件的评估管理工具，对所有社会化媒体网站也进行跟踪	1. JAG 使用他们的 IT 评估管理应用将社会化媒体网站作为"软资产"跟踪
	2. 列出在公司资源上使用和安装的所有社会化媒体应用，如 TweetDeck 和 Seesmic	2. JAG 将社会化媒体软件和其他软件许可（如 Microsoft Office）同样对待。移动应用现在由 IT 部门安装
	3. 列出在公司移动电话上安装的所有应用程序，如 foursquare、LinkedIn、Facebook、Hootsuite 和 GoWalla	3. JAG 只能列出公司拥有的设备
	4. 列出 Reputation.com 和 Reputation Management.com 等用于市场营销的社会化媒体服务	4. 所有网站均由 IT 和市场部跟踪，所有登录信息均受到控制
	5. 确定有权使用社会化媒体工具和有权在公司台式机、便携式电脑及移动设备上安装工具的小组或者个人	5. IT 团队和市场团队协调有权访问社会化媒体工具的人
	6. 为有权访问社会化媒体工具的个人和小组创建简档	6. 已经为需要社会化媒体访问的人建立了简档和群组
能力	1. 确定所用工具的能力，例如： • Seesmic 社会化媒体张贴和监控 • GoWalla 基于位置的跟踪 • Hootsuite 跨平台社会化媒体仪表盘，用于监控、结果跟踪、团队合作和信息分发 • LinkedIn 业务简档管理 • foursquare 基于位置的跟踪服务（地理位置，Facebook 和 Twitter 也提供地理位置） • WordPress 通过博客分发信息	1. 每个工具都在资产管理软件中登记
	2. 确定监控不同社会化媒体平台的必要工具并将每种工具映射到一个平台。例如，如果允许所有员工从他们在公司的便携式电脑和计算机上访问 Facebook，就要知道 Facebook 允许第三方公司创建应用程序，这些程序能直接访问你的员工的计算机并且安装木马或者病毒	2.JAG 已经确定了各种工具，并且按照功能和社会化媒体平台进行分类，IT 已经选择了两种不同的监控和报告工具，并购买了第三方监控服务来帮助跟踪公众议论
	3. 确定员工使用社会化媒体工具的技能。现在的 IT 人员和安全人员都有证明其资格的工作档案，商业目的的社会化媒体需要其他的资格。例如，可能不应该由蹩脚的作家编写企业的博客	3. 市场部使用这些工具。IT 已经扩展了对某些人员的要求，以维护某些社会化媒体网站具体访问的安全性
	4. 进行关于社会化媒体网络平台及第三方应用安全使用的定期员工培训	4.IT 与 HR 合作执行培训。市场团队首先接受培训，在预算允许的情况下安排所有员工培训
策略映射	第 6 章已经讨论过，在 IT 安全策略和特殊的社会化媒体策略中，必须将关键部分映射到社会化媒体的使用上，如：	IT 已经标识了 IT 安全策略中专门处理社会化媒体安全的新部分，并标识了 IT 运营指导方针中用于社会化媒体使用的部分。IT 和 HR 一起批准新的策略

（续）

技术步骤	行动项目 / 需要实施的规程	JAG 的实施情况
策略映射	1. **用户访问**，这是一个关键的组成部分，因为社会化媒体通常可以供所有具备互联网连接的员工自由访问。如果你实施用户访问限制，就要指定用于监控用户的工具，并且从端点保护设备或者数据丢失预防系统中创建警告机制	1. 创建用户简档，向特定的员工授予特殊的社会化媒体网站访问权
	2. **规章**，每个公司都受到规章要求的制约。公司必须采取措施符合规章，比如实施 HIPAA 和 PCI 规定的加密。你所使用的社会化媒体对规章有影响，所以评估符合性时必须映射这些工具	2.JAG 已经要求法律团队研究使用社会化媒体时所需要遵循的规章。JAG 知道必须服从 PCI DSS
	3. **数据存储**，规章和安全最佳实践的需求描述了存储需求，包括基于云的公司数据存储	3.JAG 对第三方网站及其数据存储能力没有太多的控制。JAG 将下载 Facebook 联络人和 LinkedIn 联络人，保留消费者数据的本地副本
	4. **数据访问**，不管员工访问内部还是外部信息，在大部分情况下，都应该要求使用加密登录。许多人不知道可以通过 HTTPS 访问 Google 和 Facebook。必须清晰地定义正确的数据访问方法——例如，限制非加密登录的访问。如果社会化媒体平台有非加密登录，你应该理解允许员工从星巴克或者酒店的开放无线网络登录的风险。解决方案之一是为员工提供 VPN，这样他们必要时就能通过安全的连接保持快速反应的灵活性	4. JAG 强制员工使用社会化媒体网站提供的加密登录连接
	5. **共享服务**，所有在线社会化媒体平台都是共享服务。如果你有一个反对使用共享服务或者企业数据混合的策略，就会影响社会化媒体的使用。允许供应商或者多名员工访问你的社会化媒体工具或者简档将影响有关共享服务的策略。这就需要修改策略以考虑使用的平台，并为供应商和第三方提供对云资源的访问	5.JAG 将密切监控在多名员工之间共享的任何账户的活动
	6. **业务持续性**，社会化媒体平台必须成为你的业务持续性计划的一部分。如果你的市场团队每天都依赖 Facebook 和 Twitter 等资源进行通信、维护社区关系和推销，你就应该有一个在事故扰乱组织运作时的备用策略	6. 业务持续性计划与 JAG 对社会化媒体的使用不相关，因为业务还没有完全地与社会化媒体使用集成
	7. **教育与培训**，大部分 IT 策略包含了员工教育的指导方针。一些公司有在线培训或者由教师引导的培训。在当今的在线环境里，社会化媒体的使用及其限制必须添加到培训手册中	7.JAG 将在年末之前对所有员工展开培训

JAG 做得如何？

回忆前一章，JAG 消费电子公司的社会化媒体成熟度和大部分公司起点一样；他们给自己的评分是"差"。在分析了弱点之后，JAG 改变了资源的利用方式，更好地实施社会化媒体安全性。从表 8-1 中可以看出，到目前为止，这些改变将把 JAG 在社会化媒体安全工具使用方面的评分提升为"中等"。

8.3 预防数据丢失

社会化媒体信息难以检测、监控和阻止其离开企业环境。数据丢失预防关注知识产权（IP）。IP 在社会化媒体的哪些地方使用？不管员工是有意还是无意地发出 IP，分发渠道都很容易获得。基于 Web 的社会化媒体应用程序使员工能够通过浏览器访问 Facebook，轻易地张贴机密信息和照片。如果没有部署 URL 过滤技术，员工就能轻松地绕过任何监控解决方案，通过 Web 浏览器和桌面应用张贴信息。为了避免数据丢失，IT 必须实现 McAfee 等技术以监控、拦截（但是拦截可能助长背叛和滥用）和报告可能危及知识产权需求的社会化媒体活动。为了控制 IP 数据的丢失，必须实施如下管理手段：

- **监控**，必须采用技术手段监控员工甚至客户对你的 IP 的使用方式。
- **培训**，向员工明确与公司 IP 授权和非授权使用相关的政策。
- **拦截**，如果员工没有使用 IP 的权限，应该阻止他们访问和发布 IP。
- **报告**，如果你不能以可度量的方式报告，就无法了解你的环境中发生了什么。

正如 6.4 节讨论的，如果你没有确实地实施你所开发的策略，就没有能力实施改正措施。在典型的 IT 安全性策略中，实施基于技术的控制手段。对于社会化媒体，除非你部署了监控系统查看何人使用哪个社会化媒体网站，否则不可能知道网站的使用方式以及对公司所提的意见。

执行是社会化媒体安全的关键组成部分。社会化媒体是个具备很多不同特性的媒体，员工可能创建一个隐蔽的简档或者伪造的简档来提出他们对公司的意见。实际上，你能做的唯一的事情就是对破坏社会化媒体政策的员工执行公司政策，并与人力资源部门一起实施某种形式的改正措施。

但是，除非你吸引员工直接参与监控过程，否则你从事的就是一项毫无希望的斗争。在社会化媒体的使用中，加强正面的使用和正面的员工角色模型远比禁止访问网站或者试图捕捉错误使用更有效。鼓励员工相互监控能够大大地减少改进措施的需求。

确定利用流程或者技术能够更好地执行一个策略可能很困难。例如，可以采用击键记录软件捕捉计算机上的所有活动，但是对于跟踪社会化媒体活动不现实。也可以使用 Web URL 过滤来记录员工访问的社会化媒体网站，并将其映射到授权使用这些平台的员工。然后，可以得到更细的粒度，并且确定是否有知识产权经过这些平台分发。了解哪些员工正在使用社会化媒体平台，你就能了解他们对 IP 的访问，并且对离开公司环境的 IP 实施更加具体的限制和相关的培训。

跟踪有关版权的数据丢失比跟踪知识产权要难得多。版权侵犯的特性实际上与在印刷品中对他人权利的滥用行为相关。如果你的员工窃取了别人的有版权材料，用于公司市场活动的博客帖子，IT 部门很难知道该员工实际上侵犯了其他人的版权，特别是在这些材料通过复制、张贴或者下载后保存在公司服务器上的时候。但是，公司仍然要为违反版权法规负责任。有许多网站能够帮助你检查剽窃（如 http://www.dustball.com/cs/plagiarism.checker/），但是 IT 部门无法也不应该检查市场部发出的每个帖子是否侵权。检查每个发出的帖子中是否窃取了公司的素材也不可行。至少要通过随机检查帖子，确保你的员工没有窃取其他网站的素材。图 8-2 是在 Alex 的博客上已经张贴的帖子的段落输出。检查帖子的任务可能落在法律部和市场部管理人员的肩上。

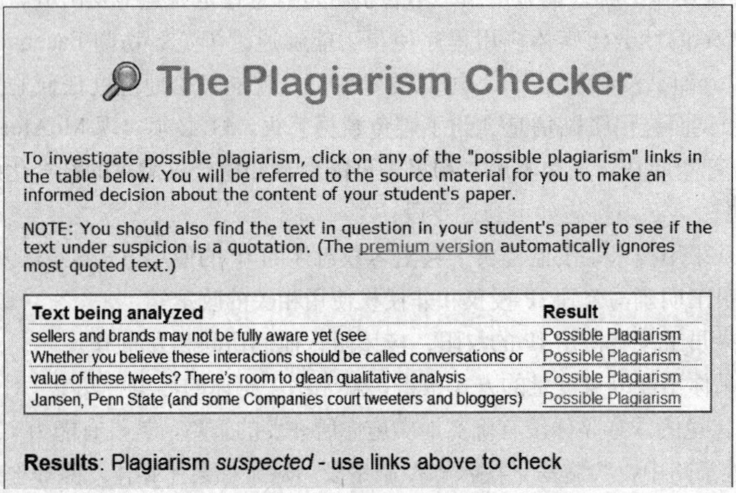

图 8-2　寻找剽窃的作品

包括 Creative Commons（www.creativecommons.org）在内的许可证选项能够检查文本、照片、视频、音频、音乐、图形、插图和其他艺术作品的发表、使用、重新混音和重用是否侵犯版权。同样，IT 无法知道哪些作品是由 Creative Commons 许可的，这是发表素材的个人或者团队的责任。

不能将 IT 部和市场部当做版权法的专家。过去在有版权素材上的限制对于今天社会化媒体圈中的问题没有实际的作用。基本版权条款在下面列出。

对于你觉得对公司有用，于是复制到你的内部网帖子上的博客文章来说，这些条款中有哪些适用？据我们所知，Web 博客在 1977 年之前并不存在！但是你可能从许多年前的报纸文章中复制引用的材料到博客文章中，所以知道哪些材料受到版权保护是很有帮助的。

未发表的作品	作者终生加上 70 年
未发表的匿名和使用笔名的作品	从创作之日起 120 年
受雇创作的作品	作为工作的一部分，从创作之日起 120 年或者从第一次出版开始 95 年
作者卒年不详的作品	从创作之日起 120 年或者从第一次出版开始 95 年
美国联邦政府发表的作品	不管何时创作，始终不受版权保护
1923 年之前在美国发表的作品	不受版权保护
1923 ～ 1963 年在美国发表的作品	不受版权保护，除非在创作之后第 28 年内重新申请版权
1964 ～ 1977 年在美国发表的作品	受版权保护，适用 95 年条例
1978 年之后发表的作品	受版权保护

8.4　员工教育

对员工开展有关社会化媒体版权限制的教育是避免市场部门发生侵权诉讼的一种很好的方式。HIPAA 安全规则（http://www.hhs.gov/ocr/privacy/hipaa/administrative/securityrule/）和 PCI DSS 标准（https://www.pcisecuritystandards.org/）等规章包含了教育的部分。作为一种安全最佳实践，我们始终希望建立教育计划。PCI DSS 标准有如下内容：

12.6.1.a 检查安全意识计划是否提供了多种传达意识和教育员工的方法（例如帖子、信件、备忘录、基于 Web 培训、会议和宣传）。

HIPAA 标准要求：

（1）对全体员工的培训不晚于适用实体的实施日期。（2）在每个新员工加入公司之后给予合理时间的培训。（3）在 HIPAA 隐私规则政策和规程变化生效之后的合理时间内对所有工作职责受到变化影响的员工进行培训。

安全性的价值比教育的投资更高，仅仅将钱投入到解决问题的技术手段上不能给予你合适的控制。利用教育和培训，你能够帮助员工确定哪些是受限的内容，确定需要不同安全级别的数据分类架构，以及可以共享和不能共享的数据。

社会化媒体在不同类型的数据上要求各种安全级别。第一步是将社会化媒体过程、规程和工具集成到当前的数据分类模型中。典型的数据分类架构是绝密、专利、机密、非公开和公开。

用于社会化媒体分发的媒介形形色色，这意味着你必须修改用于分类数据的需求。教育必须考虑到如下方面：

- **音频、视频和照片**。允许员工在房屋里拍摄怎么样的照片？如果你在数据中心，可能不希望员工张贴系统的照片。但是如果你正在进行一个促销活动，可能就希望张贴活动的照片。这也适用于任何供应商、客户或者进入你的办公室的访问者。必须让他们意识到、通知他们或者让他们得到受到准许的音视频素材的相关政策。你的措施还应该覆盖其他员工、生意伙伴或者客户的照片，应该养成在张贴前"先询问"的习惯。

- **公开指导方针**。明确说明有版权资产使用的指导方针。如果你没有澄清这些方针，员工、客户和一般公众都可能在无意中破坏你的规则。
- **使公共资产可用**。如果你的某些特定资源可用于重新合成，那么可以通过建立一个管理公共资产的渠道来获得更多的控制。公众很可能侵犯你的版权，所以你也应该确定可用的资产，以进行更好的控制。

开发流程和培训制度是控制内容处理方式的最佳解决方案。例如，当一篇博客文章包含图像或者其他素材时，博主至少应该列出图像的出处，并且用一个指向原始来源的链接说明照片的归属，仅当存在 Creative Commons 许可的时候才使用这些素材。

如果在原始内容中无法找到 Creative Commons 许可，必须在发表内容之前联络创作者以获得授权。在任何情况下，联络创作者都是礼貌的行为。必须向负责公司社会化媒体的员工解释这些原则，并且实施相应的报告或者清点流程。

> **注意** 在张贴到社会化媒体平台的素材被公司的市场或者广告团队重用于广告时，这些问题就会变得更加复杂。即使这样的使用已经得到内容创作者的授权，仍然必须尽力联络他们以获得许可和弃权声明，采取稳妥的方法更为明智。

在某些情况下，美国版权法的"正当使用"规定允许在没有版权人许可的情况下有限地使用有版权素材，一般适用于新闻报道、研究、教育和学术——而不能用于市场、销售或者其他商业企业。所有从别处借用的素材都应该清晰定义，并且在帖子中致谢、链接到原来的出处。（更多信息参见美国版权局，http://www.copyright.gov/fls/fl102.html，或者参见其他国家的法规。）

8.5 小结

实施对知识产权的控制和版权保护是非常具有挑战性的工作。IT 安全工具必须升级，更多地关注遍历网络的数据内容、进入公共视野的渠道以及发布之后引起的反应。这些工具的用途不能仅限于查找文件，而应该帮助业务运作在互联网空间里更加安全地进行。在 IP 的管理中，阻止访问不能解决问题，实际上也不可行。

改进检查列表

- 你是否已经列出了所有社会化媒体资产和它们的管理能力？
- 你是否已经确定了社会化媒体工具和功能以及管理的方法？
- 你是否已经理解了如何将策略映射到 IT 安全能力，相应加强 IP 的安全？
- 你是否已经为所使用的新社会化媒体实施了数据丢失预防技术？
- 你是否已经对员工、客户和一般公众进行了有关正确使用公司 IP 和有版权素材的教育？

第 9 章

财务考虑：战略与协作

IT 安全预算尚未清晰地定义用于社会化媒体安全的项目。对 IT 安全预算进行修订的时候还要假定，已经购买的应该覆盖所有社会化媒体安全关注点的数据丢失预防工具还不能够为你带来足够的覆盖范围。根据 2010 年 Ponemon Institute 所做的数据泄露损失的研究[⊖]，每次数据泄漏事故平均给美国公司带来 675 万美元的损失，每个被侵犯的客户记录平均损失为 204 美元（澳大利亚的单次泄漏事故损失最小，即便如此也有 183 万美元）。在最昂贵的数据泄露事件中，该公司花费了将近 3100 万美元善后。这项研究中还有许多有趣的发现，包括：

- 这项年度美国数据泄露损失研究跟踪了广泛的成本因素，包括用于检测、升级、通知、响应的昂贵支出，以及法律、调查和管理费用，客户流失、机会损失、声誉管理以及客户支持（如信息热线和信用监测）相关的损失。

- 因为内部人疏忽引起的泄漏在数量和损失上都有下降，很可能是因为培训和意识计划的实施，给员工在保护个人信息重要性上的敏感度和意识带来了正面的影响。此外，58%的公司扩展了加密的使用——比前一年的 44% 有所增长。

- 组织在法律保护上花费了更多的成本，这可能是因为客户、消费者或者员工数据丢失导致的成功共同诉讼案越来越令人恐惧。

- 第三方组织引起的泄漏案件占所有案件的 42%，比 2008 年的 44% 有所下降。因为需要额外的调查和咨询费用，这种案件仍然是损失最大的数据泄露案。

- 研究中涉及的数据泄露事件中最小的损失是 75 万美元。这些数据泄露的结果是客户的"流失率"；此项研究发现，在医药、通信和卫生保健行业中有反常的高流失率，随后是金融服务。

正如我们曾经讨论过的，公司参与社会化媒体可能影响和成本有关的多个方面，Ponemon 的研究特别指出的检测、升级、通知、响应、机会损失和声誉管理等方面验证了这一点。如果你不对社会化网络以及通过社会化网络可能造成的数据丢失进行管理，就可能招致这些领域上的损失。法律诉讼将会成为更重要的损失，因为社会化媒体案件往往对簿公堂。图 9-1 展示了 Ponemon 研究中发现的数据泄露总损失。

医疗业在数据泄露方面高于所有行业。Ponemon Institute 数据泄露损失研究关于医疗业的关键发现包括：

⊖ Ponemon Institute，《Five Counties, Cost of Data Breach》（五国数据泄露损失，（2010 年 4 月 19 日），网址：http://www.ponemon.org/local/upload/ ckjail/generalcontent/18/file/2010%20Global%20CODB.pdf。

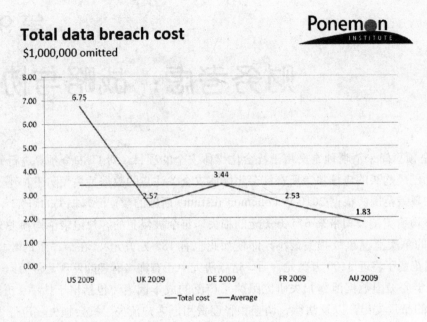

图 9-1　数据泄露总成本

- 医疗业每年因为数据泄露损失 60 亿美元。
- 医疗机构平均每年因为数据泄露损失 100 万美元。
- 大部分数据泄露的原因是缺乏人员和准备（策略及过程）。
- 组织对适当加强患者记录安全的能力没有或者几乎没有信心（占 58%）。
- 医疗机构没有充足的资源（71%）和策略及规程（69%）来预防和快速发现患者数据丢失。
- 70% 的医院认为保护患者数据不是当务之急。
- 患者的账单（35%）和医疗记录（26%）是最容易丢失和遭到盗窃的数据。

公司是否为它们面对的真正问题分配了合适的财务资源？本章聚焦于你的社会化媒体安全财务战略。具体地说，我们关注：

- 确定实施和不实施控制的代价。
- 确定威胁带来的损失。

9.1　案例研究：计算数据丢失的成本

许多行业（特别是医疗和金融服务业）的规章要求报告数据丢失事件。如果你希望跟踪最近报告的事故，可以在 DataLossDB（www.datalossdb.com）找到。这个数据库跟踪的为公众所知的事故可以用作数据丢失事件可能给你带来什么损失的一个例子。你可以在图 9-2 中看到，图中列出了一些最近的数据泄露事件的实例，其中最新的是圣玛丽医院（威斯康辛州 Madison）的 Dean Health Systems，一位医生的便携式电脑在家中失窃，上面有 3288 位患者的记录。该医院现在必须承担对这一事故作出响应的成本，并且确定这一泄露本身的损失。数据丢失可能发生在任何媒介上，在 Facebook 上张贴的信息和在便携电脑上丢失的患者数据相同，法律后果也相同，在这个案件中，医院违反了 HIPAA 安全规则条例。

Latest Incidents　　twitter / DataLossDB

RECORDS	DATE	ORGANIZATIONS
3,288	2010-12-20	Dean Health Systems, St. Mary's Hospital (Madison, WI)
760,000	2010-12-15	Ohio State University
15,000	2010-12-15	New York State Office of Temporary and Disability Assistance
2,284	2010-12-13	Mountain Vista Medical Center
1,300,000	2010-12-12	Gawker Media
20	2010-12-12	Department of National Defence Canada, Canadian Forces Base Stadacona
200,000	2010-12-12	Mesa County Sheriff's Office
23	2010-12-11	NatWest
0	2010-12-11	Unknown Organization, McDonald's Corporation, Arc Worldwide
0	2010-12-10	Genesco Inc

图 9-2　DataLossDB.com 列出了最新的记录失窃案件

公司在社会化媒体泄露响应上花费了巨额资金。你在第 11 章中将会看到，由此引发的“多米诺骨牌效应”需要数百万美元的投入，才能应对社会化媒体圈中对该品牌的负面攻击。Dell 曾经启动过一个积极的社会化媒体指挥中心，于 2010 年对超过 1000 名员工进行了社会化媒体使用的培训，并于 2011 年建立一个专注于社会化媒体跟踪的数据中心。

圣玛丽医院可以使用来自 Allied World 的一个免费工具，该公司创建了 Tech//404® 数据丢失损失计算器（Data Loss Cost calculator，http://www.tech-404.com/calculator.html），组织可以用它计算数据泄露或身份盗窃损失事故在财务上的影响。这个在线计算器是免费的，自动生成与数据丢失相关的平均损失。因为该医生的便携电脑包含 3288 个记录，平均损失为 546703 美元，如图 9-3 所示。

Enter the total number of affected records here 3288 [−] [+]
(no commas ie., 25000)

Internal Investigation	-20%	Average Cost	+20%
Cybercrime consulting	18149.76	22687.2	27224.64
Attorney fees	18402.2784	23002.848	27603.4176
Sum:	**$ 36552**	**$ 45690**	**$ 54828**
Notification/Crisis Management			
Customer notification (certified mail)	33458.688	41823.36	50188.032
Call center support	23673.6	29592	35510.4
Crisis management consulting	13257.216	16571.52	19885.824
Media management	2619.8784	3274.848	3929.8176
Sum:	**$ 73010**	**$ 91262**	**$ 109514**
Regulatory/Compliance			
Credit monitoring for affected customers	152142.336	190177.92	228213.504
Regulatory investigation defense	56280.0384	70350.048	84420.0576
State/Federal fines or fees	119378.0736	149222.592	179067.1104
Sum:	**$ 327800**	**$ 409751**	**$ 491701**
Total Data Loss Expenses:	$ 437362	$ 546703	$ 656043

图 9-3　圣玛丽医院数据泄露的损失

很容易在这个案例中确定问题所在。如果该医院投资了 PGP 等硬盘加密技术，他们就不会招致 HIPAA 安全规则条例中提到的损失。每台便携式电脑的 PGP 许可证成本不到 200 美元，这比 546703 美元的事故管理费用要低得多。 我们可以推断出，第二个问题存在于数据的使用和存储过程当中。首先是便携式电脑应该包含患者的信息吗？或者说，应该允许医生将便携电脑（如果不是他自己的）带回家吗？许多医疗机构转向利用在线模式管理患者医疗信息。如果你能够消除本地存储的需求，也就能消除数据盗窃的一些风险。

9.2 实施控制的成本

实施控制的成本根据组织的大小、资源和基础架构而有所不同。实施的控制手段应该考虑现有系统，并且支持上线的新产品或者系统。

精确的实施成本只有在创建详细的社会化媒体安全策略之后才能计算，我们在第 6 章中已经介绍了这一策略。

注意 你可以在 www.securingsocialmedia.com/resources 找到一些额外的策略资源。

一旦策略就绪，你就可以计算希望采用的控制手段的实施成本。实施和监控社会化媒体活动的成本可以使用表 9-1 来跟踪。该表考虑了实施员工监控和安全报告所必需的监控和报告工具。许多免费工具能够计算市场预算的投资收益率，Frogloop（http://www.frogloop.com/social-network-calculator）是其中之一。

表 9-1 详细列出了我们虚构的 JAG 消费电子公司所选择的预算相关事项。他们从没有预算前进了一大步，增加了专项预算。

表 9-1 社会化媒体实施成本

社会化媒体实施成本	JAG 的成本 / 美元	备注
安装社会化媒体工具		
博客	免费	使用 WordPress
Twitter	免费	
Facebook	免费	
LinkedIn	免费	
YouTube	免费	
其他		
年度维护成本	无	
员工培训		
一般培训	每位员工 30 美元	JAG 签约了一个在线 CBT 课程供员工学习
社区管理员	无	还没有雇用，目前由市场部经理担任社区管理员

（续）

社会化媒体实施成本	JAG 的成本 / 美元	备注
社会化媒体监控和报告工具		
数据丢失预防工具	无	
媒体评论工具	0	使用 SocialMention
分析工具	0	
培训	1 600	雇用一家公司提供 8 小时的关于使用社会化媒体工具的培训
持续维护		
研究成本	无	
策略开发与维护	2 000	雇用一家公司开发策略
每次单击成本		
每次单击费用	无	
活动的组织	无	
持续维护	无	
搜索引擎优化成本	3 000	雇用一家公司优化网站
工时		
参与员工数量	1	
每周参与时间 /h	10	
工时成本	25	
设计和实施策略的成本	1 000	花费 40 小时设计和实施
监控策略	无	市场部经理职责的一部分
内容制作		
文章 / 博客成本	0	内部编写，已支付的工资成本
帖子成本	0	内部编写
视频成本	0	内部编写
客户反馈信息	0	使用免费工具
法律		
策略法律审核	1 000	4 小时的法律审核
知识产权侵犯的法律调查	无	
员工 / 客户活动的法律调查	无	
规章需求分析	无	
事故响应管理	无	还没有设计 IR 策略和规程

合并使用 Frogloop 的计算功能和 Tech//404 的数据泄露损失计算器，你就可以估计实施技术倡议的投资回报。但是要记住，在社会化媒体中，威胁可能通过在线讨论、论坛和社会化媒体平台触发。

9.3 威胁的损失及对策的成本

一旦你确定了实施控制的成本，下一步就是根据你的社会化媒体活动估计所面临的威胁造成的损失。在第 4 章中，我们经历了一次识别潜在威胁的评估过程。如果你知道这些潜在威胁，就可以利用表 9-2 和表 9-3 分析这些威胁的潜在损失和应对威胁的对策。（参见 Ponemon 的成本研究：http://www.ponemon.org/local/upload/fckjail/generalcontent/18/file/2010%20Global%20CODB.pdf。）

表 9-2　威胁造成的损失

处于风险中的资产 / 流程	可能发生的事故（对资产的威胁）	可能性	严重性	估计风险	每年发生率	每次事故的直接损失 / 万美元	年度总损失 / 万美元
例：机密信息丢失	员工在 Twitter 上张贴有关新产品设计的信息	中	严重	高	2	40	80

表 9-3　对策成本

对策	每个对策的预付成本 / 美元	每个对策的维护成本 / 美元	采用的可能性	采用后的严重性	年度成本 / 美元
例：监控从公司自有系统发出的帖子的数据丢失预防工具	20 000	4000	高	中	20 000
社会化媒体意见监控服务	600	600	高	中	600

警告　社会化媒体监控工具只能监控公开的帖子。社会化媒体评论在散布到公共的互联网上之前，可能在 Facebook 的"有围墙的花园"内蔓延。

这些表格能让你分析资产和潜在的威胁，并且计算威胁发生的可能性和发生之后的可能损失。你还可以分析希望实施的对策的成本。你可以研究行业衡量标准和组织中曾经招致的基准成本来获得一些目标数据。但是在估计风险和严重性等领域还需要一些主观的分析。

9.4 小结

社会化媒体安全威胁应该与其他 IT 威胁（如病毒攻击和黑客攻击）分开看待；必须确定和购买专用的工具，并提出专门的社会化媒体预算来正确管理社会化媒体风险。所有财务要求都必须考虑到威胁、漏洞和响应的成本。

威胁评估过程确定了攻击的简便性、影响和减少风险所必需的缓解手段。修改典型 IT 安全手段的总体成本必须在预算过程中进行。因为社会化媒体提出了非受控威胁的风险，例如客户在博客和 Facebook 上张贴信息，所以你必须重新定义可接受的风险标准，并且将预算转移到声誉管理、员工培训和危机控制上，而不是用在更传统的直接软件和硬件工具上。由于社会化媒体工具和云服务几乎每个月都变化，你的预算过程必须比大部分 IT 安全预算过程中典型的周期（每年）更加灵活。

改进检查列表

- 你是否开发了跟踪与社会化媒体使用相关的所有成本的矩阵？
- 你是否为社会化媒体安全工具设置了专门的预算项目？
- 你是否确定了威胁应对策略以及处理不同威胁和对策的成本？
- 你是否实施了以季度为周期的新社会化媒体工具和威胁预算过程？

第 10 章

运营管理：战略与协作

你的运营管理战略概述了社会化媒体活动日常维护所需的工具和技术的实施。第 6 章中概述的社会化媒体策略包括了许多与新流程和技术相关的执行步骤。IT 系统管理员必须拥有正确的工具，对活动进行实时集中管理。市场和人力资源部门必须知道如何将他们的活动和策略集成到 IT 的运营指导方针中。社区管理员必须理解业务规则、工作流和用社会化数据更新客户关系管理系统所涉及的流程。

本章讨论了 IT 部门和其他部门对社会化媒体技术和过程的管理。本章介绍了确定工具拥有者和职责定义的难题，以及创建管理社会化媒体的集中化流程，该流程使你能引导客户，有效地监控、报告和区分事件的优先级，并确定风险需求以及对数据和品牌资产的影响，实现审计功能。

10.1 案例研究：军队的网络简档

集中的社会化媒体运营的一个极端例子是 2011 年 3 月发生的事件，美国军队中央指挥部（CENTCOM）和一家名为 Ntrepid 的公司合作开发软件，实现为军事目的操纵社会化媒体网站的手段[⊖]。一项跨部门的合作旨在创建一个伪造的在线简档，以影响网站上的交谈、收集信息并传播特定的信息。这些虚假的角色称作"袜子木偶"（sock puppet），由第三方为军方开发和管理。

CENTCOM 的发言人 Bill Speaks 中校说："该技术支持外语网站上的分类博客活动，使 CENTCOM 能够对抗美国之外的暴力极端分子和敌对势力的宣传。"美国军事人员能够管理多个简档并跟踪潜在的敌人。James Mattis 将军说，这一过程"支持所有贬低敌方言论的行动，包括 Web 参与和基于 Web 发布产品的能力"。

企业从这件事中能学到什么？对，这里既有正面的因素也有负面的因素。首先，创建伪造的简档和发布虚假的市场信息可能不是个好主意。你最终会被发现，从而影响你的声誉。政府机构可能更适合于这么做。其次，跨部门集中你的社会化媒体行动有很大的价值。最后，使用合适的工具始终是好的思路。许多具有创造性的工具正在被开发出来，它们能够推动你的社会

⊖ Nick Fielding 和 Ian Cobain，《Revealed: US Spy Operation that Manipulates Social Media》（揭秘：美国操纵社会化媒体的间谍行动），《卫报》（2011 年 3 月 17 日），网址：http://www.guardian.co.uk/technology/2011/mar/17/us-spy-operation-social-networks。

化媒体安全战略。

> ## JAG 做得如何？
>
> JAG 消费电子公司能从这里学习到什么呢？确实，成为军方的承包商是有利可图的，但这不是 JAG 从中吸取的东西。JAG 确实必须部署持续的操作性步骤，以实现在社会化媒体上一致的表现。在本书的开头，JAG 没有部署任何工具，没有管理社会化媒体战略的一致性行动，也没有办法监控和报告社会化媒体活动。正如你将要看到的，在本章结束时，JAG 将具备以下能力：管理媒体资产，实施日常活动步骤，跨部门交流，审核及测试社会化媒体实施的工具，并能够符合业务必须的行业标准。

10.2 运营管理战略

你的运营管理战略提供了关联你在社会化媒体圈中的日常活动信息的一种途径。通过前几章中讨论的集中化工具（如 Radian6、SocialMention 或 Addict-o-matic）编辑来自所有部门的信息，你能够管理来自社会化媒体渠道的威胁并做出反应，限制对公司的破坏，并减少风险。在本节里，我们关注负责各种操作的人、需要管理的资产、管理运营和通信所必需的培训，以及网络管理、访问控制（物理上和逻辑上的）、符合性管理和安全测试过程。

10.2.1 角色和职责

运营管理战略必须覆盖整个公司，并且适用于社会化媒体活动中的承包商和合作伙伴。这一指导方针的目的是管理日常社会化媒体使用，处理威胁某些方面安全的任何不利事件，包括数据机密性损失、数据或者系统完整性的破坏、可用性的破坏。

IT 部门、社区管理人员或者两者共同负责开发和维护第 6 章中讨论的社会化媒体策略。运营管理的特殊职责包括：

- 开发和维护公司社会化媒体安全计划。
- 为使用的所有工具开发信息风险分析、评估和验收流程。
- 推进新流程和策略的意识养成和培训。
- 教育员工实施社会化媒体安全计划。
- 任命或者指派一位直接报告人，作为任何技术顾问委员会的成员，对新的技术资源进行评估。
- 与其他业务单位进行与不断变化的业务目标相关的协作，确保社会化媒体安全问题在市场活动的早期得以处理。
- 在任何社会化媒体安全危机的早期与高级管理人员磋商。

应该每年定期进行一次信息安全风险评估，以及对已实施的安全控制的审核。此外，持续的自我评估可能是安全流程的一部分。在具备自有安全团队的较大型公司中，这种审核可以在内部进行。对于较小的团队，这种审核可能必须外包。审核和评估能够确保现有的指导方针和控制足以应对业务需求和优先级的变化，并随着社会化媒体的演变考虑新的威胁和漏洞。

10.2.2 资产管理

IT 应该维护一个用于管理社会化媒体使用的所有的工具清单，作为 IT 总库存清单的子集——该清单按照部门和职责列出。每个应用程序，不管是由第三方还是内部托管的，都应该加强安全性，就像你应该加强安装的其他应用程序的安全性一样，如果社会化媒体数据在本地存储，它应该进行加密。第三方应用程序和存储的数据管理更加困难，因为它分布于你所不能控制的网站上。

存储在便携电脑、移动 Web 设备和可移动电脑上的信息和数据必须定期备份。如果你将客户数据存储在 Facebook 之类的第三方应用程序上，就要保留一份所有客户联络数据的离线本地备份。在 IT 部门的帮助下，授权的 Facebook 用户应该确保定期进行备份。例如，如果市场部使用 Facebook 管理客户交互，就应该利用某种手段，能够下载和存储联络人和来自 Facebook 上追随公司的客户的邮件。这种备份过程不像备份你的数据中心中的服务器那么简单。你可以在 Facebook 中选择账户选项（Account option），手工下载你的 Facebook 信息，然后选择账户设置（Account Settings）并下载你的信息（Download Your Information）。你还可以使用第三方应用如 SocialSafe（www.socialsafe.net）。

正如第 8 章中所介绍的，公司的知识产权也是一项资产。IT 部门应该和市场及法律部门一起，检查对这项资产的潜在侵犯。例如，公司的商标名称可能被某人在许多社会化媒体网站上盗用。你的公司可能已经在 Facebook、Twitter、Foursquare 和 Flickr 上注册了一个页面或者一个简档，但是 Slideshare、MySpace、Tagged、bebo、hi5、Tumblr 或者其他网站上又如何呢？在图 10-1 中，你可以看到通过使用 Knowem 等工具，查看许多社会化媒体应用当中你的名称的使用情况。在这个例子中，"KRAASecurity" 这个名称在 Twitter、Digg、YouTube 和 LinkedIn 中使用，但是在 MySpace、Flickr 或 Tumblr 等网站上没有。如果有人在其他网站上注册这个名称并且张贴一个有损公司形象的网页会怎么样？因此，在尽可能多的此类网站上注册公司的名称以消除品牌损害风险是一种好的做法。我们将在下一章中更多地讨论声誉管理。

> 注意 如果你还没有注册公司的名称，而它已经被人使用，在某些情况下，你可以与网站协商取回公司的名称。在其他的情况下，你可能必须对该平台或者非法占用者提起法律诉讼，以恢复特定社会化媒体网站上的品牌名称。

在可能的范围内，较好的做法是在当前最重要和发展之中的社会化网络上保留公司的品牌名称，建立官方简档并监控这些网站的参与度。不管公司在其他的社会化网络上是否活跃，监控提及品牌的评论都很重要。这些评论的数量和态度将能大体上决定社区管理人员在应对客户兴趣或者关注点时必须采取的交流或者改正措施。

图 10-1　使用 Knowem.com 检查你的注册名

10.2.3　安全意识培训

在社会化媒体网站上处理公司数据时，公司应该对自己的员工和第三方开展信息安全培训。培训应该通过各种方法完成：Web 研讨会，PowerPoint 演示、策略、现场培训等。培训应该覆盖所有可能影响品牌管理或者客户关系的平台。当新的社会化媒体平台和网站创立时，公司应该通过以下各种方法向所有员工提供定期和相关的信息安全意识交流，如电子更新、情况简介和业务通讯，以及社会化媒体网站如公司的 Wiki。

如果任何业务单位使用第三方公司来管理社会化媒体，特别是管理客户信息时，你的社会化媒体安全指导方针必须在开始提供任何服务之前提交给第三方公司，你必须确保他们理解你的安全协议和要求。运营培训计划的关键目标包括：

- 根据应用和工作职责提供专门的培训。
- 根据已经部署的策略（如 IT 安全策略）进行培训。
- 提供业务和个人社会化媒体功能差异以及两者之间界限（例如在公司专用的 Twitter 账户上张贴个人的趣闻）方面的培训。
- 提供风险分类和信息披露培训。
- 提供与公众交流方式的指导方针。
- 提供与业务相关的特殊规章要求的培训。
- 提供社会化媒体圈中威胁的相关知识。

注意 作为培训的一部分，确保所有公司员工理解，他们有责任通过正当的管理渠道报告影响安全的事故。每个IT安全策略都应该包含事故响应步骤；在社会化媒体事故中也应该遵循这些指导方针。如果你没有事故响应策略，就绝对没有达到最佳实践！任何事故、事件或者可能合理地被认为对任何个人或者公司及其数据、利益或者运营发生不利影响的情况，都必须报告给IT安全部门或者社区管理人员，或者其他指定的人员。

10.2.4 实体安全性

如果应用程序托管于内部，应该采用合适的实体（物理）入口控制，以确保只有得到授权的人员才能够访问数据设施。所有计算机放置地点必须使用合适的识别系统——如服务器机房的卡片钥匙或者公司便携及桌面电脑的口令保护——以识别、验证和监控所有访问请求，避免未授权访问。

使用第三方托管平台如WordPress时，你可以要求它们提供所采取的安全措施的SAS70报告。大部分声誉良好的供应商都有关于安全规程的报告，其中包括了实体安全性。

10.2.5 传达

文档化所有用于管理社会化媒体活动的工具和过程的操作规程，并正确地传达这些规程。你至少希望有如下规程：

- 公司受限或者机密信息的正确处理。
- 需求、与其他系统的相互依赖、工作起止时间的安排。
- 处理不正当帖子等错误的操作指南。
- 每个社会化媒体网站的支持联络人，用于为无法访问或者丢失密码等问题提供帮助。
- 托管的应用出现故障时的系统恢复规程。

不管是进行与工具相关的更改，还是与所使用的托管网站、市场活动或者监控环境及员工活动的后台工具相关的更改，都应该具有更改控制规程。如果新员工被授权访问公司社会化媒体账户，必须创建一个修改控制表以跟踪访问。

管理第三方托管工具的更改控制是个重大的挑战。你无法描述哪些功能将会变化，甚至无法预先知道你所使用的网站将会出现什么。Facebook似乎每过几个月就修改它的隐私功能。你最多只能监控使用的所有网站的更新，并且快速分析这些更新，以确定它们对你的使用或者客户、员工有没有不利的影响。对所有生产应用和内部控制的软件的重大修改采用正式的更改控制规程，然后将这些修改传达给员工。

当发现对所使用的软件的任何威胁时，应该将一个通知流程作为更改流程的一部分。如果某种蠕虫或者病毒通过一个Facebook应用散布，IT人员或者社区管理人员必须将这种危险通过电子邮件或者公司Wiki网站、共享论坛传达给用户。公司员工应该了解未授权或者恶意软件的危险性，以及在发现恶意软件时的检测、升级、控制和根除规程。

10.2.6 网络管理

应该严格控制对信息和实际社会化媒体网站及工具的访问。如果可能，记录对这些网站和工具的访问。对于第三方网站，记录很困难。但是你可以从公司拥有的电脑或者智能电话上监控所有对这些网站的访问，提供一些记录。在所有内部部署的关键应用上启用安全审计。你应该记录：

- 授权的访问，包括用户 ID、关键事件日期和时间、事件类型、访问的账户，以及使用的程序 / 工具。
- 未授权的访问尝试，包括失败的访问和登录尝试、违反访问策略、警告，以及系统故障。

对于任何系统管理和在你控制之下的托管社会化媒体应用程序，网络管理应该遵循网络安全的最佳实践：

- 建立加固的操作系统。
- 启用强加密验证和通信，特别是在跨越不同网络的时候。
- 遵循应用程序和操作系统补丁管理的最佳实践。
- 使用修复了最新补丁的 Web 浏览器。
- 提供用于社会化媒体访问的黑白名单。
- 为特定网站和应用程序创建授权用户访问控制协议。
- 实现 Web 内容过滤以监控和管理所有网络访问。
- 实现数据丢失预防技术以拦截和报告内容。

员工在使用公司资源时不应该期望有隐私。我们在第 3 章中已经提到过，美国高等法院裁决，支持公司监控它们的员工。其他国家可能对此有不同的法律规定，如果你的公司是国际化的公司，就应该知晓当地的数据隐私法规和人力资源法规。根据 2010 年 Trend Micro 公司对企业和小型公司互联网用户的调查（http://uk.trendmicro.com/uk/about/news/pr/article/20101102170926.html），50% 的用户承认使用不安全的 Web 邮件或者泄露社会化媒体账户机密信息，60% 的流动员工承认发送了机密信息。该调查还揭露，1/10 的用户承认越过公司的安全系统，以便访问受限的网站。

公司应该保留使用公司的系统调查任何信息的权力。有些情况可能需要访问个人文件，如遵从法庭的命令、传票、诉讼、举证请求，或者其他来自政府机关授权的调查事件请求。IT 部门和社区管理人员（如果有）必须归档和更新所有操作性的安全规程。

10.2.7 访问控制

对软件工具的访问应该根据业务和安全需求加以控制。实施新的活动或者工具时，遵守如下协议：

- 业务应用和支持信息系统及流程的安全需求。

- 为管理业务应用安全性和支持信息系统及流程所指定的角色和职责。社区管理人员可能比市场部人员有更多张贴公司博客的权限，普通员工可能被禁止在没有许可的情况下提及公司名称。
- 内部和第三方托管的社会化媒体工具所处理的信息分类级别，以及处理的数据类型的定义——一般的可接受分类是机密、内部（不能分发）和公开。
- 数据访问保护或者应用程序使用的服务访问保护的相关法规和合同义务。

对于访问社会化媒体账户的授权，IT 部门或者社区管理员应该要求正式的用户登记流程。这个流程应该包括如下内容：

- 指定唯一的用户 ID，这样可以链接到各个用户，让他们为自己的行为负责。
- 确保访问级别（内部）以最小权限的方式实施。

注意 最小权限意味着员工只得到进行工作所必需的最小访问权限，与每个角色和职责保持一致。

- 确保在授权访问客户信息之前获得合适的管理 / 数据所有者授权。
- 确保员工知道他们的安全职责以及访问社会化媒体的限制性规定。
- 每季度审核用户访问权限。

因为许多社会化媒体平台由第三方托管，经常审核访问权限极度重要。如果员工离职而密码没有修改，他可能很容易地登录到公司的 Facebook 账户并且引起麻烦。

和所有要求登录的系统一样，必须有好的密码策略和流程。这个流程必须包含新设和重设密码。理想的密码管理流程必须：

- 确保用户知道他们维护密码机密性的责任。
- 确保向用户提供一个安全的初始临时密码。
- 要求立即修改临时密码。
- 确保在提供临时密码之前验证用户身份。
- 要求密码在 180 天内到期（这仅用于你自行托管的内部网站和应用，第三方托管应用通常没有密码有效期）。

对应用系统的访问必须根据个人的角色和职责，以及底层业务应用需求。社区管理员等工作岗位应该根据工作要求定义，IT 应该根据这些角色和需求授予应用访问权限。

如果可能，应该限制从非公司自有的系统上访问托管的社会化媒体网站。例如，如果员工在旅馆里使用公用的信息站，你不希望他登录你的账户。你不知道在公共的机器上是否有击键记录程序捕捉所有输入的数据。如果你的员工使用公司的系统访问网站，因为你知道这些机器上运行着防病毒软件和防火墙，保护该电脑并且使黑客获得登录 ID 和密码的风险降低到最小，所以就能轻松一些。如果你允许从不信任的系统上访问，登录凭据遭到入侵的风险就成倍增加。很难通过编程限制从特定的设备上访问；你必须使用策略来强制此类行为。

10.2.8　应用程序开发与测试

如果你打算部署自己的内部社会化媒体应用（如一个 Wiki），应该遵循软件开发的最佳实践。你必须在设计应用及其功能时内置安全性。你还应该考虑增加易于监控和记录的活动控制和审计留痕。即使在内部使用开放源码应用，也要遵循基本的应用测试规程。测试应该包括如下方面的审核：

- **输入数据验证测试**，测试应用是否只接受有效的数据类型而不接受错误或者垃圾数据。
- **数据完整性控制**，验证输入的是合法数据。
- **信息验证**，验证信息发送方。
- **应用托管设施**，测试应用托管服务器的安全态势。
- **加密控制**，验证数据是否通过加密信道发送和使用。
- **系统文件和目录安全**，验证操作系统文件不会被入侵，导致对应用数据的未授权访问。
- **操作系统安全补丁应用**，验证对已知弱点的一致性补丁管理。
- **备份过程和版本控制**，验证一致性备份过程的存在。
- **用户访问控制**，验证只有授权用户能够访问应用程序。

对于大部分公司来说，开发用于社会化媒体的内部应用不是首选方案，因为使用免费应用如 WordPress 和内部 Wiki，或者 HootSuite 等安装应用要容易得多。如果是这种情况，应用测试主要聚焦于确保托管该应用的系统能够免受攻击，以及应用安装没有任何弱点。对于 IT 部门来说，进行一次例行的应用安全评估或者主机安全评估应该是持续的安全过程的一部分。

使用第三方应用时，你实际上只能依赖它们的 SAS70 报告。你无法在没有明确许可的情况下进行第三方网站的测试，这种许可通常很难获得。你必须依靠自己研究该网站的声誉，审核他们公布的策略和隐私信息以及可以公开使用的测试，例如 Google 安全浏览诊断（Safe Browsing diagnostic）。通过使用这个免费的服务，你可以查看一个网站是否恶意或者含有恶意应用，如图 10-2 所示。报告称 maharath.com 网站可能对你的计算机有害。

10.2.9　符合性

每个公司都面临某种形式的符合性限制。IT 无法独自负责确保系统符合所有认证标准。法律和人力资源部必须与 IT 部门一起确保合适的控制措施就绪，以符合所有影响公司的规章法规。对于用于社会化媒体活动的每个应用，由法律部审核数据的处理方式、与所有第三方提供商的合约以及可能影响监管的数据。国际法也对社会化媒体提出了一个难题。你所使用的许多网站可能并不托管于你的国家。如果你从欧盟转移客户信息到美国，可能受到隐私法的影响。例如，在欧洲，公司收集个人信息必须得到消费者的授权，并且消费者可以查阅信息；雇主不能阅读雇员的私人电子邮件；公司不能在未经消费者许可的情况下跨越边界共享数据；收银员无权询问你的电话号码。1995 年的欧盟数据保护指令创立了一个数据保护机构来保护公民的隐私。

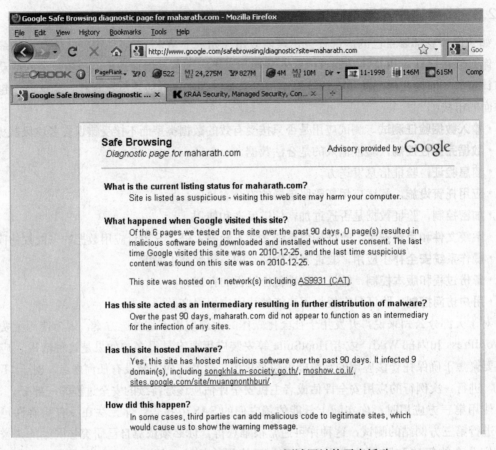

图 10-2 用 Google Safe Browsing 测试网站的恶意活动

如果你于一个限制或者企图限制社会化媒体网站的国家中运营一个公司，那么你的市场策略必须考虑到这一点。你必须知道消费者对你的社会化媒体平台有何访问权限，以及你能通过这些平台提供何种数据。

社会化媒体平台的用户也必须了解并进行有关知识产权、版权法和正确使用 Creative Commons 许可媒体的培训。将文章复制到博客帖子或者共享你在互联网上找到的信息很容易，但是这也很容易侵犯其他人的权利。你必须实施合适的工具以验证与这些标准的符合性（是否遵守了这些标准），包括使用数据丢失预防技术对公司计算机和通信设备上的程序和数据进行监控。

在标准的业务时间里进行社会化媒体的个人使用可能导致生产率的下降，如果你实施数据丢失预防工具，就可以很容易地监控员工的行为，并且发现他们何时将太多的时间花在个人活动上。在监控之前，和人力资源部一起确定公司的禁止行为，这些禁止行为可能包括下面列出的某条或者全部项目：

•参与任何非法或者破坏公司政策的交谈。

- 使用其他人的密码访问其他资源。
- 在公司电脑上安装私人的软件。
- 通过社会化媒体网站交流过多有关公司的信息。
- 影响公司声誉。
- 查看禁止的网站，例如涉及赌博、成人素材的网站或者其他非法的网站。
- 开展个人的业务。

10.3　控制手段的审核

一旦你实施了社会化媒体策略并且部署了控制措施，就必须知道你是否遵循了最佳实践，并且确定员工是否坚持你的策略、IT 和社区管理员是否确实地按照你的流程执行。就像对其他的安全流程一样，必须有一致性的审核。

为了保持合理的成本，在管理中采用控制自评估过程（control self-assessment process）是经济的解决方案，也是不断发展的一个趋势。控制自评估是管理层评估自己的风险和任何过程控制的一套方法。为了监控与公司社会化媒体策略的符合性，管理层可以创建一系列控制调查问卷，列出策略的指导方针 / 目标，然后将调查表分发给所有受到策略影响的人。调查结果应该由独立方记录。这些结果可以很容易地转换为本章前面讨论过的风险评估。我们在第 4 章中提供了更细粒度的风险视图和威胁评估方法。

社会化媒体使用的每个托管应用或者软件，不管是启动市场活动的网站还是监控社会化媒体使用的网站，都应该有一个审核流程，这个流程能够确保与公司策略的符合性。你可以把这些工具分为 IT 安全人员或者社区管理员用来审核员工社会化媒体使用（在工作中以及业余时间）的工具，以及审核实际业务流程能力的工具。使用社会化媒体的业务流程可以进一步审核，例如，确定市场活动与社会化媒体需求，或者国家法规的符合性。下面是两个用于审核社会化媒体网站的独立流程。

10.3.1　内部安全工具和社会化媒体网站审核步骤

按照下面的步骤审核内部安全工具和网站：

1）**流程管理**，审核将社会化媒体集成到 IT 安全模型的规程。
2）**监控**，审核监控公众和员工社会化媒体评论的规程。
3）**报告**，审核社会化媒体活动生成的报告。
4）**事故管理**，审核处理社会化媒体网站事故的活动和规程。
5）**员工教育**，审核对员工进行社会化媒体危险性教育的规程。
6）**研究**，审核对社会化媒体工具的持续更新和了解形势变化的研究过程。
7）**策略**，每年更新有关社会化媒体安全实践的策略。
8）**清点库存**，定期评估用于社会化媒体业务实践的软件工具和网站。

9）**软件**，测试应用软件中所有可能导致黑客进入的漏洞。

10）**网站审计**，调查和报告业务使用的第三方托管应用的所有更改。

11）**代码审核**，审核并测试用于社会化媒体的所有内部应用代码。

12）**用户访问**，审核对社会化媒体工具的所有用户访问。

10.3.2 外部社会化媒体网站审核步骤

按照如下步骤审核公司对外部社会化媒体网站的使用：

1）**简档信息**，审核所有公司简档和从公司官方账户发出的信息。

2）**公司搜索**，搜索所有可用的简档，确认没有人使用虚假的公司简档。

3）**数据准确性**，审核公司张贴的数据的准确性。

4）**品牌**，审核所有公司有关材料，确保设计元素符合所有品牌及市场需求。

5）**内容**，审核内容以及显示方式，确定其符合公司标准。

6）**张贴**，审核张贴过程、张贴所需的授权以及帖子的批准过程。

7）**反馈**，审核反馈的处理方式以及回复的内容、准确性和及时性。

8）**工具**，审核可能影响或者改变业务流程的新技术和网站。

9）**客户通知**，审核客户通知的方式，以及客户在公司社会化媒体使用中可能需要的策略和信息的可用性。

10）**跟踪**，分析来自跟踪工具的数据，确保管理和捕捉有关社会化媒体活动的正确数据。

11）**研究**，审核对社会化媒体工具持续更新的研究过程，以及对不断变化的社会化媒体形势的研究过程。

12）**用户访问**，审核所有授权人员的社会化媒体帖子。

10.4 小结

社会化媒体运营必须和其他应用操作一样得到管理。所有应用，不管是由第三方提供的还是在内部托管，都有固有的技术弱点。使用这些应用的员工必须知道不同的工具或者网站构成的危险。IT、社区管理员、人力资源、市场和法律部门必须协作确保所使用的工具不仅符合业务功能需求，还符合好的安全实践需求。

改进检查列表

- 你是否用合适的工具监控员工和公众的议论？
- 所有工具的使用是否有批准的流程？
- 你是否对员工进行了社会化媒体中使用的工具及使用方法的教育？
- 你是否对社会化媒体平台进行了和其他软件工具一样的审核？

第 11 章

声誉管理：战略与协作

互联网带来了令人惊叹的机遇和自由度，但是随之而来的是风险，任何人用一台相机和一个互联网链接就能导致很大的破坏，就像在这个案例中一样，几个人的破坏使得在全国以及世界各地的 60 个国家中 12.5 万名 Domino 员工的辛勤努力黯然失色。

——Tim McIntyre，Domino's Pizza 负责通信的副总裁

不管公司是否喜欢，社会化媒体都是市场中不断增强的力量。关于公司产品、服务或者社会化媒体中的作为的破坏性言论都如同病毒般传播。和人们相互对品牌进行正面推荐的口头营销相反，负面的议论可能散布更快，并且在几个小时之内对公司得之不易的声誉和品牌造成毁灭性的破坏。那么，如何才能保护公司品牌免遭这样的风险？本章讨论你在主动管理围绕声誉的控制行动中所能采取的步骤。到目前为止讨论的工具只能为你提供信息，现在你必须利用这些信息，采取措施保护你的品牌资产，并且了解所有对你公司名誉的攻击。在本章中，你将学习如下方法：

- 辨别标志和品牌之间的差异；
- 主动管理声誉；
- 参与你的在线社区；
- 管理危机；
- 利用事故管理来减少有关声誉的风险。

11.1　案例研究：Domino's 声誉攻击

2009 年 4 月，两名 Domino's 的员工在 YouTube 上发布了 4 段简短的视频，展示了他们在提供给客户的食品上做了一些令人作呕的事情[⊖]。一整晚，这些视频通过社会化媒体渠道疯传，由于读者众多的《The Consumerist》等博客转发了这一故事，主流新闻媒体很快进行了报

⊖　David Kiley，《Domino's Pizza YouTube Video Lesson: Focus on Standards and Pack Your Own Lunch》（Domino's Pizza YouTube 视频的教训：注意各种标准，自己准备午饭），《彭博商业周刊》（2009 年 4 月 15 日），网址：http://www.businessweek.com/the_thread/brandnewday/archives/2009/04/dominos_pizza_youtube_video_lesson_focus_on_standards_and_pack_your_own_lunch.html；Taly Weiss，《Crisis Management: Domino's Case Study Research》（危机管理：Domino 案例研究），TrendsSpotting（2009 年 4 月 22 日），http://www.trendsspotting.com/blog/?p=1061。

道，该公司陷入了一场公共关系危机。在一天里，这些视频在 YouTube 上的单击量大约为 100 万次，Domino's 的声誉被放到了放大镜下面，人们攻击该公司的食品和服务的质量。Domino's 必须快速行动，恢复消费者的信心并且修复失去的品牌资产。据 Domino's 2009 年第二季度的盈利报告，该公司在事件发生后几周内销量遭受了短期的下滑，估计该季度国内的可比店销售量下降 1%~2%。

11.1.1 什么方面出了问题

第一个问题是 Domino's 对员工在社会化媒体网站上的行为没有多少控制，它首先应该做的是发出更强有力的回应。他们最初发出的消息称，已经追查这两位员工并予以解雇，并且有确切的证据逮捕他们。尽管他们试图将这些视频撤下，但是这些材料已经遍布互联网。Ad Age 报道说，由 BrandIndex 衡量的 Domino's "Buzz" 评级从 22.5 下跌到 13.6。Domino's 的质量评级也从 5 暂时下降到 −2.8。

第二个关键的问题是 Domino's 的响应时间，事件发生超过一天之后公司才开始做出反应。在社会化媒体界，在 YouTube 上，一天就会给超过 100 万人留下坏的印象，在 Twitter 上可能还要更多。他们在哪里部署了社会化媒体监控以立即报告对该品牌的任何评论？应该部署监控，立即通知公司所发生的事件。

第三个问题归结到内部控制。有关正确使用社会化媒体的培训能够影响员工，使他们不去张贴这样的视频吗？我们无法回答这个问题，但是糟糕行为的底层问题理论上可以用更好的内部培训和交流加以避免。如果视频是从手机上张贴的，该公司可能无法拦截发往 YouTube 等网站的视频。如果是从公司的电脑（在这个案例中不太可能）发出的，他们可以阻止对 YouTube 之类网站的访问。

11.1.2 他们做了什么正确的事

最终，Domino's 在对这次声誉攻击的响应中做了几件正确的事情。首先，该公司启动了一个 Twitter 账户 dpzinfo 开始进行正面报道，并且重复发送他们的信息。其次，该公司积极尝试将那些视频从 YouTube 上撤下。这些帖子很快就被公司找到，危机管理团队开始保护公司并处理这个问题。再次，Domino's 没有试图掩盖这个问题，它正面地处理问题，并且通过社会化媒体渠道与客户交谈，让客户知道公司正在解决问题。最后，Domino's 组合各种缓解手段来重建它的声誉。该公司启动一个新的反馈活动，讨论其产品和配料的质量，了解客户对视频安全的关注点，证明他们注意听取客户的意见。

11.2 毁灭品牌资产的企图：从标志到品牌

在第 8 章中，我们提到了对公司知识产权、商标和版权包括公司标志的保护。在这里，我们要区分标志和品牌，标志是公司品牌的标识，而品牌是公司整体观念的象征。

从客户的角度看，标志和口号能帮助识别公司销售的产品和服务。作为世界上持续时间最长和最受公认的标志之一，可口可乐公司的标志——红色背景上的草书字母——为大部分人熟知。一些全球性的移动电话制造商如 Nokia 和 Motorola 设置默认铃音，播放自己的特征声音。标志是很实用的，它们帮助当前的客户、潜在的客户、股东、员工、媒体和其他利益相关方辨别公司的产品和服务。

另一方面，品牌是你对一家公司或者一个产品的看法，是在你与该公司合作期间，通过公司对交付高质量产品和服务的承诺建立起来的。公司的广告以及从媒体和朋友、家人那里听到的有关该公司的评论进一步地推动你的品牌意识。在互联网时代之前，我们主要通过少数几个接触点体验品牌，其中最重要的是店内购买、电视广告、印刷媒体或者电话调查。互联网出现后增加了接触点，包括公司的网站和网上连锁店。社会化媒体进一步增加你与公司的接触点，包括公司的 Facebook 页面、Twitter 账户、博客、YouTube 频道、支持论坛和观念市场。此外，社会化媒体提供了许多曝光的途径，从单独帖子到论坛、博客、维基百科、Twitter、Flickr 之类的照片分享网站以及 Yelp.com 和 TripAdvisor.com 等推荐网站。

个人现在可以分享他们在各个品牌上的体验，体验可以是正面的，也可以是负面的。2010年，西南航空公司根据他们的"客座尺寸"政策将演员 / 导演 Kevin Smith 赶下飞机。西南航空公司对于这将激怒 Twitter 上 Kevin 的 140 万追随者知之甚少（http://abcnews.go.com/WN/kevin-smith-fat-fly/story?id=9837268）。也是在 2010 年，当雀巢为 KitKat 产品创建一个 Facebook 页面时，该公司被环境保护人士打了一个措手不及，这些环保人士利用社会化媒体发起针对该公司的战争，指责该公司购买棕榈油制作块糖。（http://online.wsj.com/article/SB10001424052702304434404575149883850508158.html）2006 年，一位 Comcast 技术人员在等待自己的客户服务热线回复电话时，在客户的沙发上睡着了；这段视频多年以来被数百万人观看过。互联网上的东西总是挥之不去，不管是在博客、Twitter 流、Facebook 账户或者其他地方，人们总是谈论有关品牌的事情，而且肯定不会害怕分享负面的体验。

11.3　主动管理你的声誉

一旦发生了损害，首先要考虑的应该是能否从 Web 上撤下相关的内容。一方面，将内容留在网上同时公开地应对人们的关心并且修复问题，能够将不好的局面扭转为大的胜利。Domino's Pizza 正是通过在公众面前悔过和危机管理活动，以及支持对公司运营本质上的改变（包括改进培训、符合性和监控工具，在组织内部全面强调质量等）来做到这一点的。该公司的总市值在事件发生后 18 个月内翻了一番。

另一方面，请求删除攻击性的内容也要有好的理由，这可以通过联络帖子的作者、通知社会化媒体平台，利用法律援助以及使用搜索和社会化媒体优化埋藏负面议论等方法来完成。

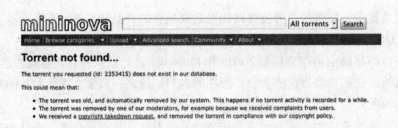

图 11-1   在 http://www.mininova.org/com/2353415 删除 Mininova 的种子

11.3.1   联络帖子作者和域所有者

当喜剧演员 Louis CK 发现一个新节目的非法传播种子时，他很简单地用一条友好的消息联络上传内容的人：

"你好，我是 Louis CK。能请你把这个种子撤下吗？这个节目还在制作中，并不打算在互联网上传播。从个人角度，文件共享对我来说没有问题，如果你从我在市场上的 DVD、CD 中取得内容，并且将其上传以供免费下载，我不在乎。但是这是一个艺术和个人的请求。请将这个种子撤下，谢谢。[⊖]"

在许多情况下，这样彬彬有礼的联系是很容易被人接受的，能够引起热情友好和明智的讨论，最终得到删除素材的结果，正如图 11-1 中所看到的那样。在某些情况下，什么事情都没有发生，更糟的是，情况可能由于作者或者域所有者后续的帖子而变得更加恶劣。但是，在各种情况下，第一次的联系都不应该由律师进行，也不应该使用禁止令（更多这方面的内容参见"诉诸法律手段"）。

如果你的公司有很好的事实依据来支持对素材的主张，那么至少值得在攻击性帖子上张贴一个官方的辩驳评论，表明你正在听取和处理这个问题。

11.3.2   要求删除内容

在许多情况下，当攻击性帖子的作者拒绝删除时，联络社会化媒体平台的所有者并且要求删除可能是值得一试的手段。Flickr、YouTube、Blogger、WordPress、Twitter、LinkedIn、Wikipedia、Yahoo!、Google 和其他服务都有明确的政策，并且提供删除素材的流程。在图 11-2 中，一个用户试图寻找删除攻击性内容的方法（http://www.google.com/support/forum/p/youtube/）。除非内容符合 YouTube 不当素材的条件，否则删除内容可能很困难。这些政策通常专属于平台，根据可能引发不快的内容类型制定。

例如，Blogger.com 将会删除确定为攻击性、有害或者危险的内容，例如对受保护集团的

⊖   Mike Masnik,《Comedian Louis CK Gets BitTorrent Removed by Asking Nicely》（喜剧演员 Louis CK 通过亲切的询问删除了 BitTorrent ），TechDirt（2009 年 4 月 20 日），网址：http://www.techdirt.com/articles/20090420/0246494561.shtml。

憎恨、成人或者色情图像、危险和非法活动的宣传、容易发生仿冒或者账户劫持的内容以及假冒的用户身份。另一方面，对于删除代表个人攻击或者被控诽谤，模仿或者讽刺个人，令人不快的图像或者语言，以及政治或者社会评论等内容，Blogger.com 要求有法院的命令。

　　Wikipedia 描述了几个删除文章的理由（http://en.wikipedia.org/wiki/Wikipedia:Deletion_policy）：

- 侵犯版权和其他违反 Wikipedia 非自由内容条件的素材。
- 涂鸦行为，包括煽动性的重定向，只用来表现诬蔑性语言的网页、明显的胡言乱语、莫名其妙的语言。
- 广告或者其他没有相关内容的垃圾内容（但不是与广告相关主题的文章）。
- 内容分支（除非正确地进行合并或者重定向）。

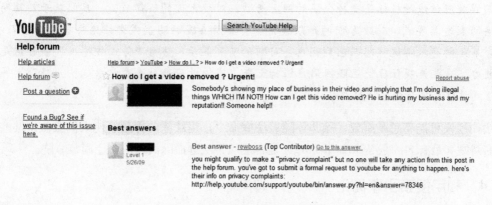

图 11-2　用户对诽谤性视频的忧虑

- 不可能出自于可靠来源的文章，包括新词、原创的理论和结论，以及恶作剧的文章（不包括描述著名恶作剧的文章）。
- 完全无法找到可靠证据的文章。
- 不符合相关的主要指导方针的文章。
- 多余或者无用的模板。
- 超越分类法的分类表示。
- 未用、废弃或者违反非自由政策的文件。
- 与现有的单独命名空间策略相悖的文章、模板、项目或者用户命名空间用法。
- 任何不适合用于百科全书的其他内容。

　　Wikipedia 还建议了许多删除的替代方法，包括编辑、合并、重定向、讨论、酝酿、包含在其他 Wikimedia 项目中，以及令人不快的内容的存档。Wikipedia 的定义说明：请求服务所有者删除素材的策略和流程对于服务本身来说是特有的，并且需要定制的方法。

　　请求作者或者平台所有者删除内容的时候，速度是至关重要的，因为读者和查看者往往会下载内容编辑、重新合成并且发布新修改的版本。

11.3.3　诉诸法律手段

如果客气地与作者联系失败，并且平台所有者拒绝删除内容，那么你可能要考虑法律手段。例如，佳能（美国）公司发出撤除 Fake Chuck Westfall 博客（fakechuckwestfall.wordpress.com）的要求，该博客托管在 WordPress.com 上。

法律手段是一个选择。但是，在使用法律手段联络作者或者平台所有者之前要理解一点，这种压制在线内容的努力可能导致不希望的结果，将更多的注意力引向攻击性的素材上。有时候作者张贴他们接收到的"停止并终止"警告信，或者将警告信发送给研究法律投诉和与在线活动相关威胁的网上数据交换网站"寒蝉效应组织"（Chilling Effects Clearinghouse, http://www.chillingeffects .org/）：

> 寒蝉效应组织的目标是支持合法的网上活动，对抗无理的法律威胁。我们对于互联网为个人提供的表达其观点、对政客们的幽默模仿、赞美所喜爱的明星或者评论公司的机会而激动，并且为不是所有人都这样想而感到忧虑。目前的研究显示，不管"停止并终止"警告信是否有法律效力，这些声明往往使互联网用户保持沉默。寒蝉效应项目寻求记录这些"恐吓"并且将警告信的收信人拥有的合法权益告诉他们。

法律手段可能不总是有效，除非伴随着法庭命令，用法律的力量迫使人们服从。某些揭露事实的网站（最有名的是 WikiLeaks.org）是否屈从于法庭撤除内容的命令尚待分晓。

11.3.4　利用搜索引擎优化

管理网上负面议论的一种独立和并行的方法是主动地控制相关关键词的搜索引擎结果页面（Search Engine Results Page，SERP）。这么做的目的是通过主动的搜索引擎优化（Search Engine Optimization，SEO）和社会化媒体优化（Social Media Optimization，SMO）加强前十个搜索结果的安全，拥有关键词搜索引擎结果的第一个页面。

这个过程必须首先确定哪个关键词最重要，并且创建新的内容或者新的博客，增加正面评论的现有网页。添加新的域、子域和顶级域，并在具有高权威性的外部网站上添加正面的内容，这些做法都是有用的。从享有盛誉的外部网站请求新内容以构建链接。创建和管理新的社会化媒体能够添加得到良好索引的新网站，从而对 SEO 工作加以补充。例如，精心管理的 Twitter、Yelp、YouTube 简档和内容以及企业博客很容易升至关键词搜索引擎的前列。为了更好地理解 SEO，你可以参看 Wikipedia（http://en.wikipedia.org/wiki/Search_engine_optimization）或者好的付费资源，如 SEOBook（www.seobook.com）。

11.4　社会化媒体战略的禅意和艺术

1974 年，Robert Pirsig 在从明尼苏达到加利福尼亚长达 17 天的摩托车旅程中写出了一本富有哲理的小说——《Zen and the Art of Motorcycle Maintenance》（摩托车维护的禅意和艺术），这本书探索了质量的含义，从世界的理智与浪漫两个方面去认知现实。这意味着开发一个人的科学思维，并且接受他的创意和直觉的判断。"本书说明，摩托车的维护可以是枯燥乏味的苦差事，也可以是快乐舒适的消遣；这一切都取决于态度。[⊖]"

同样，成功的在线声誉管理需要类似的定性方法，包括不断监控有关你的公司的活动，以及理解以正确方式参与并对机遇和察觉到的威胁做出反应所需要的技巧。我们在第 10 章中介绍了许多跟踪活动的工具。对于收集到的数据所做的处理才是声誉管理的最终结果。

许多时候，持续交付杰出的产品和服务能够产生热情的用户社区，这些用户高举公司的旗帜并原谅公司的错误。但是，如果交付的产品和服务经常出现不合格的情况，那么公司必须采取主动的措施改进其流程，同时必须对公司采取的措施保持透明度。

这种社会化媒体定性方法的替代方法是以"救火"模式管理和运营，公司对于最轻微的负面议论也过度地反应。而且，公司可能采用太多科学性的方法，从而招致疏远在线社区的风险。

11.4.1　当市场活动出现问题的时候

McNeil Consumer Healthcare 碰到了一个问题：他们的市场活动遭到了一些畅所欲言的目标客户（儿童的母亲）的反对。他们的止痛药 Motrin 的新广告巧妙地声称能够帮助母亲们应付由于背负婴儿引起的背部疼痛。但是，一些母亲通过流行的博客和 YouTube 频道强烈表示她们对这个新广告的厌恶，认为自己受到了公司的歧视。简而言之，她们觉得比起自己的孩子，Motrin 才是新的头痛成因。作为反应，这条 Motrin 广告很快就被撤掉了。

当然，广告活动极其重要，大部分公司不会简单地将所有宣传活动转换到社会化媒体。不同之处在于，应该意识到对你的品牌感兴趣的用户在线社区的存在。不仅如此，还要参与在线社区，特别是通过公司确定的社会化媒体形象参与。通过开始与网上的单独消费者和谐相处，你能够开启新的沟通渠道，并且在想法付诸实现之前进行测试。你还可以在出现问题的时候求助于这些人，得到可靠的建议和公开的支持。参与这类交流还能使你避免实施过于激进的宣传，因为在此之前你已经觉察到了社区的反应。

在建立与社区的亲善关系时，在所有交流中都要符合法律规章（例如医疗行业中的 HIPPA 法规）以及职业的礼节，从而体现公司的价值。必须澄清和理解客户和公司之间的界限，以免使热情的社区成员失望。在确实有参与的愿望时，人们应该不会有被利用的感觉。

市场、广告和公共关系领域变得越来越数字化和技术化，这意味着 IT 部门更多地接受有关建立新型交互平台的咨询，包括宣传活动、产品博客甚至为消费者建立的品牌社会化网络。这为 IT 提供了管理安全风险，同时宣示新兴数字技术的能力和局限的机会。

11.4.2　创建自己的社会化网络

社会化媒体中的大部分宣传活动从头到尾遵循预先确定的时间安排。宣传可能涉及通过

⊖　Wikipedia，网址：http://en.wikipedia.org/wiki/Zen_and_the_Art_of_Motorcycle_Maintenance。

Facebook 页面、迷你网站或者游戏进行的比赛，也可能通过定期事先通知的折扣进行，例如在 Twitter 的 Dell Outlet 账户上（http://twitter.com/delloutlet）。预算有限的公司可以用 Ning.com 或者 Socialgo.com 这样的服务建立自己的网络，这些服务都是能够简化创建社会化媒体平台工作的自动化服务。利用这些服务，你能够在具有很少技术知识的情况下创建自己的社区。

SocialGO 管理员界面如图 11-3 所示。正如你所看到的，你可以为自定义的社会化网络组合功能和小部件，例如博客功能、改进 SEO 能力、创建 RSS feed、自定义版面设计和选择简档问题，在一天内启动它。至于如何得到用户则是另一个问题。

长期的投入包括品牌社区或者消费者专用社会化网络的创建。用 SocialGO 之类的服务启动社会化网络并不能产生用户基础，你必须建立知名度。协会和非盈利机构以及一些零售业、媒体和其他行业的大公司都在建立这样的社区，实例包括 Reebok 的 RunEasy、Nike+、MarthaStewart.com、MyStarbucksIdea 和 MTV 的 Thinky。你在图 11-4 中 MTV Thinky 示例中可以看到，MTV 平台将社区活动与购买和产生收入联系起来，并且链接到 MTV 的 Facebook 页面。

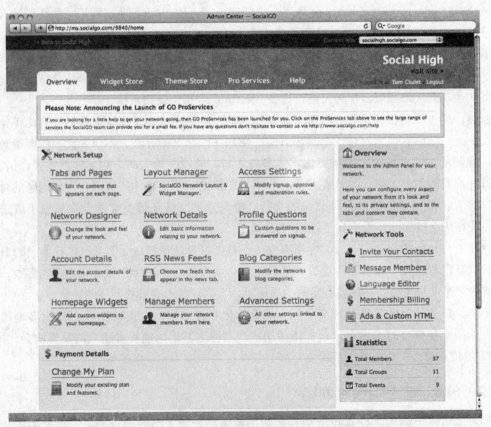

图 11-3　SocialGO 自定义社会化网络创建平台

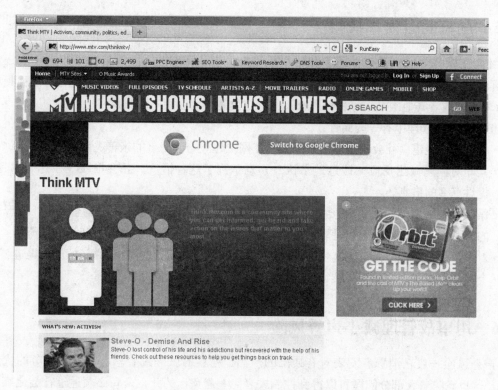

图 11-4　MTV 的定制社会化网络 Think

　　这些网站可能很复杂，从技术上和创意上都难以构思、设计和实施。中小型企业可以使用 Ning 或 SocialGO 来最小化成本，而 Reebok 和 MTV 这样的公司具有专门的开发资源。大部分成功的专用社会化网络与公司产品和价值紧密结合，给用户一种与志同道合的人联系的感觉。

　　但是，定制的社会化网络的风险较高。大量构想拙劣的社会化网络被用户抛弃。Google Buzz 就是一个例子，尽管有了 Google 这种庞然大物的支持，该网络仍然无法启动——但是 2011 年 7 月启动的 Google+ 成为 Google 进入社会化媒体的最新尝试，目前已经有了超过 2000 万用户。我们来回顾这一年它的作为。Friendster.com 是 Facebook 的先驱，但是却成了社会化网络中另一个不成功的例子。失败的原因多种多样：平台不能提供创造性的价值，没有与其他人联系的实际机制或者理由，或者由于网站拙劣的用户界面决策，使得和其他人的联系和沟通很困难，功能太少或者太多，网页加载缓慢等。在创建自己的社会化网络之前，考虑以下内容：有关参与条件的任何法律后果，用户隐私，内容张贴和审核，内容存储、分发和归档，以及用户详情的存储，特别是来自具有严格数据库法规的其他国家用户。最后，安全性在处理消费者及其创建的内容时是首先要考虑的，泄漏和其他漏洞可能造成对公司声誉的严重打击。

11.5 危机的时候你找谁

社会化媒体危机对于每个行业和每个公司来说都是特有的，因为情况可能出现在任何地方。消费者很容易发表他们的不满，甚至只是从他们的手机上拍摄一张照片或者一段视频发送到 Facebook 或者其他网站。每种情况都不同，这就是公司必须不断跟踪网上议论的原因。

但是，危机管理中有一些共性：

- 尽可能快地建立社会化媒体形象，开始在网上建立与消费者的亲善关系。
- 立即对问题做出反应，诚恳地承认公司意识到了这种情况，并会很快（在几个小时内）提供更多的信息。
- 保持有关情形的沟通；不要等待更多可用的信息，而是回应你正在调查危机，解释调查的方法，在更多信息可用时立刻传达。用实际的业务流程和决策支持开放的交流。
- 对于希望私下与公司交流其忧虑、意见、问题和建议的人，应该建立新的沟通渠道。
- 个人消费者合理的担心应该得到公司的注意、承认和问题的解决方案。

11.6 用事故管理减小声誉风险

声誉风险一般在消费者发表对有缺陷的产品、糟糕的服务或者恶劣的客户服务的忧虑时发生，这也意味着大部分问题可以得到控制或者完全避免，为此，公司必须通过社会化媒体渠道，在危机发生之前、发生期间和发生之后进行高质量的沟通，实施确保产品、服务和客户服务质量一致性的业务流程。

公司可以在消费者张贴其不满评论之前，在交货地点发现服务和客户服务的缺陷。大部分问题可以当场解决（在客户回到家里编写一个博客帖子或者从智能电话上发出 Tweet 之前），这可以通过授权员工在危机期间确认和解决问题来完成。通常，立即解决问题能够将负面的客户服务转化成正面的客户体验。事故管理的第三阶段发生在危机之后，这时公司发现了受到侵害的消费者在社会化媒体上的议论。

这 3 个阶段都涉及不同的业务过程和事故管理响应。第二阶段涉及培训、授权和监控员工，确保他们维护消费者的最大利益。第三部分涉及有关公司品牌评论的在线监控，以及相伴的问题解决机制。对安全事故的正确响应包括但不限于如下内容：

- 快速确定和分类卷入事故的社会化网络中危机的严重性。
- 持续监控与事故相关的任何数据或者事件。
- 确定社会化网络上共享的数据或者信息的实际风险。
- 修复、修补或者改正造成安全事故的状况或者错误。
- 回顾事故的发生情形，如果超出了公司的控制，重新跟踪时间基线。
- 确定安全事故是否达到特定规章要求的报告级别。
- 缓解安全事故的任何有害影响。

- 完整记录安全事故，以及原因和响应。
- 扩展安全事故知识库，以避免未来再次发生，改进培训和意识程序，并修改规程。

11.7　小结

本章介绍了公司声誉的潜在风险以及事故管理和问题解决的技术和过程。网上出现负面的评论时，公司应该探索许多相关的途径来解决问题和最小化负面影响。但是，建立和保护你的声誉的最佳途径是始终如一地交付高质量的产品和服务。

改进检查列表

- 你是否有处理在线危机的计划？
- 你是否有监控品牌何时被评论的工具？
- 你是否有从事故中学习以改进响应能力的流程？
- 你是否有与在线社区一起主动保护声誉的流程？

第四部分

监控与报告

第 12 章

人力资源：监控与报告

在本书前面的各个部分，我们介绍了如何针对社会化媒体弱点评估当前环境、确定对你声誉和安全性威胁的方法，以及实施运营指导方针的工具和技术。在这个部分中，我们介绍监控和报告措施，你必须实施这些手段，才能了解公司和公众领域中发生了什么。如果你不能度量你的活动，就永远不知道在社会化媒体安全上是否有进步。

我们在第 4 章中讨论过，公司面对社会化媒体渠道上的许多威胁。这些威胁本质上包括：机密信息的丢失、黑客通过社会化媒体平台上的网络安全弱点进行访问、知识产权的挑战，以及客户关系问题。我们在第三部分中研究了许多控制手段，现在，我们在第四部分中转向对社会化媒体活动的有效监控和报告。

监控和报告流程的第一步当然是我们的 H.U.M.O.R. 矩阵中的人力资源部分。监控跟踪机密数据丢失、行业规章的符合性，并使声誉管理成为可能。需求和部门职责必需清晰定义，HR 定义的社会化媒体策略必须随着环境的变化实施和管理。

根据 Job vite Survey 2009 年的调查，75% 的公司使用 LinkedIn 进行背景调查，48% 使用 Facebook，26% 使用 Twitter（http://recruiting.jobvite.com/news/press-releases/pr/jobvite-2009-socialrecruitment-survey .php）。对于招聘的目的，95% 的公司使用 LinkedIn，56% 使用 Facebook，42% 使用 Twitter。尽管社会化媒体可以作为 HR 部门的一个推动力，但是许多 HR 部门将社会化媒体看做生产率的损失和法律责任的来源。根据 2009 年 Ethos 商务法务公司 / Russell Herder 的社会化媒体调查，51% 的公司害怕生产率的损失，49% 害怕声誉损失，80% 害怕社会化媒体成为法律责任。为了确保社会化媒体的安全，人力资源部必须将监控作为日常实践的一部分，监控的内容范围从跟踪浪费时间的人到非法的活动。

鉴于 HR 将社会化媒体作为雇用和解雇员工的一个工具，需要有更好的员工监控流程。在本章中，我们讨论人力资源部如何在开发公司监控和报告解决方案中担任一个积极的角色，包括制订监控员工的规则以及公司必须遵循的符合性措施，定义员工在社会化媒体可以从事和不能从事的工作的基线需求，并在组织内部宣传策略。

12.1 案例研究：Facebook 帖子导致解雇

2011 年 3 月，纽约州 Yorktown 学区因为一个"恶作剧"Facebook 帖子解雇了 5 名员工[⊖]。这 5 名员工将另一名员工捆绑起来，在校园里拍下照片。然后他们在 Facebook 上张贴了这张照片，在校园和维护主管接受到一条消息之后，管理员才发现了这一事件。这一事件没有被任何监控软件标记出来。尽管由于被捆绑的员工也是玩笑的参加者，所以没有发生任何指控，但是这些员工仍然遭到解雇。其中一位员工试图要回自己的工作，因为被捆绑的员工没有遭到骚扰或者欺辱，所以他们可能认为这不是个问题，但是校区的想法不同。

许多争议都源自于解释。在这个案子中，HR 部门没有主动监控与学校相关的事件。他们本可以做得更好一些，部署主动的监控解决方案，而不是在社会化媒体领域里发生需要处理的不恰当事件时依赖于口头通知。HR 不能依靠临时性的方法，他们还可以在社会化媒体策略中定义学校的详细情况和关系中哪些可以在社会化网络中使用，哪些不能使用。试图要回工作的员工可以质询学校：为什么没有深入的现行社会化媒体策略？有没有书面的策略定义了正当的行为？员工是否进行了原则和规章的培训？

在与雇佣以及解雇相关的新闻中，基于社会化网络的信息越来越盛行。至于解雇条件如何构成或者什么样的帖子会妨碍人们得到工作，仍然没有清晰的答案。

12.2　人力资源部进行的监控

IT 应该能提供正确的工具，监控员工活动和有关公司的公开信息。我们在第三部分中讨论了许多可用的工具。公司的声誉直接与员工的活动相关，但在业余时间员工的行为准则还没有定义。当员工在工作时输入一条消息，然后在家中将消息张贴到他的 Facebook 页面上时就产生了一个难题。2008 年 8 月，Burger King 的一位员工在 YouTube 和 MySpace 上传了一段视频，展示他在饭店水池里洗澡的情景[⊖]。卫生部门和 Burger King 的管理层介入了这一事件，该员工遭到解雇。但是，Burger King 还必须回应公众以保护其品牌。Burger King 的第一反应是"我们已经消毒了事故期间使用的水池，并且处理了所有其他厨房用具和器皿。我们还对涉及这段视频的员工采取了合适的改正措施。此外，这个饭店中的其余员工已经重新进行了卫生和消毒规程的培训。"不同新闻网站对关于此事的评论对 Burger King 初期反应持否定的态度。

如果员工与公司有关的个人帖子可以被看做诽谤，或者成为客户或者竞争者的目标，HR 必须知道所要采取的措施。法律已经覆盖了有关诽谤、泄密和知识产权盗窃的社会化媒体帖子。应该对员工在非工作时间的帖子进行某种级别的监控，以跟踪实际的评论。这可以通过公司名称和与公司相关的关键词的在线评论一般跟踪来完成。在第 14 章中，我们会更详细地讨

⊖　Plamena Pesheva,《One of Four Yorktown School District Employees Fired After 'Practical Joke' Seeks Reinstatement》（4 名"恶作剧"之后被开除的 Yorktown 学区员工之一寻求复职），Yorktown Patch（2011 年 3 月 25 日），网址：http://yorktown.patch.com/articles/one-of-four-yorktown-school-district-employeesfired-after-practical-joke-seeks-reinstatement。

⊖　《Burger KingWorker Fired for Bathing in Sink》（Burger King 工作人员因为在水池中洗澡而遭解雇），MSNBC/ 美联社（2008 年 8 月 12 日），网址：http://www.msnbc.msn .com/id/26167371/ns/us_news-life/。

论具体工具的监控功能。如果员工有公司的便携电脑，你可以跟踪便携电脑的使用和所有从该电脑发送的数据，因为它是公司的资产。但是，如果你监控特定员工的社会化媒体账户，就可能会跨越隐私的红线。法院尚未确定社会化媒体监控中合法越线的定义。

公司跨越红线的一个明确实例是 2006 年 Hewlett Packard 雇用转包商进行的员工私人调查[⊖]。调查者使用了存在争议的"假托"（pretexting）方法，以欺诈的手段获得电话记录和个人信息。AT&T 通知 HP 的董事 Thomas Perkins，有人让 AT&T 的客户服务代表将 Perkins 的电话记录发送到一个 Yahoo! 的电子邮件账号。这种类型的信息跟踪和收集远远超出了监控公众社会化媒体帖子的范围，可能已经违反了 2006 年的《电话记录和隐私保护法案》（Privacy Protection Act），该法案认定假托——以虚假的借口获得电话记录——是犯罪行为。许多员工因为在处理员工监控中拙劣的判断力而辞职或者遭到解雇。如果公司预先部署了正确的监控工具，可能就没有必要采用这种有疑问的手段。

员工必须了解任何监控活动。通过培训和分发的书面策略，他们应该知道公司监控员工对机密和专属信息的透露和诽谤等活动。我们在第 7 章中已经讨论过，员工必须了解有关公司品牌形象、知识产权、可以成为朋友的人、可以支持的人、客户信息和其他机密信息的策略。

12.2.1　符合性

如果公司处于某种法规（例如 HIPAA 隐私规则）要求之下，人力资源也有责任监控员工活动。例如，如果一家卫生保健公司的员工张贴有关患者的任何信息，这名员工就违法了 HIPAA 规则，公司可能遭到惩罚。2010 年 6 月，加州 Oceanside 的 Tri-City 医疗中心被迫解雇了 5 位在 Facebook 账户上讨论患者情况的护士[⊖]。这种做法违反了 HIPAA 法规，医院必须将事件报告给加州公共卫生部，然后由其进行调查。HIPAA 违规很常见，适用这一法规的情况很容易招致解雇。

在金融界，银行和其他金融机构必须遵守广告法规。金融行业广告宣传人员在社会化媒体上可能有意或者无意地违反这些法规。规章 Z（诚实借贷）和规章 DD（诚实储蓄和透支保护）的广告原则适用于任何形式的广告，包括社会化媒体。其他影响社会化媒体使用的限制包括：

- **传统广告符合性规则**（Traditional advertising compliance rules），金融公司在广告中受到很大的限制。
- **反不正当和欺诈行为法案**（Unfair and Deceptive Acts or Practices Act，FTC 法案），如果公司在未经警告的情况下修改隐私政策或者进行追溯性的修改，该公司可能违反这项法规。社会化网络在未告知用户的情况下收集和销售信息也可能违反本法规。

⊖　Patrick Hosking，《Snooping on HP Board a Pretext for Disaster》（以灾难为借口窥探 HP 董事会），《时代》（2006 年 9 月 9 日），网址：http://business.timesonline .co.uk/tol/business/article633447.ece。

⊖　《Oceanside Nurses Fired for Facebook Postings》（Oceanside 护士因 Facebook 帖子而遭解雇），《圣迭戈 6 新闻》（2010 年 6 月 10 日），网址：http://www.sandiego6.com/mostpopular/story/Oceanside-Nurses-Fired-for-Facebook-Postings/2grZXIQTR0my9tYMH73ZqQ.cspx。

- **电话消费者保护法**（Telephone Consumer Protection Act），这个法规的一部分限制手机接收到的 SMS 文本消息，由于社会化网络在平台中集成这类文本，可能给公司造成问题。
- **E-SIGN 法规**，这个法规监管电子签名合约的有效性。
- **各州法律**，许多州都有自己的 FTC 法规变种，以及可能影响社会化媒体在业务中使用方式的其他法律。

传统监控渠道之外的新通信形式造成违法的一个例子是 vFinance 投资公司的案子。一位合规总监不能保持和立即进行电子通信[⊖]，从而违反了 1934 年的证券交易法第 17（a）和交易法规则 17a-4（b）(4) 和 17a-4（j）。这位合规总监使用即时信息和未经批准的电子邮件账户交流金融信息，该行为违反了法规。社会化网络都具备可能用于避开监控渠道（如公司电子邮件系统）的能力。

根据诚实借贷和诚实储蓄法规，试图宣传银行及其产品和服务的帖子都是必须符合披露规则的广告。如果你必须披露 FDIC 会员的官方广告声明，在 140 个字符的 Tweet 中包含这些内容就会成为难题。尽管利益相关各方强烈要求，某些监管机构（包括 FDA）尚未确定一组公司使用社会化媒体的相关政策。结果是，有些公司非常保守地看待社会化媒体，通过严格控制这些渠道上的通信和宣传活动来避免所有可能的风险。

HIPAA 安全规则聚焦于隐私限制，但是这些规则实际上在如何实现对私有数据的控制方面还很模糊。许多公司转向外部的第三方，由它们帮助实施安全控制，另外还有许多公司寻求美国医学会的帮助。但是美国医学会无法为社会化媒体帖子安全控制的实施提供好的指导。他们新的"AMA 医生社会化媒体使用政策帮助指南"相当一般。新的政策只是"鼓励"医生们管理流程，但是没有提供以下具体的实施能力：

- 在社会化网络网站上使用隐私设置最大限度地保护个人信息和内容的安全。
- 例行监控（医生）自己的互联网形象，确保他们网站上的个人和专业信息以及其他人张贴的有关他们的内容准确和恰当。
- 在网上与患者交流时保持恰当的医患关系界限，确保患者隐私和机密性得到维护。
- 考虑在网上分离个人和专业内容。
- 意识到网上的行为和张贴的内容有可能对他们（医生）在患者和同行之中的声誉造成负面影响，甚至可能对行医生涯产生不利的后果。

12.2.2　监控的焦点

HR 进行的外部监控应该聚焦于员工对客户、员工之间所说的内容，以及一般公开论坛上的帖子。市场部应该带头关注客户的正面和负面议论，必须管理与公众的语言和社会化礼节

⊖　Bill Singer，《Significant New SEC Ruling: Compliance Officer Slammed Over Emails and Instant Messages》（重要的 SEC 新规则：合规总监因为电子邮件和即时信息而遭到抨击），BrokeandBroker.com（2010 年 7 月 19 日），网址：http://www.brokeandbroker.com/index.php?a=blog&id=488。

相关的活动，包括任何对客户的潜在人身攻击、消息的内容和联系方法，以及对客户和潜在客户的跟踪。另一方面，人力资源部应该使用 IT 部门提供的工具，进行聚焦于如下方面的监控：

- **诽谤**，员工对客户或者竞争对手所说的可能被看做诽谤的内容。
- **错误消息**，员工张贴有关公司或者竞争对手的误导性信息。
- **攻击**，员工张贴的可能反映公司不足的负面评论。
- **准确性**，员工在与公众共享公司有关信息时的诚实与准确。
- **机密性**，员工破坏公司信息的机密限制。
- **披露**，员工在张贴的消息上正确地披露他们如何代表公司。

12.2.3 HR 可以禁止社会化媒体活动吗

禁止社会化媒体活动有利有弊。2009 年 Robert Half Technology 的调查发现，大约 54% 的公司禁止在工作中进行社会化媒体活动。由一家 IT 服务公司 Telindus 发起的另一个调查发现，39% 的 18 ~ 24 岁年轻人考虑离开不允许其访问 Facebook 和 YouTube 等应用的公司。禁止的策略是好是坏尚待确定。如果你禁止社会化媒体活动，在使用数据丢失预防技术时就会碰到不同的报告难题。你将更多地聚焦于对员工公开简档的监控，了解他们是否在家里谈到公司和你的客户。真正监控家庭活动的唯一途径是让员工使用公司配发的电脑并安装监控软件，或者用公司名称和相关的关键词以及关键的员工姓名进行搜索。但是，员工相当了解技术，他们可能寻找其他绕过禁令的途径；明显的途径之一是在个人和公司的移动设备上访问社会化网站和应用。如果你不监控社会化媒体活动，就失去了改正你所不知道的行为的机会。

如果你允许在工作场所使用社会化媒体，监控和报告的原则就有所不同。你可以监控活动，然后培训员工在工作中正确使用社会化媒体，你的员工可能在家里也会采用这些做法。正如我们在第 6 章的策略部分中讨论过的那样，要鼓励员工正确地与客户和公众交流，而不是完全禁用社会化媒体，这被认为是更加正面、"员工友好"和现实的做法。

12.3 如何监控员工的使用情况

你是否卷入了员工的个人生活？你是否分析了监控员工业余时间社会化媒体使用所需的工作量？公司如何确定界限、成本以及实际进行监控的方法？

如果你确定应该监控员工社会化媒体的使用，就需要确定你打算缓解的风险以及缓解这些风险的方法。正如我们已经讨论过的，你有免费和付费的工具可用，监控的内容是各个公司自己的决定。如果你监控的是员工的 Twitter 账户，假定你找出了员工的用户名，就可以查出如图 12-1 那样的 Tweet，在这条信息中，员工抱怨他的工作，可能正在打算寻找一个新的工作。

图 12-1　Twitter 上"我恨工作"帖子的实例

　　遗憾的是，找出员工的 Twitter 账户名称相当困难。如果你搜索公司名称，就可能碰上提及公司的员工。在这个时候，监控绝不是精密科学。正如你在图 12-2 中所看到的，Gary 没有将简档信息与公司名称相关，但是 Alex 则关联了 UMiami 和 BarCampMiami。如果员工没有将公司名称与简档描述关联，你可以根据链接或者使用公司名称的实际 Tweet 评论获得结果。

图 12-2　提及和未提及公司名称的简档

　　在各个行业中监控可能有很大的不同。金融和医药行业有许多必须监控的具体要求，而零售业通常更开放。规章制度正在不断发展，人力资源部必须识别应该跟踪的具体数据类型，并与 IT 系统一起开发搜索条件，使用我们已经讨论过的工具实现管理需求。

　　一旦定义了监控的需求，你就必须指定承担实际监控和报告的岗位和职责。IT 应该在什么时候与人力资源部、法律部或者市场部一同协作？谁拥有进行监控所必需的工具，谁负责使用这些工具？谁有时间进行 24 小时 / 天、7 天 / 周的监控？必须采用特殊的过滤器，帮助你寻找对公司来说重要的内容；否则，你将浪费很多时间去通读无用的搜索结果。第 14 章中，我们更深入地研究建立监控过滤器的方法。如果你的公司是基于信息的，则寻找被张贴的特定机密数据。如果你的公司是一家法律公司，你可能更关心客户的信息是否被不恰当地传播。你实际上无法预测和建立一个"员工在饭店水池里洗澡"的搜索。对你来说什么才是重要的呢？

监控潜在的法律诉讼

　　当你必须起诉员工或者前员工，或者搜集解雇的证据时会发生什么情况？当你对潜在的诉讼进行监控时，应该考虑以下几个关键的活动（当然首先要寻求这方面的法律意见）：

- 员工使用的和曾经公开张贴过的社会化网络有哪些？（你可能需要调查员来帮助完成。）
- 你采用什么步骤确保社会化媒体证据的保存？

- 审核数据监管链时你依赖什么工具？
- 你与调查目标有什么类型的沟通？
- 你实际搜索的关键词和证据是什么？

下面是几个注意事项：

- 在删除公司控制的任何网站／账户之前，首先搜集证据。
- 不要对目标伪造任何类型的访问或者"朋友"（就像 HP 用假托方法所做的），这可能对你的案子不利。
- 确保在开始诉讼之前有相应的策略。

12.4 如何使用社会化媒体监控可能聘任的员工

2009 年 8 月，Careerbuilder.com 举行了一次有趣的关于雇用方式和社会化媒体使用情况的调查。45% 的雇主说他们使用社会化媒体调查潜在的雇员，34% 使用这些数据做出不雇佣某人的决定。雇主利用的关键信息包括：

- 饮酒／吸毒的照片；
- 表现出拙劣的沟通技巧；
- 诋毁过去的雇主；
- 分享机密信息；
- 不恰当的照片；
- 谎报资质。

因为你不能直接向潜在的员工询问年龄、性取向、宗教信仰、血统、伤残状态或者个人健康信息等情况，如果没有社会化媒体你就很难了解这些。但是，社会化媒体不是 100% 精确的，监控不恰当行为很容易变成间谍行为。正像 HP 的案例中一样，假托、过于侵略性的搜索和监控可能违反隐私法或者其他保护性法律。判例法尚未确定许可行为的所有细节，但是在以后的几年内肯定会通过法庭实践得到。同时，你要尽可能避免根据潜在员工的社会化媒体活动做出任何歧视性的举动。

招聘员工与实际调查他们在社会化网站上的行为是不同的问题。社会化媒体网站如 LinkedIn、Facebook 和 Twitter 都是寻找候选者的独特方法，特别是对于新媒体工作来说。例如，你可以使用 Twitter 上的热门话题标签寻找所需的技能。你也可以利用 Twitter 的实用工作搜索引擎，包括 Microjobs、TwitJobSearch 和 TwitHire。图 12-3 是一个 TwitJobSearch 的例子。当你搜索"社会化媒体安全"时会发现一件有趣的事情，没有任何针对社会化媒体安全的工作机会。

图 12-3　TwitJobSearch 结果

12.5　基线监控和报告需求

HR、IT 和法律部门应该商定监控需求的基线。这些需求包括：

- 定义监控社区管理员和员工社会化媒体使用情况的必要性和范围。
- 理解和并掌握最新的公司所使用的社会化媒体平台面临的安全威胁，并在受到影响的平台上监控员工活动。
- 根据培训监控行为上的反应与变化。
- 监控最常评论本公司的网站。
- 用于在社会化媒体上监控员工的跟踪工具。
- 监控同行业的其他组织的活动。
- 监控并报告哪些在线社区正在评论你的公司。
- 跟踪行业中和专属于你的品牌的影响力人物。

为了建立基线需求，所有在社会化媒体中有利害关系的部门都必须参与确定监控和报告需求。社区管理员是协调和监控行为的要素，可以作为收集监控必要需求的领头人。你必须理解每个部门在社会化媒体圈里进行的工作，以及他们在社会化媒体对其业务过程影响上的关注点。在他们使用的工具中，哪些需要 IT 部门帮助管理和监控？在第 15 章中，我们将详细介绍一些操作性的工具。

你是如何监控实际使用、授权使用以及生产率损失和改进的？ HR 如何与市场部协作遵循特定的战略？社区管理员能够随时协调社会化媒体使用的培训计划，并且了解员工的数字技术能力。定义特定的监控和报告目标，如确定谁在使用社会化媒体、策略限制是否被破坏，以及识别和避免风险情境的方法。

监控社会化媒体的内部使用可能比较容易，因为所有数据都在你的网络里，你可以监控和跟踪所有数据通信。用于监控的标准入侵检测系统已经是许多 IT 部门工具集的一部分。内部社会化网络使用的例子有 Wiki、SharePoint 讨论板、内联网、Twitter backchannel、非正式的员工 Facebook 群组等。

我们已经讨论了许多能够监控公司名称外部评论的工具（如 SocialMention.com）。在内部，你可能有一个供员工讨论公司的论坛，可以使用 SocialCast.com 等工具进行内部社会化网络管理。图 12-4 展示了使用 SocialCast.com 管理内部社会化网络的一个例子。因为你对内部网络有完全的控制，可以在服务器上安装任何软件，所以跟踪也就很容易了。不管你使用哪些内部工具，都应该让 IT 安全人员和人力资源部能够监控和报告网上的评论。

图 12-4　使用 SocialCast 监控内部社会化网络

JAG 做得如何？

我们回到虚构的 JAG 消费电子公司，JAG 正在稳步地改善其处理社会化媒体难题的方式。JAG 没有大型的 HR 部门，实际上只有一个人在行使 HR 的职责，所以公司必须非常高效地监控和报告员工活动。JAG 已经制订了监控和报告的基线需求，如下表所示。在有限的人员和预算条件下，JAG 仍然能够改变其环境，将实施社会化媒体监控从原来的评分"差"提高到"普通"。

基线活动	JAG 的实施情况
定义监控社区管理员和员工社会化媒体使用情况的必要性和范围	定义了监控网站的列表，如 Facebook、Twitter、LinkedIn、MySpace、Bebo、Flickr、Friendster、Hi5、LiveJournal、Blogger、WordPress、Plaxo 定义了管理层审核事故类型的阈值，例如，员工张贴关于公司和其他员工（管理层）的负面评论、张贴机密文档、谈论客户等。其他部门与 IT 一起实施监控工具
理解和掌握最新的对公司所用的社会化媒体平台的安全威胁，并监控员工在受影响的平台上的活动	开发 IT 部门能够帮助监控和报告的社会化媒体威胁列表，如主要网络隐私策略的更改、流行社会化网络上的木马/恶意软件攻击、最近遭到入侵的网站 根据对公司的风险区分社会化媒体活动优先级：法规符合性（HIPAA 安全规则或者 SEC 规则）、与客户相关的帖子、非公开文档的分发等
根据培训监控反应和行为的变化	每 6 个月进行一次培训，在每个培训课程之后进行调查，然后进行严格的活动监控以确定行为的变化
监控最经常评论公司的网站	将行业中最活跃的网站以及评论该公司的网站列表合并，包括员工最常评论公司名称 JAG 的网站（如 LinkedIn）
在社会化媒体上监控员工的跟踪工具	和 IT 部门一起实施多种跟踪员工活动的工具，包括 Specter360、SocialMention 和 Radian6（我们在第 14 章中更详细地介绍这些工具）
监控行业中其他组织的活动	跟踪社会化媒体网站上提到的关键竞争者，包括使用 Topsy.com 和 Compete.com
监控和报告哪些在线社区正在评论你的公司	和 IT 部门一同实施一个流程，用 Blogsearch.google.com 和 Icerocket.com 监控博客帖子（见第 14 章）
跟踪行业中和你的品牌特有的影响力人物	使用 Google Blog Search 和 Radian6 等工具确定所追随和交谈的人中对品牌有影响力的人

12.6　策略管理

人力资源开发的策略设置了员工可接受行为的界限。IT 安全策略可能由 IT 部门编写，但是只有在 HR 和法律部签字的情况下，这个策略才能生效。社会化媒体策略可能由市场部门、社区管理员和 IT 部门编写，但是仍然必须由 HR 批准。由于形势变化很快，社会化媒体策略必须以较高的频率更新。

HR 还必须创建单独的面向公众的策略，正如我们在第 6 章中所讨论的。公开策略（public policy）是有关社会化媒体使用的详细内部策略状态的一个总结。公开策略的关键概念应该包括如下内容：

- 定义公司在行为上的限制。
- 提供所有公司社会化媒体活动的透明度。
- 定义员工的责任。
- 说明公司发展与客户关系的方式。

公开策略的表达应该直接，语气应该友好。随着形势的发展，HR 必须在 IT 所提供的员工活动监控工具辅助下，监控员工社会化媒体使用方式的变化。对这些活动加以分析之后，HR 必须更新策略以反映必要的变化。在一个公司中，监控和报告任何类型的活动都涉及许多工作。对于社会化媒体，许多信息都是机密的，张贴它们可能导致诉讼。在这样的灰色地带，IT 需要 HR 和法律部的指导来完成监控。但是要记住，试图完全限制或者禁止在工作场所使用社会化媒体很有可能无效。

12.7　小结

本章介绍了 HR 在监控所有社会化媒体活动，使公司避免法律问题并且减少公司声誉风险中的关键职责。HR 负责构建策略并且维护它们，确保它们达到实际的目的。有了正确的控制措施和工具，你就能监控、跟踪和改正不恰当的活动。实施威胁评估流程并且在社会化媒体渠道上安装控制以保护公司之后，HR 必须确定他们是否实现了关键的监控功能。

改进检查列表

- 你能跟踪员工活动吗？
- 你能跟踪客户和公众的意见吗？
- 你能跟踪规章要求的符合性吗？
- 你能跟踪正确雇用惯例的符合性吗？
- 你是否随着形势变化更新社会化媒体策略？

第 13 章

资源利用：监控与报告

本书自始至终，我们讨论了许多可以用于跟踪跨社会化媒体平台活动的工具。一旦你购买或者选择了一个或者多个免费的工具，就必须制订一致的监控和报告社会化媒体活动的流程。我们将在本章中处理以下基本问题，将它们整合到 3 个资源利用度量——技术、知识产权和版权中：

- 你将要监控谁？
- 你将要寻找什么？需要什么工具？
- 你将在哪里搜索帖子？
- 你将在何时进行监控？
- 你将要如何完成监控？

13.1　案例研究：该如何回应

2010 年 11 月，《Cooks Source》杂志从一篇博客帖子抄袭了一个故事，印在杂志上出版⊖。然而，博客作者 Monica Gaudio 从未得到因授权重新印刷她的素材而支付的费用。当她联络《Cooks Source》时，该杂志编辑 Judith Griggs 做出了回复，Monica Gaudio 张贴了编辑的回信：

是的，Monica，我在作为《The Voice》、《Housitonic [sic] Home》和《ConnecticutWoman》杂志担任编辑的 30 年间，一直都在做这样的事情。我了解版权法，这确实是"我的错"，因为杂志的编辑是个漫长的工作，疲劳的眼睛和思想有时候会令我忘记这一切。但是说实话，一般人都认为，Web 是"无版权保护"的，你应该为我们没有"抄袭"你的整篇文章，也没有署上其他人的名字而感到满意。我说的这种情况经常发生——明显比你认为的要多，特别是在大学校园和工作场所里。如果你为此生气，我很抱歉，但是作为专业人士你应该知道，对你所编写的文章，我们需要为此花费很多的编辑工作，现在它看起来比原作好得多，可以成为你的文件夹中的一篇好文章。因此，尽管我们是一家很好（而且非常富有！）的杂志社，但是仍然很难满足你的索赔。我们花费了一些时间来重写这篇文章，你应该补偿我！我从未因对年轻的作者提出建议或者重写质量不佳的文字而收费，并且得到了他们为我写的许多文章……始终是免费的！

⊖　Rob Pegoraro，《Cooks Source Magazine Masters New Recipe: How to Annoy the Internet》，（《Cooks Source》杂志掌握了一个新的诀窍：如何激怒互联网），《华盛顿邮报》（2010 年 11 月 4 日），网址：http://voices. washingtonpost.com/fasterforward/2010/11/cooks_source_masters_new_recip.html。

　　杂志社的这一回应导致其 Facebook 页面和声誉在一天内遭到新闻报道、博客和 Twitter 帖子的攻击，甚至导致了一些黑客攻击。显然，这位杂志编辑没有理解版权法，并且选择了不考虑原作者劳动成果的回应方式。广告商也因此退出与该杂志的合作，直接影响了该杂志的财务状况，最终的结果是该杂志停刊！如果你进行 Google 搜索，你所得到的都是有关该杂志和这一事件的负面评论。即使这家杂志保持业务经营，如果 Google 搜索的首页上全是负面的报道，它又能支撑多久呢？

13.2　谁、什么、何地、何时、如何

　　许多公司可能羞于监控员工，但是美国的《联邦电子通信隐私法案》清晰地规定，公司提供的计算机系统是雇主的财产，员工在使用这些系统传送电子邮件、Web 浏览、博客、文本或者参与其他形式的电子通信时不应该提出隐私保护的要求。欧盟的《数据保护法案》考虑了对员工的监控，但是法律的限制比美国法律更多。Article 29 Working Party 机构强调在监控之外的措施中要避免误用公司的资源。

　　CareerBuilder 发现，45% 的雇主在社会化媒体网站上审核求职者。如果你研究 Facebook 上的一份求职申请，并且看到他们张贴"我明天就不想去上班了"之类的内容（如图 13-1），虽然意思并不清晰，但是可能影响到你对潜在员工的看法。作为潜在的雇主，你可能会怀疑这位潜在员工将会打电话请病假不来上班，从而影响你的生产率水平。

　　一旦雇佣了员工，公司更愿意用网络数据丢失预防工具监控他们在内部网络上的活动。那么你所要监控的是"谁"呢？就是员工。你可以只在外部监控客户的活动，而不是客户实际的行为。由于社会化媒体使用增多，公司有更多的选择，可以利用新的工具，提高跟踪员工办公室活动的能力。

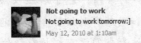

图 13-1　一个 Facebook 帖子："明天不去上班"

　　"你要监控什么？"这一问题在不同的公司和行业有不同的答案。银行可能更关心金融方面的建议和规章；卫生保健行业更关心共享的患者信息；零售业可能更关心品牌的损害。如果员工没有受到有关帖子潜在后果的教育，你就必须设置不同的工具，捕捉你所寻求的信息，然后缩小范围。但是，一旦实施了培训计划，员工就没有任何借口破坏规则。

　　在第 2 章中，我们定义了 3 种类别的资源利用衡量标准：技术、知识产权和版权。表 13-1 重新列举了这些类别。为了回答我们有关"什么"的问题，在每个类别中，一旦你确定了最适合需求的工具（见本章稍后的表 13-2），就能够确定所要搜索的数据。

　　"你在何处进行监控？"这一问题的答案很有限。你显然不能在员工的家里或者在他们使用自己的社会化媒体应用从移动电话上浏览时实施监控。从理论上，公司可以在便携电脑上安

装隐蔽模式的监控软件，在员工家中实施监控，但是这样做给公司带来的麻烦要多于潜在的价值。公司可能侵犯员工在家中的隐私权，对于 iPhone 之类的移动电话，可以安装所有流行社会化媒体——LinkedIn、Twitter 和 Facebook 的应用，但是实际的监控并不容易。

表 13-1　资源利用分类

类别	描述	搜索的数据
技术	使用何种技术向员工和客户分发社会化媒体内容，并监控来自员工和客户的社会化媒体活动	利用现有的技术，你可以搜索特定的数据。正如我们已经讨论的，你搜索的是对公司品牌、竞争公司名称等的评论
知识产权	在很容易分享限制性信息的当今社会化媒体界中，公司如何跟踪知识产权	搜索任何公司机密数据。寻找知识产权、研究和开发信息，以及不应该公开的数据
版权	使用社会化媒体可能很容易侵犯企业版权信息以及来自其他公司的受保护素材，公司如何跟踪版权信息的侵犯	搜索自己的帖子，确保你的团队没有剽窃行为。搜索其他侵犯你的素材、图像或者张贴的帖子或文章版权的帖子。寻找复制你的网站或者产品特征的网站

　　"何时"监控的答案差不多是 365 天 / 年，7 天 / 周，24 小时 / 天，——全年无休。在雇用前利用社会化媒体监控求职人员的方式已经得到了发展。很容易找到潜在员工的 Facebook 页面、LinkedIn 账户、Twitter feed 和博客帖子，了解他们的行为举止及对公司声誉的可能影响。根据招聘代理机构 MyJobGroup.co.uk 的一项调查[一]，40% 的英国员工承认曾在社会化媒体如 Facebook 和 Twitter 上批评过其雇主。其他有趣的发现包括：

- 20% 的员工承认在网上"斥责"过他们的雇主。
- 53% 的员工支持针对同事网上活动的纪律处分。
- 60% 的员工在意识到雇主阅读他们的帖子时，会对帖子进行修改。
- 70% 的员工没有意识到他们的雇主制订了社会化媒体策略。

　　为了回答"如何"实施监控的问题，你将评估你的状况，并评估我们已经讨论过的工具中哪些最符合你的需求。这种工具的一个例子是 Spector360.com，该工具能够说明员工在办公室电脑上所做的事情。你可以跟踪员工的击键，了解他在社会化媒体网站上张贴的内容。如果员工将便携电脑带回家，你也能跟踪使用的情况，但是你可能非常关心侵犯隐私的问题，从而不愿意这么做。你需要合适的技术来完成你的目标，可能需要像 Spector360 这样详细的工具，或者利用像 Google Alerts 这样的公共监控工具。选择什么工具与你的公司目标相关。

13.3　技术

　　在第 6 章，我们概述了许多流程，这些必须出现在你的社会化媒体安全策略中。在对加强

〇　《Online Workplace Critics—UK Businesses Urged to Address Social Media HR Policies》（在线工作场所评论——英国公司致力于确定社会化媒体 HR 策略），MyJobGroup（2010 年 5 月 21 日），网址：http://www.myjobgroup.co.uk/media-centre/press-releases/online-workplace-critics-21052010.shtml。

社会化媒体使用安全的工具的实际管理中，你面对的是与其他任何安全活动（如监控恶意软件或者木马）所用工具相同的难题。你可以利用这些工具跟踪信息在"哪里"使用。从内部的角度看，你可以跟踪员工访问了"哪里"以及他们用于张贴信息的网站。

13.3.1 URL 过滤

由于几乎所有社会化媒体网站都通过网页访问（即使内部 Wiki 也是如此），URL 过滤就成了你的工具箱中必备的部件，它可以用于监控、拦截和报告员工活动。（Foursquare.com 之类的网站有些不同，是由移动应用驱动的。）因为你也可以使用 URL 过滤管理入站的数据，因此外部 Web 过滤技术有两个目的。通过控制离开和进入你的网络的数据，你就具备了粒度更细的员工活动控制能力。

URL 过滤的关键部件是要求员工通过一个代理服务器进行外部连接。你可以控制员工通过这个代理允许访问的地方，阻止木马攻击程序向黑客网站发出数据，并监控员工的行为。你可以使用 Squid Proxy（http://www.squid-cache.org/）等免费工具和 McAfee WebWasher 等商业工具。你可以创建你的拦截列表，并且持续监控试图访问不正当网站的员工，从而实施你的社会化媒体策略。

过滤入站链接的额外好处是阻止黑客程序利用员工单击恶意网站上的链接而在其电脑上安装代码。每当任意的代码试图通过浏览器执行，URL 过滤能够进行分析并在必要时拦截它。抵御一些社会化媒体网站上的恶意网页也是总体安全战略的另一个部分。根据 Verizon 2010 数据泄漏调查报告（http://securityblog.verizonbusiness.com），恶意软件攻击是所有攻击的重要部分，如图 13-2 所示。如果你能够阻止员工前往恶意的社会化媒体网站，或者阻止他们安装受到感染的应用（如在 Facebook 中分发的此类应用），就能减少系统被恶意软件感染。

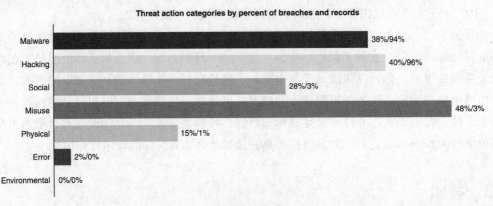

图 13-2 Verizon 2010 数据泄漏报告

13.3.2 数据搜索和分析

社会化媒体监控工具帮助你搜索和分析数据，你必须采用自动化的方法清除和分类社会化媒体数据，因为手工处理无法应付这么多的数据。你可以选择最佳的搜索词，找到对你的公司有正面和负面影响的评论。每种社会化媒体应用都有一些你所需要的信息。关联你的员工和客户所用的沟通媒体，将能提供你所必需监控的内容的全貌。正如第 2 章中我们所讨论的，你的工具评估流程必须将你的技术与需要监控和报告的社会化媒体活动相关联。IT 部门负责管理监控应用程序，和公司使用的大部分其他应用的管理形式相同。例如，你可以按照表 13-2 中的方式对工具进行分类。

表 13-2 监控工具分类

软件 / 服务	数据存储位置	新闻，文章，评论	员工办公室监控	软件 / 服务位置	提供的支持	BCP（业务持续性计划）能力	用户访问	工具所有者 / 管理者
Addict-omatic 评论跟踪	云	X		云	是	否	X	市场部
Search.com 搜索	云				是	是		市场部
Facebook 社会化网络	云	X		云	否	否	X	市场部
FireEye 安全控制	内部		X	内部	是	是		IT 部
Google Alerts 评论跟踪	云	X		云	否	否	X	市场部
IceRocket 评论跟踪	云	X		云	是	否	X	市场部
LinkedIn 社会化网络	云	X		云	是	否	X	市场部
McAfee DLP 安全控制	内部		X	内部	是	是		IT 部
Meltwater 新闻跟踪	云	X		云	是	否		市场部
Plagiarism Detect.com 搜索	云			云	否	否	X	市场部
Radian6 声誉管理	云	X		云	是	是		市场部
Reputation Defender 声誉管理	云	X		云	是	否	X	市场部
SocialMention 评论跟踪	云	X		云	是	否	X	市场部
Spector360 监控	内部		X	已安装	是	是		IT 部
Squid Proxy 安全控制	内部		X	内部	否	是		IT 部
Topsy.com 评论跟踪	云	X			否	否		市场部
TweetDeck 消息	内部	X		内部	否	否	X	市场部
Twitter 消息	云	X		云	否	否	X	市场部
WebWasher 安全控制	内部		X	内部	否	是		IT 部
Wiki 信息共享	内部			已安装	否	是	X	市场部
WordPress 信息门户	内部			内部	否	是	X	市场部
Yahoo! Pipes 搜索	云	X		云	否	否	X	IT

利用这些工具，在工作中"何时"监控员工就不成问题了。难题在于，当员工不在办公室

但是张贴你所必须了解的信息时，要使用合适的工具进行监控。表 13-2 给出了处理员工监控的"如何"部分问题的一些工具。表中既有内部工具也有基于云的工具，能够为你提供管理和保护公司知识产权的能力，使之免遭员工的不正当共享。部署这些工具确保你能够应付如下的关键监控点：

- 识别相关或者有用的信息类型，例如你的公司和品牌名称、竞争对手、研究和开发项目编码名称，甚至机密的文件名。
- 创建（并且不断修改）过滤器以筛选大部分不重要、无意义的数据，例如，按照如下条件过滤。
- 影响力人物的地区和主题。
- 特定词语的组合，例如公司名称＋法律诉讼。
- 公司正在开展的活动。
- 热门话题。
- 位置，例如与国家相关的搜索。
- 社区或者特定平台。
- 特定语言。
- 公开的新闻。
- 确定不同数据集的利益相关方；这通常适用于市场、法律和人力资源。
- 确定向每个利益相关方报告的最实用方式。例如，市场部关心网站在启动新的广告活动之后的单击量和单击位置，而 IT 部可能关注如果同样的广告活动启动之后冒犯了某些群体，针对公司互联网 IP 攻击的上升趋势。
- 清晰定义披露数据跟踪调查过程的步骤（参见本章稍后的"事故管理"）。

JAG 做得如何？

　　我们在第 12 章中已经讨论过，虚构的 JAG 消费电子公司已经稳步地升级了它的能力。JAG 已经完成了这些习题，选择如下的工具和软件服务并加以分类，如表 13-2 所示。

- 用于搜索的 Compete.com；
- 用于社会化网络的 Facebook；
- 用于跟踪评论的 Google Alerts；
- 用于跟踪评论的 IceRocket；
- 用于社会化网络的 LinkedIn；
- 用于声誉管理的 Radian6；
- 用于监控的 Spector360；
- 用于跟踪评论的 Topsy.com；
- 用于消息发送的 Twitter。

　　该公司用这些新实施的工具覆盖了许多领域，将 JAG 从"差"的评分提升到"普通"。

13.4 知识产权

正如我们在本书中所讨论的，知识产权（IP）可能有许多种形式。确定 IP 最终的去向以及流动的方式需要一个多样化的监控和报告工具集。你必须监控可能寄存你的信息的网站（如 LinkedIn），但是除了典型的社会化媒体监控之外，你还必须监控新闻报道、视频报道以及离线出版物。

对于新闻报道中的所有议论，可以利用 CyberAlert.com、Meltwater.com、Newsnow.co.uk、Cision.com 等付费服务跟踪。为了使这些服务对你有益，需要在你的公司感兴趣的主题上设置每日警示以及特定的搜索。可能适用于社会化媒体搜索和监控的美国法律包括：

- **联邦电子通信隐私法案**（The Federal Electronic Communications Privacy Act），关注未经许可的个人数据共享。
- **国家劳工关系法**（The National Labor Relations Act），禁止雇主妨碍员工组织劳资谈判或者参加受法律保护的协同活动的权力。
- **反抢注保护法**（Anti-Cyber Squatting Protection Act），商标所有人可以对如下的域名登记提起诉讼：（1）具有从该商标不法谋利的意图。（2）注册、交易或者使用如下特征的域名：（a）与区别标志相同或者近似；（b）与著名商标相同或者近似，或者降低商标价值。
- **千禧年数字版权法**（The Digital Millennium Copyright Act），处理版权侵犯问题。
- **ICANN 的统一域名争端解决规则**（Uniform Domain Dispute Resolution Policy），国际争端解决规程，帮助商标持有人挑战商标侵权。
- **州法规**，许多州宣布，阻挠雇员参于业余活动是非法的。

IP 盗窃通常分为 3 类：第一类用于组成新的竞争性企业；第二类是员工将 IP 带到一家新公司以得到更好的职位，给新公司带来竞争上的优势；第三类是竞争对手或者第三方出售在商业间谍活动中得到的信息。一旦你有了自己的工具，就必须实施一个事故响应计划，用于应对发现破坏性信息的情况。如果你所遇到的是自己没有控制权的第三方托管网站，删除包含你公司的 IP 的帖子可能很困难。如果发生的事件是你的员工披露了机密信息，对你的产品、服务或者公司做出了不恰当的评论，或者有类似的不可接受行为，你就能更有针对性地管理事故和减少曝光度。如果发生的攻击是有人试图闯入安全数据库，你可以依赖边界安全设备，如防火墙、入侵检测和入侵预防系统。最后，你可能求助于法律行动。

员工应该知道他们将被监控，你应该设置需要监控的边界。可能触发事故响应过程的违反特定策略的行为包括：

- 未经版权所有人许可，传播或者张贴任何违反联邦或者州版权法的素材。
- 传播或者张贴可能导致公司或者合作伙伴、客户声誉受损的信息。
- 试图"入侵"或者闯入任何系统。
- 在公司范围内举行未经许可的业务活动。
- 传播或者张贴未经授权的机密信息。

· 有意引入任何对公司资源有不利影响的计算机病毒、蠕虫、木马或者恶意软件。

· 作为第三方代表你的公司，或者歪曲公司形象。

采取法律行动之前，你必须遵循事故响应计划，监控任何进一步的活动，阻止不正当的活动，并且报告窃取 IP 的人的任何行动。详细情况参见 "事故管理" 小节。

13.5　版权

并不是只有互联网上窃取公司信息的人才可能导致版权问题，正如你在本章开始时看到的案例，你自己的员工甚至管理团队也可能跨越这条红线。

为了监控你的文章和博客帖子的侵权情况，可以先从监控公司名称的网络评论开始。我们已经讨论过，Google Alerts 为此提供了基本的免费服务。为了得到更细的粒度，你必须监控特定的文章和帖子标题，了解你的素材是否已经被窃取。你还可以使用剽窃检查软件寻找网上抄袭的素材。有许多服务能够扫描互联网，发现相似的素材并通知你。例如，图 13-3 展示了使用 PlagiarismDetect.com（一个商业网站）了解你的内容是否在某处被使用的方法。（本书的作者们从自己的网站取出一篇博客帖子，将其当做剽窃的作品进行搜索）结果表明，在一个地方找到了相同的素材，并且报告说我们的帖子遭到了严重的剽窃。你还可以使用免费的检查器，例如 Dupli Checker（http://www.duplichecker.com/）检查你的内容。一旦你扎实地掌握了管理和保护知识产权及版权的工具，就需要制订一个利用工具响应潜在事故的流程。

图 13-3　PlagiarismDetect.com 搜索复制的素材

13.6　事故管理

第 3 章已经讨论过，社会化媒体的威胁形势千变万化，必须有一个经过周密考虑的事故响应计划来管理这种变化的形势。与公司信息资产相关的事故可能有以下两种形式：

- 电子形式；
- 实体形式。

电子事故的范围从攻击者或者用户为了未授权 / 恶意的目的访问网络，到病毒爆发、可疑的特洛伊木马或者恶意软件感染，以及张贴毁谤的评论和谎言。**实体事故**包括便携电脑、移动设备、PDA/ 智能手机、便携存储设备或者其他可能包含公司信息的数字装置等的盗窃或者丢失。

现在你已经有了管理和监控社会化媒体活动的完整工具集，就能跟踪和报告这些问题了。除了健全的教育制度之外，最重要的准备工作是维护好的安全控制措施，以避免事故的发生。在事故之前，你应该识别潜在的事故场景以及对不同事故类型做出反应的职责。IT 安全、市场和法律部门应该协调一致，确保你的响应合法并以客户为中心。法律部门在这一过程中特别重要，因为他们能够确定你的响应是否符合所有对公司有影响的规章制度和法规。

当你怀疑数据丢失或者发生了针对你的公司的品牌攻击，你的工具和警报机制应该为你提供快速反应的能力。如果你选择用 Google Alerts 进行人工检查，并且设置了正确的关键字搜索，这时应该收到一封有关潜在攻击的电子邮件。事故管理包括许多通常采取的基本步骤。在表 13-3 中，我们详细列出了最基本的步骤，以及虚构的 JAG 消费电子公司在制订了合适的流程之后，对潜在事故的响应方式。JAG 的市场部经理无意中将公司网站上一个客户姓名和地址的清单当成博客帖子的附件，而这个附件本来应该是产品一览表。和 JAG 的案例一样，发出错误文件的情况经常会发生。

表 13-3　事故管理步骤和 JAG 的响应

事故管理步骤	JAG 的响应
1. 在事故发生之前定义响应方案	JAG 实际上还没有构建任何事故方案，所以对这个特殊的事件没有准备
2. 确定是内部还是外部的问题	因为数据离开了组织的范围，所以是外部问题
3. 确定是对公司系统和数据的攻击，还是对品牌和声誉类型的攻击	由于这不是一个黑客攻击事件，所以归类为声誉破坏。JAG 的监控工具已经做了调整，对任何客户记录丢失的评论或者与数据泄露和 JAG 名称相关的负面帖子发出警告
4. 将事故报告给正确的所有者 / 责任方	JAG 向所有在这个帖子中被泄漏信息的客户寄了一封信
5. 加强被入侵系统的实体安全	事件发生在托管设备上，没有必要加强 Web 服务器的实体安全
6. 确定诉讼可能需要的任何监管链需求	实际上不是一个罪案，但是 JAG 已经确定了将对这一错误负责的销售人员。JAG 将对销售团队进行有关安全规程和数据机密性保护措施的额外培训
7. 建立详细的日志，记录所有活动	JAG 跟踪每个负责回复客户投诉、清除数据、用 SocialMention 和 Radian6 工具搜索社会化媒体空间的人
8. 确定攻击来源，如果是数据丢失，采取措施阻止或者减小风险	虽然不是一次攻击，但是可以确定的是，这位市场经理不应该随意在便携电脑上放置客户列表，列表很可能因为疏忽而发出

（续）

事故管理步骤	JAG 的响应
9. 通知有关当局	每个客户都得到了通知。由于没有发送信用卡数据，因此没有破坏任何 PCI 规章。但是 JAG 在马萨诸塞州有客户，所以破坏了 Mass 201 CMR 17.00 法规，必须进行处理。每个和各州居民有业务往来、收集某些类别数据的公司都必须有全面的安全策略，并且真正实施安全技术保护客户数据免遭盗窃
10. 建立一个吸取教训的流程，减少未来的潜在风险	完成事故管理之后，JAG 安排了一个会议，理解问题的所在，以及如何在未来避免类似的问题。所有部门经理必须参加，并将开发一个有关此类事故响应的培训流程

13.7　报告的衡量标准

　　每个公司都有不同的需求和不同的优先级。你所在的行业（例如医疗和金融服务业）可能要求更多的监控。一旦你部署了各种工具，就可以区分哪些事件需要例行报告给管理层，哪些事件必须立即提升为一个现实的威胁。在第 3 章中，我们定义了必须监控的威胁的基线列表，在第 4 章中定义了威胁评估流程。有了工具，就可以对这个列表进行优先级的排序，并开发报告措施的基本需求：

- **复制网站**，确定寻找伪造网站的频度。
- **负面帖子**，度量负面的帖子，并确定对你的品牌的意见。
- **误导信息**，确定需要响应的阈值。
- **伪造简档**，列出公司的所有简档，并在这些社会化媒体网站以及你从未建立简档的社会化媒体网站上寻找伪造的简档。
- **商标 / 版权侵犯**，列出员工对其他公司素材的侵权行为，以及自己的素材上的侵权行为。
- **负面的新闻报道**，每天搜索有关你的公司的坏消息和一般的消息。
- **机密档案披露**，每天搜索任何进入公众视野的内部文档，可以用 Google Alerts 之类的工具完成。
- **投诉网站**，确认客户的投诉，不管是真是假。
- **竞争者攻击**，每天搜索竞争者的品牌和你的公司名称；这同样可以用 Google Alerts 等免费工具或者 Radian6 等商业工具完成。
- **仇视的网站**，列出针对你的公司或者你的行业的网站，例如 Facebook 上表达对"沃尔玛"仇视态度的帖子专属的页面。
- **员工个人丑闻**，报告你的员工与公司名称相关的活动。
- **企业丑闻**，报告任何可能影响你的声誉的丑闻。
- **行业的看法**，报告行业的总体衡量标准和意见。

13.8 小结

社会化媒体需要多样化的工具集以监控员工和客户、竞争者利用你的信息的方式，以及他们对你的声誉产生的潜在威胁。通过分析开展社会化媒体活动所需要的信息和业务流程，你能够确定监控活动的必要工具、确定潜在危险，并将必要的数据报告给管理层，减少你的风险。

改进检查列表

- 你是否确定了将要监控的关键搜索词？
- 你是否选择了进行监控和报告所必需的技术？
- 你是否定义了在社会化媒体局面中需要跟踪的数据？
- 你是否实施了面对知识产权盗窃或者其他形式的社会化媒体攻击时所要使用的响应场景？
- 你是否开发了需要报告给管理层的，有关工具能力的衡量标准？

第14章
财务：监控与报告

在当今的市场上，有许多免费和商业的工具能够监控社会化媒体。Google 提供了许多强大的用于监控社会化媒体会话、博客评论、流行话题和搜索的免费工具，为你提供实时警告和预报工具。不管你所在的是中小型企业（SMB）还是大型企业，都能找到有效和安全地管理社会化媒体的工具集和流程。根据 Altimeter 2010 140 全球企业社会化战略调查（http://www.altimetergroup.com/how-corporations-should-prioritize-social-businessbudgets），大型企业平均在社会化媒体上花费 83.3 万美元。理论上，如果你没有这类预算，就无法开发出健壮的流程。但是，社会化媒体并不一定很昂贵！要最大限度地从社会化媒体支出中得到好处，最好的方式是联合财务部门和市场及 IT 部门监控价值／支出比例。有许多免费的资源能够让你开发与预算相符的社会化媒体安全战略。

在本章中，我们讨论如何利用与你的组织相匹配的预算，实施社会化媒体安全战略。我们将关注于几个免费和付费的工具。对于不同类型的组织，战略实施的过程将有所不同，所需要的工具能力也不同。

> **注意**　不管你所在的是一个 SMB 还是一家全球性的企业，无论你拥有的预算很少或是多达数十万美元，附录中列出了许多社会化媒体和社会化媒体安全资源，你还可以在我们的网站 www.securingsocialmedia.com 上看到更多的工具。

14.1　案例研究：预算的难题

2011 年 2 月，MerchantCircle 的生意人信心指数调查（Merchant Confidence Index Survey）⊖发现，地方性商业机构转向用 Facebook 和 Twitter 等网站进行在线销售，以扩展市场能力，但是他们都没有投入可观的市场预算，主要的原因之一是成本。在 8 500 位接受调查的小型地方性公司老板中，许多人还在小心翼翼地使用较新的市场工具，如移动营销以及利用 Groupon 等网站用较大的折扣举行团购。

这一调查还发现，半数的地方性商业机构每年花费的销售费用少于 2500 美元。销售成本

⊖　《Social media continues to gain traction in marketing strategies》（社会化媒体持续获得市场战略的推动），《Lawn and Landscape》（2011 年 2 月 22 日），网址：http://www.lawnandlandscape.com/ll-022211-Social-media-marketing-strategy.aspx。

在小型企业中非常可观，而管理市场的能力是个重大的难题，37% 接受调查的公司都抱怨缺乏时间和资源。接受调查的小型企业中 70% 使用 Facebook 作为广告媒介。在编写本书的时候，Facebook Places 以 32% 的使用率超过 Foursquare 名列榜首。

在许多情况下，这些商业机构实际上只考虑了社会化媒体的市场特征，而没有考虑它带来的安全挑战。在较大的公司中一般来说更能接受安全手段的采用，因为多年来公司的 IT 部门一直在推进安全性。较小的企业更倾向于将产品推介和服务放在第一位，而将安全后果放在第二位。

JAG 做得如何？

JAG 消费电子公司现在编制了用于社会化媒体和安全工具的预算项目，使用了本书中确定的流程，并且开始围绕 H.U.M.O.R 矩阵实施安全框架；他们现在投入预算来处理社会化媒体的市场和安全特征。作为一家 SMB，JAG 没有巨大的预算。幸运的是，巨额预算并不是必需的！在 IT 预算中，JAG 现在有了以下项目：

- 社会化媒体监控工具。
- 一个在线安全培训计划，对员工进行社会化媒体相关安全问题的培训。
- 购买社会化媒体所用的标准策略模板。
- 声誉管理工具。

JAG 的财务关注点评分现在已经从矩阵中定义的"差"提高为"普通"。

14.2 有限预算下的社会化媒体安全

那么，小公司在有限的预算下能做什么？答案是，和他们销售自己的产品时一样：访问免费的资源！免费或者廉价的资源能够帮助小公司监控社会化媒体活动的影响，这些活动引起正面的评论或是负面的品牌攻击，甚至导致黑客攻击。回忆第 3 章黑客集团"Anonymous"的例子，该集团因为 MasterCard 信用卡公司拒绝处理对 WikiLeaks 的捐赠而攻击和扰乱该公司的业务。如果一项活动导致了负面的评论，或者前员工对你或者你的公司发表了不敬的评论，使用 Google Alerts 等免费工具，你就能够很快地得到通知，并且相应地做出反应，而没有必要雇用昂贵的 PR 公司进行善后。在最近的诉讼案中，哈里斯堡 Cafe Fresco 饭店的所有人 Nick Laus 以诽谤罪起诉一位前雇员[⊖]。他声称这位前雇员在 Facebook 交谈中对他使用非法药物的指责与事实不符。有了合适的警报手段，就能很快地跟踪公众的议论。如果 SMB 遵循严格的过程，该公司就能在非常小的预算下拥有几乎和大公司一样好的响应能力。

⊖ Matt Miller，《Harrisburg Restaurant Owner Sues Ex-employee for Defamation over Comments on Facebook》（哈里斯堡饭店老板起诉前雇员在 Facebook 上做出了诽谤性的评论），《爱国者新闻》（2011 年 2 月 14 日），网址：http://www.pennlive.com/midstate/index.ssf/2011/02/harrisburg_restaurant_owner_su.html。

14.2.1　Google Alerts

　　根据你所选择的查询或者主题，Google Alerts 允许你创建警告，并且监控 Web 最新的相关 Google 搜索结果（Web、新闻等）。这些警告跟踪博客帖子、新闻文章、视频、论坛和实时讨论。基于关键字的警告可以设置为每天一次、每周一次或者每当发生时。Google Alerts 通过电子邮件在情况发生时通知用户。常见的 Google Alerts 查询实例包括根据选择的搜索词搜索个人的姓名、特殊的主体，甚至特定的公司。图 14-1 中，我们设置了短语 "social media security"（社会化媒体安全）的一个警告，并显示出结果。公司一般会对这个警告进行裁剪，以针对公司名称、竞争者名称和有关产品、员工和行业等关键词。

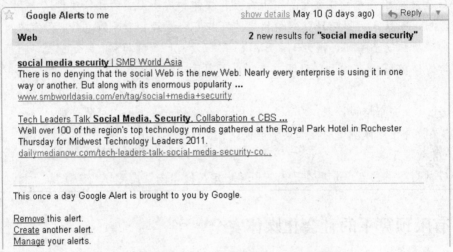

图 14-1　设置 Google Alerts 短语 "社会化媒体安全"

14.2.2　Google Trends

　　Google Trends 使你能比较全世界对你所喜爱的主题的兴趣程度。在 Google Trends 中最多可以输入 5 个主题，并了解在 Google 中这些主题被搜索的频度。Google Trends 还显示你的主题在 Google 新闻报道中出现的频度，以及哪些地区的人最经常搜索这些主题。Google Trends 提供的信息每日更新，而热门搜索每小时更新。最近的一个品牌攻击实例是 Sony 在线 PlayStation 网络中的入侵和客户数据盗窃。2011 年 4 月，黑客在闯入 Sony 在线 PlayStation 网络之后，窃取了客户数据和信用卡信息。如果有合适的工具，Sony 就能够跟踪人们对这一黑客事件的评论，跟踪对品牌名称的攻击，并且了解公司必须加以补救的损害。

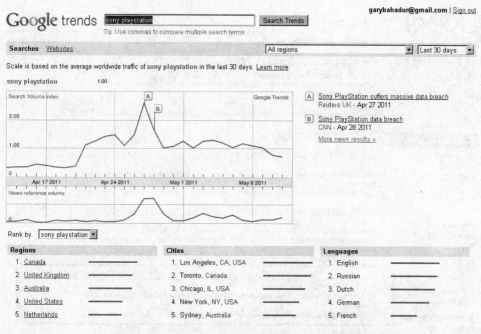

图 14-2　"Sony PlayStation"在过去 30 天中的趋势

14.2.3　Google Blog 搜索

Google Blog 搜索帮助用户更有效地进行博客领域的探索。你的客户可能在个人博客中写下关于你的公司和产品的正面评论，也可能有人攻击你，甚至张贴从匿名来源得到的公司机密信息。每个公司（不管是大是小）都应该进行日常的搜索。你可以使用 Google Alert 和 Google Blog 搜索来寻找这种数据，选择帖子的时间范围并设置警告。

创建和你公司相关的搜索词。在图 14-3 中，我们进行 Gary 的公司 "KRAA Security" 的 Google Blog 搜索，感兴趣的效果以高亮显示。Gary 绝对没有像这个帖子所说的那样在孟买安全会议上讲话，那么，是不是有人冒用了 KRAA Security 的名称？KRAA Security 必须调查这一虚假的帖子。

14.2.4　Google Insights for Search

Google Insights for Search 分析了特定地区、类别、时限和属性的搜索量模式。对于 JAG 这样的公司，Google Insights for Search 能提供发现客户搜索内容的能力，使公司更好地了解自身的受众群体。因为 JAG 是一家消费电子公司，"Sony PlayStation" 之类的搜索词可能提供对消费者兴趣的一些了解（如图 14-4 所示）。这些结果是过去 30 天内的。进行免费的市场调查对于预算有限的公司来说是非常有作用的。JAG 能够看到影响 Sony 产品销售的可能因素，或者了解到过去 30 天内增加的 PlayStation 退货现象。

图 14-3 KRAA Security 的 Google Blog 搜索结果

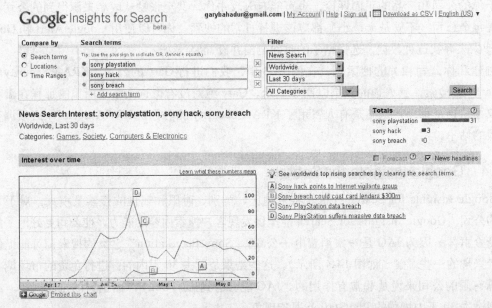

图 14-4 "Sony PlayStation" 的 Google Insights for Search 结果

14.3　在大预算下的社会化媒体安全

除了免费资源之外，下面是一些用于实施多形式社会化媒体服务的付费服务的例子，这些服务能够帮助你安全地管理公司的数据流。使用付费服务的主要原因是较大型的公司与社会化媒体圈有更多的交流，需要跟踪更大的局面。如果大型公司仅仅使用 Google Alerts，它所收到的电子邮件就不能得到恰当的管理。大公司需要更好的过滤器，以及更健全的付费服务，这些服务能够给这些数据的管理提供很大的帮助。我们将在本小节中研究 3 种服务。你也可以研究附录中列出的许多工具。

当你选择付费的监控服务时，确定该产品提供以下功能：

- 易于理解的用户界面。
- 与其他工具（如 SalesForce.com）的集成。
- 容易生成的衡量标准。
- 全面搜索大量来源。
- 数据提取和导出功能。
- 实时分析。
- 过滤和摘要仪表盘。
- 推送功能。

14.3.1　Radian6

Radian6 软件平台（最近被 Salesforce.com 收购）是市场上最流行的监控工具之一，允许组织聆听、度量和参与跨社会化网络的交流。Radian6 跟踪超过 1.5 亿个社会化网站和来源，返回用于研究、理解和行动的结果。和大部分此类工具一样，它能够监控博客、Tweet、新闻网站、视频共享网站和讨论板。对于可能被大量数据淹没的公司来说，这类付费监控服务中的分析、报告和过滤功能非常重要。图 14-5 展示了 Radian6 仪表盘的一个实例。

成本：Radian6 基于容量的方案对于 10 000 个"帖子"的起始价格为大约每月 600 美元（在本书编写时）。

14.3.2　Lithium（前 Scout Labs）

Scout Labs 最近被 Lithium 收购而改名为 Lithium 社会化媒体监控（Lithium Social Media Monitoring）。Lithum 使品牌所有人能够跟踪社会化媒体网站上对品牌的议论。该平台使你能够创建持续的搜索，从登录之后开始进行实时访问。自动化的意见功能能让你"在百忙中"关注客户的语气和态度。Lithum 的另一个特性是 Buzz Tracking（口碑跟踪）。Buzz Tracking 为你提供一种实时的度量手段，了解外界有多少评论、其中多少是对你的评论，多少是对你的竞争者的评论，以及整个行业的口碑情况。Saved Items（存储项目）功能让你与整个团队或者选择的接收人共享书签、笔记和社会化媒体评论。与 Radian6 平台的一些潜在差异包括：

图 14-5   Radian6 仪表板

· 自动化的意见。
· 说明客户感情取向的引语。
· 常见词分析。
· 口碑跟踪。

成本：Lithium 的月度方案对于小公司的起始价格为 99 美元，对于大型的定制解决方案价格可达 749 美元。

14.3.3   Reputation.com

Reputation.com 的每月收费方案监控网上对你的组织的评论，并且能够"摧毁"或者删除特定的内容。确定哪些数据点需要摧毁，以及必须阻止这些数据点在哪里出现是一个非常困难的过程，该平台提供了 3 个单独的服务：MyPrivacy、MyReputation 和 ReputationDefender。MyPrivacy 从 Web 找出和删除你的个人信息。MyReputation 监控搜索结果，突出潜在问题并且宣传你推出的传记。ReputationDefender 为企业和企业主增加正面的内容并且主动地与虚假、误导或者离题的 Google 结果作斗争。该服务比起 Radian6 和 Lithium 等内容监控工具来说，与你的声誉更为相关，它能够通过主动管理公开内容来处理对声誉的威胁。

成本：方案起始价格为每月 4.15 美元。Reputation.com 还提供定制的企业解决方案。

14.4 培训成本

在考虑投资社会化媒体技术平台时，企业还应该考虑培训成本和资源的分配。和大部分安全过程一样，好的培训产生的效益多于仅仅购买工具而产生的效益。大部分规章（如 PCI DSS 和 HIPAA 安全原则）都包含了符合规章要求所必需的培训成分。对于公司来讲可以采用许多不同形式的培训。

- **文档**：向员工分发必须阅读的文档是非常基本的培训过程。虽然书面的策略及其分发过程很重要，但是仅仅依靠文档是最缺乏一致性的培训方法。你不知道员工是否真正阅读和理解了这些材料，也没有真正好的方法能够逐步更新培训材料。从这类过程中得到报告培训活动的可靠数据非常困难，发送书面材料的成本可以忽略不计，但是创建这些材料可能花费很多成本。
- **CBT**：在线（或称 CBT）培训更好，能够轻松地面对几十万员工。CBT 培训可能是对资源的最佳利用，它将信息发送给广泛的听众。与此同时，在线课程结束时通过测试验证听众对材料的理解情况。CBT 培训之后，你可以开发与参加课程和通过测试的用户相关的报告。典型的在线课程的价格为 15 美元 / 用户以上。
- **教师指导**：课堂教师指导培训是最好的方式，但是比其他方式昂贵得多，并且没有良好的伸缩性，它可能是传达材料的最佳方式，但是教师指导培训通常保留给性骚扰之类的课程或者详细的技术课程。这种培训完成之后，你可以开发与参加课程和通过测试的用户相关的报告。这类培训的预期价格在 1000 美元 / 天以上。

根据你的预算，你必须选择上述的某一种方式。H.U.M.O.R. 矩阵已经告诉了你以下这些问题的答案：

- 你的策略中是否定义了培训需求？
- 谁将管理工作量或者培训？
- 实施和管理培训计划的成本如何？

14.5 小结

在 IT 安全预算中，还没有清晰地定义用于社会化媒体安全的项目。两种常见的想法是：试图翻新 IT 安全预算；假设已经购买的数据丢失预防工具就能覆盖你的社会化媒体安全关注点。这两种方法都无法使你获得足够的覆盖范围。社会化媒体安全威胁应该和其他 IT 威胁（如病毒攻击和黑客攻击）同等看待；必须确定管理这些威胁的专用工具和预算。不管使用免费的在线工具和资源还是付费的资源，你都必须首先明确威胁和响应的成本。

威胁评估过程能够识别以下内容：威胁以及利用威胁的难易程度，威胁产生的影响，以及降低风险所必需的缓解手段。在预算流程中，必须考虑修改典型 IT 安全战术的总体成本。对于社会化媒体来说，不可控制的威胁（例如客户在博客和 Facebook 上张贴的内容）有着很高的风险。你必须重新定义可接受的风险标准，并且将预算转移到声誉管理和危机控制上，而不是直接的软件和硬件工具上。由于社会化媒体工具和云服务几乎每个月都有变化，相比大部分 IT 安全规划过程所使用的年度周期，必须采用更加灵活的预算流程。

改进检查列表

- 你是否开发了一个矩阵来跟踪所有与社会化媒体使用相关的成本？
- 你是否确定了专用于社会化媒体安全工具的预算项目？
- 你是否确定了应对不同类型威胁的威胁策略和成本？
- 你是否确定了应对措施所需要的资源？
- 你是否制订了一个流程，每季度为新的社会化媒体工具和威胁确定预算？

第 15 章

运营管理：监控与报告

有效的运营监控和报告要求实施和利用各种工具，在信息泄露之前避免数据丢失。公司还必须根据所在行业提供保护信息所用的操作性指南；这些指导方针在不同行业和不同规章需求下有所不同。本章，我们介绍如下内容：

- 用于确保安全规程正常工作的监控类型。
- 数据丢失管理方法。
- 监控和管理工具。
- 社会化媒体安全和员工使用情况。

15.1 案例研究：成功使用社会化媒体

Dell 是社会化媒体使用方面处于领先的公司之一。我们在前面提到过，Dell 是社会化媒体圈的领先者。Dell 并不限制员工使用社会化媒体，而是制订一个流程，积极鼓励员工和客户使用社会化媒体。

Dell 有超过 8 万名员工参与社会化媒体的使用。该公司希望使讨论和信息更加透明，还建立了用于员工教育的内部博客和论坛，员工可以共享思路和建议，对重要的议题进行表决，并且使用社会化媒体更开放地进行交流。

对于客户，Dell 已经创建了社会化媒体指挥中心（http://www.youtube.com/watch?v=w4ooKoj HMkA）。他们积极地聆听客户的意见并与之交流，收集社会化媒体投资回报率（ROI）的真实数据，并且协调客户对品牌的评论。统计数字能证明交流是否真正地达成销售，因为他们能够从 Twitter 流中跟踪销售的情况。

Dell 使用第三方工具如 Radian6 和 Bazaarvoice 吸引客户、跟踪和报告活动，并以更有针对性的方式做出响应。通过每天跟踪超过 25 000 个谈话，该公司洞察与客户服务、声誉、新产品开发和市场战略相关的各方面情况。Dell 能够监控活动、响应、记录行动，并根据所有这些数据改变战术。

但是 Dell 并不是盲目地允许社会化媒体使用。他们有详细的社会化媒体策略（http://content.dell.com/us/en/corp/d/corp-comm/social-media-policy.aspx），所有员工都能够看到这个策略，并且知晓破坏公司策略的后果。策略中关于员工社会化媒体使用的要点是：

- 有效地使用信息技术资源。

- 代表 Dell 的利益发言。
- 确保合乎道德的行为。
- 确保来源透明度。
- 传播准确的信息。
- 保护机密信息。
- 确保责任心。

Dell 的策略中针对规程和培训、报告和调查以及处罚有专门的章节。公司将这些经营指导方针提供给员工，教育他们理解不恰当使用社会化媒体的可能后果。Dell 采用的经营手段提供了健全的监控和报告架构。他们投资工具管理社会化媒体使用，为员工提供正确使用的培训，推出专门的策略，并且能够获得所有社会化媒体活动（包括内部员工和外部客户）的详细情况。

尽管许多公司都无法像 Dell 那样为如此昂贵的运营手段投入资源，但是，正如我们在本书中谈论的，你可以运用许多能够负担得起的解决方案和最佳实践，获得更安全的运营环境。

JAG 做得如何？

我们虚构的 JAG 消费电子公司不需要面对金融公司遇到的那些特殊法规难题。该公司已经像许多公司一样，将 PCI 需求应用于支付网关上。但是 JAG 员工能够连接到互联网，JAG 也确实需要监控声誉上的影响。员工所发出的恶意 Tweet 可能损害客户的利益。JAG 不仅需要监控市场部和 PR 的关键员工，还必须利用监控工具，证明员工在工作中不会将太多的时间花费在社会化媒体网站上。JAG 已经决定使用 HowSociable 活动来监控评论，使用 EventTracker 来记录在公司网络中发生的所有员工活动，跟踪访问的所有网站，并且保留在事故中能够引用的安全备份日志文件。

如果你回头看看第 2 章中 JAG 最初的评估，就能了解该公司在运营管理方面安全态势的发展情况。下表展示了 JAG 在实施运营指导方针中的进步。

运营	6 个月内达到的成熟度 1—差 2—普通 3—最佳实践
确定的社会化媒体运营	2—JAG 定义了公司运营社会化媒体平台的步骤和实施安全的运营指导方针的操作项目
由部门清晰定义的运营职责	2—每个部门，即 IT 部、市场部、人力资源部和法律部都已经清晰地定义了社会化媒体岗位
映射到社会化媒体策略的运营活动	2—社会化媒体策略已经开发，正在实施符合策略要求的必要步骤
主动监控社会化媒体威胁	2—JAG 有 HowSociable 等监控工具，用来跟踪关于公司名称的评论，但是还没有对工具进行微调
在公司内使用社会化媒体网站的资产管理	2—所有社会化媒体平台现在都由市场团队清晰地跟踪和管理

（续）

运营	6 个月内达到的成熟度 1—差 2—普通 3—最佳实践
跟踪允许使用社会化媒体的员工的使用情况	2—已经实施了多种跟踪员工使用的工具
管理社会化媒体安全工具的操作人员的教育	1—很遗憾，JAG 还没有展开对日常运营的完全培训，但是正在致力于这项工作
确定社会化媒体网站数据使用和存储的过程	1—这对于 JAG 是个很困难的工作，因为有些社会化媒体网站在分享公司数据管理方式方面不提供帮助
业务持续性计划中从社会化媒体网站恢复信息的过程	2—JAG 离线保留所有客户和市场部列表信息的本地副本

15.2　确保遵循安全惯例所需的监控类型

大部分公司都面临员工不正当使用互联网的挑战。在一天之中，员工很容易更新个人博客、发送 Twitter 信息或者更新 Facebook。除非员工了解这些行为很可能被捕获，否则他们就会一再地绕过规则。没有强制性的策略就和没有罚单的限速一样，运营监控和报告在维护有效的策略以及确定策略需要调整的内容方面起着关键的作用。

除了支持内部策略之外，运营监控在确保公司遵循联邦政府、行业和机构规章符合性上也起到关键的作用。在美国监管机构（包括联邦商务委员会安全保护原则、格雷姆－里奇－比利雷法（GLBA）和医疗保险方便性和责任法案（HIPAA））中要求相关行业的公司实施安全过程和系统。HIPAA 要求医疗保健机构确保患者信息的机密性。在金融界和一般的财务报告中，GLBA 和全美证券商协会（National Association of Securities Dealers，NASD）要求与客户相关的书面和电子档案，而萨班斯－奥克斯利法案则用来避免数据（包括电子数据）的破坏。对于几乎每个行业，支付卡行业（PCI）标准为保护客户信息设定了方针。在这些行业和其他行业中，立法委员会保留相应的通信和交易记录以供审计或者法律诉讼使用。这些法律法规的强制性手段包括罚款、起诉和吊销执照。

金融业要求具备运营监控和报告手段。最近，InvestmentNews.com 报告，美国证券交易委员会（Securities Exchange Commission，SEC）要求金融顾问提供 2010 年社会化网络的使用情况的报告，SEC 在发出的函件中要求[⊖]：

1）足以确认（投资顾问）与社会化媒体网站的关系或者使用情况的所有文档，这些网站包括但不限于：a）Facebook；b）Twitter，包括且不限于 AdvisorTweets.com；c）LinkedIn；d）LinkedFa；

⊖　《What the SEC Is Requesting from Advisers on Social Media》（SEC 对投资顾问社会化媒体活动的要求），《Investment News》（2011 年 2 月 16 日），网址：http://www.investmentnews.com/article/20110216/FREE/110219945。

e）YouTube；f）Flickr；g）MySpace；h）Digg；i）Reddit；RSS；j）博客和微博。

2）关于（投资顾问）在任何社会化媒体网站上进行的通信或者收到的信息的所有文档，这些网站包括但不限于第1条中所列出的。

3）所有与（投资顾问的）社会化媒体使用情况相关的策略和规程文档，包括但不限于：a）关于任何（投资顾问进行的）社会化媒体网站交流的所有策略和规程；b）所有与未来在任何社会化媒体网站（投资顾问进行的）交流相关的所有策略和规程；c）与任何（投资顾问进行的）社会化媒体网站交流相关的所有持续监控策略、规程和审核流程。

4）所有与（投资顾问）所维护的社会化媒体网站上第三方使用情况相关的策略和规程，包括但不限于：a）所有关于第三方交流的策略和规程，其中的第三方包括但不限于任何（投资顾问）维护的社会化媒体网站上的实际或者潜在客户；b）第三方未来可能交流相关批准流程的所有策略和规程，其中的第三方包括但不限于任何（投资顾问）维护的社会化媒体网站上的实际或者预期的客户；c）所有关于第三方通信的持续监控策略和规程或者审核流程，其中的第三方包括但不限于任何（投资顾问）维护的社会化媒体网站上的实际或者预期的客户；（这一过程要不断持续下去）。

SEC已经预测到投资顾问对社会化媒体的使用没有得到控制可能导致的损害。对于投资顾问来说，任何与客户的交流或者对客户的诱惑都受到高度的监管。这意味着必须有合适的流程，监控和报告任何用于讨论投资建议的社会化媒体交互。

15.3　数据丢失管理：工具与实践

你在第10章中曾经看到，公司的运营管理战略概述了社会化媒体活动日常维护所需的工具和所实施的技术。这些社会化媒体活动应该与你的公司策略一致，这点我们在第6章中也进行了讨论。监控内部策略和监管要求的符合性是日常的战术活动。数据丢失预防的3种主要方法包括：警告系统，使用趋势跟踪，以及日志文件存档。

15.3.1　警告系统

监控系统应该尽可能多地包含扫描在线发布内容（包括员工张贴的数据）的自动过程，并且在公司定义的关键词或者短语出现的时候向指定的管理人员发送警告。一些警告系统（如免费的Google Alerts）仅在网上张贴了评论之后发送提醒。对于一般公众张贴的数据来说，这样的系统最为适合，因为你显然无法在此类数据张贴到网上之前进行监控和预防。

但是，在员工使用公司提供设备的情况下，在某些关键词和短语出现时，或者员工试图访问被阻止网站时，应该实施警告和监控员工的系统。例如，如果你使用Websense等Web过滤器，当员工前往公司策略禁止的网站时，他将得到一条该网站被禁止的消息。如果员工发送带有"SSN"（社会保险号码）一词的电子邮件，电子邮件网关上的过滤器将拦截这封邮件。这些关键词和短语可能属于敏感数据，包括知识产权、商标，也可能包含对品牌的评论。例如，如果客户发送一封电子邮件到你的服务中心，邮件中包含账户号码或者社会保险号码等敏感信息，员工可能在回复该邮件时不小心将敏感的客户信息发出，这种行为可能违反了大部分监管要求，警告系统应该阻止员工发送这种邮件。这样的警告能够提醒员工：他可能违反了一致商定的公司策略。警告系统通过及时提醒潜在的危险或者误用，构成了数据丢失保护的第一道防线。

15.3.2 使用趋势跟踪

除了警告系统之外，企业应该跟踪数据，寻找与社会化媒体网站、第三方应用、关键词和短语相关的模式。通过建立一个可接受的基准，在单独用户的级别上识别统计上的显著偏差，并予以纠正。

使用趋势还突出了不同部门和群组的员工使用这些网站和服务的方式，这些方式应该与员工的工作职责对应。例如，与沟通相关的人员，包括与市场、PR 和广告相关的岗位，应该有较高的社会化媒体使用率。这些模式还应该反映市场活动和沟通倡议，包括与主流媒体对公司新闻报道相关的活动。你可能还希望跟踪对网站的不当访问。使用趋势数据有助于确定大量交流和谈话发生的地点，以发现信息的泄露。

为了实际跟踪趋势信息，你必须有一个主动跟踪所有活动的软件解决方案。我们已经提到了多种数据丢失预防解决方案。例如，如果你安装了 Specter Pro monitoring 解决方案，就能跟踪所有员工活动，如图 15-1 所示。

图 15-1 跟踪员工使用情况并监控活动

15.3.3 日志文件存档

日志文件在日常运营中很容易被忽略，但是它们在审计和监管要求符合性上非常关键。交流、谈话和社会化媒体活动的记录必须存档，以便确定问题和泄露发生的情况。日志文件还可以与警告系统绑定，在某种预先定义的活动发生时通知关键人员。例如，你可能希望记录所有社会化媒体上你所阻止的失败登录尝试，跟踪公司内部的所有博客帖子，跟踪社会化媒体论坛中从公司发起的所有 IM 谈话，记录对社会化媒体网站的所有访问，记录社会化媒体网站上花费的时间，查看员工使用的关键搜索词，跟踪在公司拥有的资源上下载和安装的所有软件。最后，可以对日志文件进行挖掘，找出与长期趋势相关的数据，包括员工访问的最多的内容网站、寻找社会化媒体内容使用的搜索词，以及员工可能破坏公司社会化媒体使用策略的行为，通过更战术性的跟踪机制和实时仪表盘可能无法得到此类数据。

理想的日志记录存储在无法轻易访问或者修改的受保护系统上，可用的日志应用程序很多，如 EventTracker、LogLogic、Splunk 和 LogRhythm 等，这些工具能够记录几乎所有网络活动，包括社会化媒体网站上的帖子。新的日志服务如 Actiance 的 Socialite 软件以及 Q1 Labs QRadar 针对特定的社会化媒体活动。Socialite 的关键特性包括：

- **身份管理**，建立单一的公司标识，并跨越多个社会化媒体平台跟踪用户。
- **数据泄露预防**，预防敏感数据恶意或者无意地离开公司。
- **细粒度的应用程序控制**，启用对 Facebook 的访问，但是不允许聊天或者下载和安装任何游戏类的应用程序。
- **审核人控制**，对于 Facebook、LinkedIn 和 Twitter，控制内容必须由公司通信负责人或者其他第三方预先批准。
- **活动控制**，管理各个功能的访问权限，如阅读、评论或者访问将近 100 种功能的权限。
- **记录谈话和内容**，按照上下文捕捉 Facebook、LinkedIn 和 Twitter 的所有帖子、消息和评论，包括导出选择的档案用于 eDiscovery。

15.4 监控和管理工具

数据丢失管理工具能够避免公司员工造成的信息泄露，而监控和管理工具能够识别最近发布的、公司可能感兴趣的信息。通过监控与关键词和短语相关的议论，可以识别这些评论张贴的场所，这样你就能更加完整地理解这些评论发布的背景环境。

尽管这些系统可能指出安全漏洞和违反策略的行为，但是正如我们在第 11 章中所讨论的，理解这些评论发生的背景始终是必要的。例如，公司人员在客户感觉受到不公正待遇的时候，在公开交流中采用道歉和谦恭的语气是完全合理的，应该受到赞扬。

警告 监控系统通常返回非常具体的交谈和交流情况，而无法提供与较长的新闻周期和事件相关的更大交流背景环境。使用监控系统时，不要过快地做出判断，在没有把握的时候保留疑问；在因为违规行为而遭到指责之前，人们应该有机会申诉。

15.4.1　监控评论

目前，市场上有超过 150 种监控评论的解决方案，其中包括免费和付费的服务。免费的服务包括 Google Alerts、HowSociable、Addict-o-matic、Livedash、StatsMix、Buzzstream、Samepoint、Trendrr 和 Social Mention 等。图 15-2 显示了使用 HowSociable 监控的 "KRAA Security" 的活动，图中可以看到，该软件还有一个可用的付费专业版本。

与免费的服务相比，付费系统提供更高级的功能，包括更强大的自定义选项，更健全的报告机制，更好的客户支持，与公司平台和工作流更好的整合，以及更多的隐私设置。付费服务的价格范围很广，它将提供许多免费服务所没有的附加功能。付费服务也能报告相同的数据，但是具有更先进的功能和数据显示工具。付费服务包括 SocialMetrix、Heartbeat、Radian6、Brandwatch、Biz360、WhosTalkin、VocusPR、Sprout Social、BuzzLogic、Scout Labs、Meltwater、Reputation.com、My BuzzMetrics、Trackur、Dow Jones Insight 和 Alterian SM2 等。有些付费服务包含了免费的试用期。

注意　我们的网站 http://securingsocialmedia/onlinemonitoring 上有监控工具的更新列表（包括评论）。

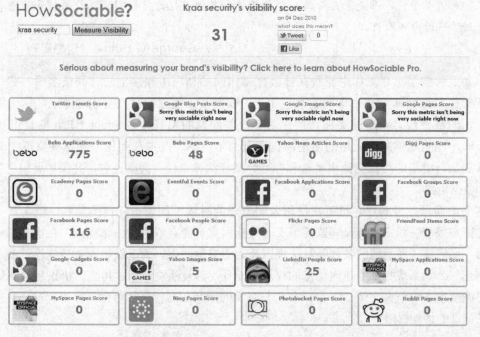

图 15-2　HowSociable 监控 "KRAA Security" 的有关评论

监控解决方案提供完整的功能集，这一功能集随着社会化媒体跟踪的成熟而持续发展。这些新的工具设计用来方便社会化媒体负责人员之间的协同工作，包括如下的功能：

- 监控几百万个博客和社会化媒体平台上的关键词和短语。
- 逻辑搜索能力和根据地理位置及语言的评论过滤。
- 对权威的跟踪以及关键影响力人物的识别与跟踪。
- 用户管理和用户活动日志。
- 预定事故类型的电子邮件通知和警告。
- 内容来源和社会化媒体平台过滤。
- 社区交互和发布功能。
- 每日 / 每周 / 每月活动摘要。

某些品牌（如 Gatorade 和 Dell）已经建立了社会化媒体管理控制室，在控制室内陈列广泛的监控仪表盘和跟踪器。社区管理和客户支持人员花费时间观察在线谈话，并在必要时做出反应。他们主动与公司销售、市场、IT 和 PR 目标协调一致，并且作为公司的耳目，提供来自社区的直接反馈。我们认为，这类控制中心将在经受大量在线客户评论的顶级消费品牌中流行起来。你可以在案例研究中看到更多 Dell 社会化媒体控制中心的有关内容。

15.4.2　监控员工

安全管理人员不喜欢谈及这一点，但是对于商业计算机系统、网络和数据的最大威胁并非来自黑客或者竞争者，而是来自员工、合作伙伴和其他有权访问公司网络、系统和专有信息的其他受到信任的内部人员。

——George V. Hulme《信息周刊》[⊖]

你知道哪些员工在工作中花费在社会化媒体网站和应用程序上的时间最多吗？哪些人将时间花费在 Facebook 聊天和即时信息应用上？哪些员工通过似乎无害或者随意的网上评论泄露了公司的敏感信息？通过实施帮助你回答这些问题的工具（如 Specter Pro 或 Dell 使用的 Radian6），你将能够减少无用的活动以提高员工生产率、改进公司调查和抓获害群之马的能力、强制执行组织的可接受使用策略和标准、减轻法律责任、揭露诬告，并保护组织免受内部盗窃和数据泄露。

本书前面已经提到过，员工在使用公司资源的时候不能要求任何的隐私。第 3 章中讨论过，美国高等法院裁定支持公司监控员工。其他国家可能有不同的法律观点，在这些国家开展业务时，你应该了解当地的数据隐私法规以及人力资源法规。为了保护业务持续性，公司必须保留调查与公司系统相关的任何信息的权利。而且，涉及法院命令、传票、诉讼和法律调查的情况可能要求查看个人文件。IT 部门负责与公司的律师和高管团队协作，收集、存档并且提供对电子记录的访问权限。

⊖　George V.Hulme，《The Threat from Inside》（来自内部的威胁），《信息周刊》（2003 年 4 月 14 日），网址：http://www.informationweek.com/news/ 8900062。

员工监控工具所发现的最常见活动类型是什么呢？可能发现的漏洞范围很广，包括下面这些情况：

- 破坏公司策略或者参与非法的交流。
- 在社会化网络中泄露太多有关公司的信息。
- 在公司的计算机和智能电话上安装未授权的社会化媒体应用。
- 以未经许可的方式评论公司品牌或者显示标志。
- 使用其他人的密码访问在线资源。
- 查看非法网站。
- 为了个人目的，在社会化平台上花费太多时间。

对品行不端的员工最好的震慑可能是让其产生对被抓住的恐惧。通过建立合格和可靠的监控系统，并对员工进行清晰解释，你就在道德上和责任上确保了高生产率和专业化的在线体验。前面列出的日志管理工具和监控工具，如 EventTracker 或 LogRhythm，提供了员工监控的关键功能，包括：

- 收集员工在线活动的持续记录，包括访问的 URL、使用的应用程序和花费的时间。
- 通过安全传输、集中存储，以及遵守关于证据收集的最佳实践和安全行业标准，建立公正的证据。
- 避免未经许可阅读和编辑存档记录，以保护档案的完整性。
- 发送预定安全事故和泄露事件的实时通知。

警告　在这里有必要提出警告：过分的员工监控可能造成士气低迷的环境，甚至造成一个"敌意的工作场所"，这可能使公司招致诉讼。避免过于严格的监控策略，过于严格的策略会减少员工工作的舒适性，从而使他们感觉疲劳。实施用于在线评论的监控工具和在 Web 上跟踪员工活动都必须付出财务上和人力资源上的代价。集成和维护监控系统需要花费金钱和时间。

员工对新社会化媒体工具的使用

到现在为止，你的大部分员工至少已经在一个社会化网络上创建一个简档，许多人都因为个人或者专业的原因，在一个或者多个社会化网络上保持着积极的形象。随着时间的推移，由于这些网络的用户基础的扩张和功能集的演变，许多新的伙伴服务生态系统出现，并进入到这些社会化网络中。在这些网络提供的新服务和第三方公司提供的服务之间，人们受到诱惑，使用越来越多的为社会化网络提供方便的应用程序。这些新的工具通常由独立开发者或者小型公司创建，在早期版本中总是包含安全缺陷。因此，理解这一点非常重要：员工试图使用新的社会化媒体工具，而这些工具可能给公司带来新的安全威胁。

HootSuite（一个 Twitter 管理仪表盘）等工具主要从浏览器中运行。其他工具则需要下载，并在 PC 上作为可执行文件运行，在 Mac OS X 系统上作为磁盘映像（DMG）或者 MAC 安装包（PKG）文件运行。其他应用可能运行于 Adobe Air 或者 Microsoft Silverlight 富互联网应用平台上。最后，通过智能电话操作系统还有无数可用的社会化网络应用程序，这些智能电话包括 Android、Symbian、Blackberry 电话以及 iPhone 和平板电脑。

正如本书之前讨论过的，你所创建的策略应该清晰地概述员工可以使用什么软件和服务，包括需要安装的应用程序和不需要安装但对环境仍有威胁的云服务。每个服务和应用都应该得到授权，然后用我们刚刚讨论的工具进行监控。

15.5　跟踪员工使用情况

随着社会化媒体的成熟以及被全世界网民更广泛地采用，员工必须面对这一事实：他们在工作时间的活动正在受到监控。在大部分情况下，全天使用社会化媒体并且保持生产率是不可能的。但是这一原则也有例外：

- 你是一名社区管理员或者客户服务代表，参与及回应你的客户和粉丝社区。
- 你是一名搜索引擎优化（SEO）专家，试图合法地回连内容，并通过高质量的帖子改进 Twitter 简档的页面排名。
- 你正在进行类似 @delloutlet 和 Dell 全系列 Twitter 账户（http://www.dell.com/twitter）的宣传活动。
- 你正在为了工作或者创作中的作品进行调查，从回复中收集新的信息。
- 你打算追随所在领域的相关专家，他们的帖子将能提高你的知识水平和对所在行业的了解，使你处于所在领域的前沿。
- 你打算通过相关和实用的帖子，加上网络关系的构建增强你的权威性，发展公司的业务。
- 你在工作中定期小憩，通过与其他人在线交流增强"联系"并得到动力，特别是在家庭办公室独自工作的情况。

还有其他情况，但是一般来说，大部分人都觉得在社会化网络上花费过多的时间会降低他们的生产率，他们接受雇主对这些活动的监控。

15.5.1　跟踪员工使用情况的好处

本章的前面，我们提到了用日志管理系统所能够跟踪的一些关键活动。如果你开始跟踪这些操作，你在什么时候真的希望报告这些活动？为什么你必须报告员工社会化媒体活动？关键的理由首先是好的业务方法，其次则是监管要求。

我们通过 Dell 的正面例子已经了解到，从社会化媒体取得收入是有可能的，理解员工和客户所发表的言论是很关键的。最大的潜在威胁之一是员工浪费的时间。如果你不跟踪员工在社会化媒体上所花费的时间，你就可能因为浪费的小时工资而导致真正的损失。员工可以通过社会化媒体与你交流或者交流有关你的事情，所以了解他们所说的内容可以帮助你改进你的公司、更好地培训员工，并影响员工的工作方式。

几乎所有行业都有跟踪员工的监管要求。隐私法将会得以扩充，并从公司对客户数据的处理方式入手施加压力。员工是违规行为的主要源头。我们在本书中已经提到了多个有关发送 Tweet 或者客户照片的危险案例，尤其是医疗卫生行业的案例。我们前面已经提到过，SEC 有关社会化媒体使用的规则对金融业将有广泛的影响。公司必须跟踪员工以确保对规章的符合性。

15.5.2　策略更改的分发

社会化媒体策略将随着新型社会化媒体的出现和现有社会化媒体功能上的变化而不断更改。这些更改需要花时间开发，并在整个组织内部利用新的规程和监控工具加以实施。但是，任何新的策略和规程 在进行更新时都必须广泛地进行传达：这对于公司来说不仅是正确的道德立场，而且传达社会化媒体策略本身也是对不端行为的震慑。有些公司甚至采取了额外的措施，将社会化媒体策略详细地公开，以便所有人（包括员工和客户）理解公司在社会化媒体上的立场和价值观。

15.5.3　跟踪社会化媒体新闻

社会化网络是一个快速发展的生态系统，由网站、应用程序、成败案例的研究、人身攻击和其他类型的事件、形势和事故等组成。在社会化媒体环境中，每周都会发生值得注意和有教益的事件。有许多的资源可以用来跟踪最新的社会化媒体发展。我们发现，跟踪下面 5 个最受公认的社会化媒体和技术在线出版物，就能得到最新的消息：

- TechCrunch (http://techcrunch.com/)；
- Mashable (www.mashable.com)；
- ReadWriteWeb (www.readwriteweb.com)；
- GigaOM (www.gigaom.com)；
- TechMeme (www.techmeme.com)。

了解最新的社会化媒体行业新闻很简单，每天只要花费 10 ～ 15 分钟浏览头条新闻和社会化媒体上的博客文章就可以了。很快你就能够成为公司主要的社会化媒体资源，这是一个值得羡慕而有价值的位置！

15.6　小结

为了有效地管理运营监控和报告，你必须实施和使用各种工具，在信息泄露之前避免数据的丢失，并且跟踪网上已经发布的相关评论。大部分公司都面临员工不当使用互联网的挑战，而监控内部策略以及监管要求的符合性（遵守法律）是日常的战术活动。数据保护涉及警告系统、趋势跟踪和日志存档的组合应用。数据丢失工具避免公司员工造成的信息泄露，而监控工具识别最近发布的公司可能感兴趣的信息。

改进检查列表

- 你是否开发了详细的操作手册，并将其分发给员工，在可能的情况下分发给一般公众？
- 你是否每天监控关键词和短语？
- 你是否监控具体的社会化媒体博客和网站，以得到更新的消息？

第 16 章

声誉管理：监控与报告

本书自始至终，我们都强调了通过声誉管理过程监控组织社会化媒体形象的重要性。你如何管理你的声誉？首先，你必须确定所要监控的内容，不管是员工活动、公众交流、竞争者还是行业。其次，你要确定能够提供所需信息的关键搜索词。最后，你必须实施必要的工具和流程，提供持续的数据流以进行精确的监控和报告。利用现有的社会化媒体在线声誉管理系统时，你必须考虑如下问题：

- 你的公司的多样性，以及建立声誉的背景环境。
- 你是否试图先于客户的需求和客户的攻击采取行动？
- 如果你的声誉受损，会危及什么？
- 你在互联网通信渠道和在线评论上有多少控制措施？
- 你如何跟踪你的声誉？
- 你能否发现有关声誉的准确信息？

本章研究开发声誉管理能力所必需的过程，具体内容如下：

- 在线声誉管理。
- 建立监控系统。
- 建立基线并与各个历史时期比较。
- 利用你所了解到的情况。

16.1 案例研究：不受控制的声誉破坏

声誉管理的问题现在已经超出了品牌管理的范畴，处于互联网隐私、诉讼和企业安全的最前线。发生在加州高速公路巡逻队的隐私损失案是一个悲剧性而又十分恰当的例子[⊖]。2006 年 10 月，18 岁的 Nikki Catsouras 因为父亲的保时捷 911 轿车失控并撞上收费站而丧生。加州高速公路巡逻队（California Highway Patrol，CHP）拍下可怕的事故现场照片，这是处理重大车辆事故的一种标准做法。对于 Catsouras 一家来说，不幸的是两位 CHP 员工在内部转发这些照片，并通过电子邮件发给了他们的朋友。泄露的照片很快散布，并且最终张贴到互联网上。此

⊖ Christopher Goffard, "Gruesome Death Photos Are at the Forefront of an Internet Privacy Battle"（互联网隐私战争最前线的惨案照片），《洛杉矶时报》（2010 年 5 月 15 日），http://articles.latimes.com/2010/may/15/local/la-me-death-photos-20100515/3。

外，"悲伤的人们"创建一个伪造的 MySpace 账户，将照片通过电子邮件发给了 Nikki 的父母，给他们造成了更大的伤痛。加州第 4 区法院于 2010 年 2 月 1 日判决，Catsouras 家族有权利起诉被告（CHP）的疏忽和有意的感情伤害。这个搁置的诉讼案和对 Catsouras 一家的赔偿预计给 CHP 带来数百万美元的损失。两位员工的个人行为已经给 CHP 造成了名誉上的损失，并且可能造成数百万美元的经济损失。问题是，这一事件能够避免吗？

这一过程中有许多问题。对这些照片应该如何处理？第一个需要回答的问题是，CHP 是否知道他们不应该分享这些照片，这样是否违反了法律？这是一个明显的问题，但是许多组织没有对处理数据的方式提供任何培训，特别是关于社会化媒体使用的培训。皮尤州务中心（Pew Center on the States）称，根据 2008 年政府分级报告，政府雇员的培训时间每年平均为 22.1 小时。每位员工的培训费用平均为 417 美元 / 年——每个工作日 1.3 美分。对于社会化媒体或者安全培训来说，没有真正的突破。

下一个要着手解决的问题是：这些照片如何存储，谁有权发送这些信息。如果 CHP 监控所有数据出入点，如果这些文件标记为"机密"，他们就能阻止文件离开组织。McAfee 数据丢失预防解决方案等安全技术能够阻止机密数据外发。

其他问题包括：除了监控电子邮件通信，组织是否还应该监控员工的社会化媒体简档？CHP 对于日常活动进行了什么样的监控？仔细监控个人活动能否显示出这两位违规员工的特性，并且对他们未来可能的行为产生怀疑？在线公告板和论坛的监控是否能够警告 CHP 这些照片的泄露，从而更快地做出响应？今天进行的一次搜索返回超过了 77 000 个结果，包括了许多可怕的图像。这个家庭雇用 Reputation.com，试图删除事故的照片，但是这些照片仍然存在。一旦数据到达互联网，即使采用主动管理也难以删除。Reputation.com 声称已经说服各个网站删除了 2500 张照片，但是完全从互联网上删除这些照片是不可能完成的任务。

在 H.U.M.O.R. 矩阵之上建立起来的策略能使 CHP 的员工知道自己正在被监控，并且可能劝阻他们的潜在破坏行为。这种悲剧性的案例可能发生在处理敏感信息的任何组织，如医院、律师事务所和金融机构。有效的声誉管理意味着投入资源，对在线声誉管理（online reputation management，ORM）问题进行监控和反应。一旦识别出问题，你的社会化媒体策略应该确定处理该状况所需的步骤和资源。

16.2　在线声誉管理

根据 Wikipedia 的说法，"声誉管理是跟踪实体行为以及其他实体关于这些行为的意见、报告这些行为和意见、对报告做出反应形成一个反馈循环的过程。"他们还进一步定义："在线声誉管理（或监控）是监控个人、品牌或者公司的互联网声誉的一种做法，目标是完全抑制负面的评论，或者降低它们在搜索引擎结果页面中的排名，减少其可见性。"一个可靠的 ORM 解决方案需要为组织提供实时和摘要（最好是每日）报告的组合。应该在 Google 新闻、Google Blog 搜索、Technorati、Del.icio.us、Furl、Flickr、Yahoo!、MySpace、Twitter、Facebook 和尽可能多的其他社会化媒体出口上识别和监控一个或者多个相关的关键词。好的 ORM 方法是访问你的客户常去的地方，监控、报告他们对品牌的意见，并做出反应。

聆听和监控社会化圈意见的公司在响应和防御对其品牌的潜在攻击中处于较为有利的地位。最近出现了许多的服务，使这一过程更加简便而有效。Reputation.com、Radian6、Keotag 和 Sprout Social 等公司都提供各种级别的在线声誉管理系统，许多这类工具都很容易使用。图 16-1 展示了使用 Sprout Social 登录 10 秒之后的结果。

在 Catsouras 家族和 CHP 的案例中，双方都对尽可能快地监控和删除泄露的信息感兴趣。创建一系列关键词能够在泄露的时候向 CHP 发出警告，并且可能用敏捷的法律行动遏制这一传播浪潮。在社会化媒体事故中时间是关键因素，因此拥有信息的组织必须快速行动以保护其声誉。在几个小时内，社会化网络可能破坏甚至摧毁一个百年品牌。理解声誉管理解决方案声称的报告，并按照事先确定的行动计划采取措施，能够大大地降低 ORM 威胁造成的损害。

图 16-1 使用 Sprout Social 进行声誉管理

16.2.1 牌资产

我们已经提到了许多社会化媒体监控工具，例如 Reputation.com 和 Sprout Social。在不同的行业中，所监控的数据可能有显著的不同。各种工具受到行业的影响可能略有不同，但是一般的规则是，应该在不同行业中应用相同的工具。

第 2 章确定的作为实施品牌和员工监控新工具的关键目标领域是：

• 品牌资产，跟踪公司社会化媒体简档的用户、关于公司的社会化媒体评论以及对公司的意见，以此确定品牌资产。通过实施工具监控所有品牌名称的相关新闻，识别风险。

- **品牌攻击**，实施工具监控与品牌相关的所有负面评论，识别对品牌的攻击。
- **防御技术**，发展对品牌攻击的防御能力。
- **危机管理**，发展危机管理能力。
- **员工监控**，IT 和人力资源之间应该协调一致。

JAG 做得如何？

第 11 章确定了许多声誉管理措施。在研究了流程和控制手段之后，可以利用测试公司——JAG 消费电子公司来确定，根据 H.U.MO.R. 矩阵能够实施哪些具体的改进。在实施各种工具和技术之后，JAG 已经达到了新的成熟度级别。这些工具与有关社会化媒体实践相关的员工教育相结合，将能减少 JAG 在社会化媒体界丢失可能影响该公司的重要数据的风险。在 6 个月之后，JAG 在如下领域出现了变化：

- **确定品牌资产的能力**，JAG 已经雇用了一家公司来确定品牌价值。
- **识别品牌资产风险的能力**，JAG 已经设置了 Google News Alerts。
- **识别品牌攻击的能力**，JAG 将使用 Social Mention。
- **防御品牌攻击的能力**，JAG 已经雇用了 Reputation.com 之类的公司减少攻击和不利言论的影响。
- **危机管理能力**，JAG 已经雇用了一家公共关系公司管理交流。
- **协调市场与 IT 部门的能力**，JAG 已经实施了新的月度管理会议，在各个部门之间协调所有社会化媒体项目。
- **管理声誉的工具**，JAG 已经与 Radian6 和 IceRocket 签约，跟踪和监控他们的网络形象。

16.2.2 声誉管理和员工

一旦你有了员工的活动报告，员工实际上也就对自己使用社会化媒体的方式有了更好的了解。难题在于，当你确认了员工在社会化媒体平台上所发表的有关公司的言论时，对于你所能采取的措施没有清晰的法律规定。机密信息的张贴很容易确认，历史上也有与社会化媒体张贴类似的案例——使用其他平台发送机密材料。

2010 年 11 月，美国国家劳工关系委员会起诉康涅狄格美国医疗响应（American Medical Response Of Connecticut，AMRC）公司，原因是 AMRC 解雇了一位员工，该员工在自己的家庭电脑上用个人的 Facebook 页面张贴了对其主管的负面评论[⊖]。NRLB 认为该公司的社会化媒体策略和措施违反了国家劳工关系法的第 7 条：

⊖ "National Labor Relations Board Steps in on Facebook Posting as Protected Emplogee Activity"（国家劳工关系委员会对 Facebook 帖子采取措施保护员工的活动），现代传媒学院（2010 年 11 月 9 日），网址：http://www.modernmediainstitute.com/2010/11/national-labor-relations-boardsteps-in-on-facebook-postings-as-protected-employee-activity.html。

NLRB 的调查发现，该员工的 Facebook 帖子构成了受法律保护的协同活动，该公司的博客和互联网帖子策略包含了非法的条款——禁止员工在讨论公司或者主管时做出贬损性的评论，禁止员工在没有公司许可的情况下以任何方式描绘公司。这些条款妨碍了员工在参与受法律保护的协同活动中的权利。

可以用监控和报告系统来捕捉信息，但是机密数据（如 Catsouras 事故的照片）与评论及闲话之间有差别，社会化媒体策略现在必须跨越这条细线。

16.3　建立一个监控系统

既然你已经选择 ORM 解决方案，你就必须持续跟踪议论；监控不是一次性的活动。监控应该包含任何产品、服务和组织所在的行业。此外，所有关键的管理人员、合作伙伴和供应商也应该添加到 ORM 观察列表中。这些警告能够帮助确定可能的 HR 或者 PR 状况，或者供应链中可能发生的破坏。为了建立一个简单的监控系统，必须进行如下的工作：

1）创建适合于组织的关键词数据库。关键词应该包括产品和服务、关键团队成员姓名、公司名称和其他行业相关的关键领域。在 JAG 中，它将监控关键的员工。也可以创建一个竞争者名称的关键词列表。

2）Google 实名搜索。搜索第 1）步中确定的每个关键词。Google 允许在搜索中添加特殊的"操作符"以帮助改进结果。例如，可以在查询中添加引号搜索特定的短语或者词序。为了搜索一个人的全名，在引号中输入他的全名。在查询中使用减号（−）可以从搜索中排除某些词，从而使之更加明确。例如，为了寻找竞争者 Coca-Cola 而不寻找购买的产品，使用搜索 [Coca-Cola-sale] 将产品销售从结果中排除掉。加号（＋）运算符也有帮助。在一个词语前添加＋号，告诉搜索引擎只希望得到这个词语而不是它的同义词，所以可以用 [+happy] 来得到不包含 "cheerful" 和其他类似词语的结果。

3）设置 Google Alerts 在你或者你的组织及服务被提及时发出通知。访问 Google Alerts 并根据关键词创建一系列警告，选择警告触发时通过电子邮件通知。图 16-2 说明了设置 "coca-cola" 警告的方法。

4）将付费的 ORM 服务集成到 H.U.M.O.R. 矩阵。前面已经提到，许多付费服务（如 Radian6 和 Compete.com）监控并且提供实时或者摘要格式的报告。

5）现在你已经设置了内部的、以公司为中心的警告，应该创建用于竞争者、行业评论、关键客户中心或地理位置的 ORM 警告。所有这些数据应该反馈到实时监控系统，如果潜在的威胁发生，监控系统就被触发，向防御系统发出警告。

这里提到了许多免费的工具。使用一些更可靠的商用工具，能够自动化这一过程并且使之更容易处理。不论公司的预算是多是少，都能够实施足以了解有关品牌最新活动的工具。

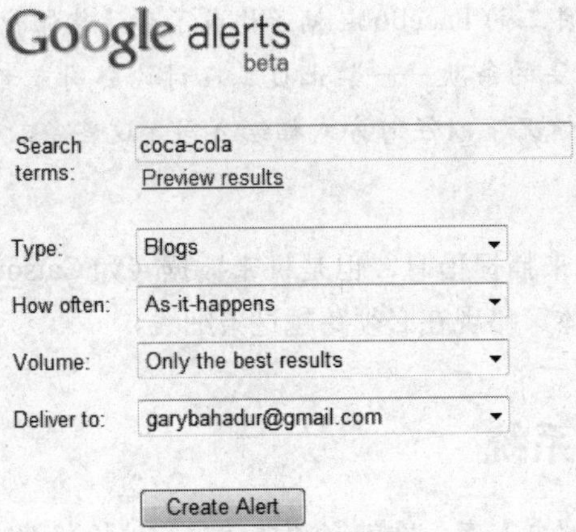

图 16-2　为 "Coca-Cola" 设置 Google Alerts

16.4　建立一个基线并与历史时期比较

除非人们知道自己的起点，否则就无法真正地衡量成功与否，这也适用于声誉管理。如果初始搜索返回负面的结果，这些结果应该和你缓解影响的工作一同受到监控。度量某些帖子或者搜索结果之间的分歧，能够确定这些结果所表达的态度。利用 RapidSentilyzer BuzzBoard（www.rapid-i.com）等开放源码软件工具，能够自动收集有关你的公司、产品或者你的竞争者的最新新闻，你可以在大量的文本中，如网页、讨论组、博客和 Twitter 等网站的实时社会化媒体聊天室，进行自动化的意见分析，此项工作的成本非常低廉。

SocialMention.com 等其他网站根据 4 个关键领域为查询分配了一个评分系统：强度、态度、热情和延伸（http://socialmention.com/faq）：

- **强度**。强度是指品牌在社会化媒体中被讨论的可能性。强度的计算非常简单：过去 24 小时中被提及的次数除以所有可能的评论次数。
- **态度**。态度是正面评论和负面评论的比率。
- **热情**。热情是人们重复谈到品牌的可能性度量。
- **延伸**。延伸度量影响的范围，计算方法是引用品牌的作者数量除以总评论数量。

在你的姓名或者公司名称上使用 Social Mention 之类的工具，就能跟踪感兴趣的结果。图 16-3 和图 16-4 分别展示了搜索 Jason Inasi 和 McGraw-Hill 所返回的结果。你将会注意到，搜索的结果并不完整，也不完全准确，还需要提取更多的数据，因此需要使用 HowSociable 和 IceRocket 等附加工具，这些工具能够帮助你得到数据的全貌。你将得到人、公司、关键搜索词的不同类结果。但是如果你长时间保持一致的做法，加上社区管理员的积极参与，就能够提炼得到的结果。

随时度量 Social Mention 组合得分，就能确定社会化媒体行动的效果。这种实时检验还提供了对负面意见趋势的洞察，并且能够帮助识别任何潜在威胁。

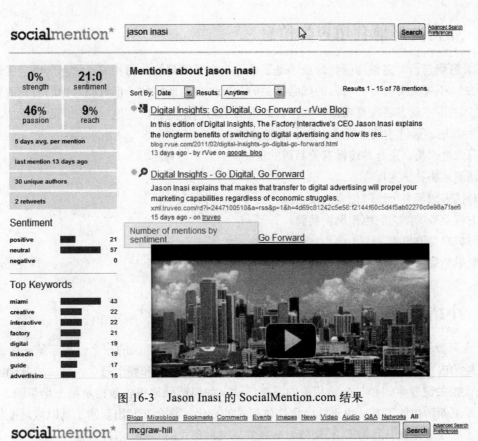

图 16-3　Jason Inasi 的 SocialMention.com 结果

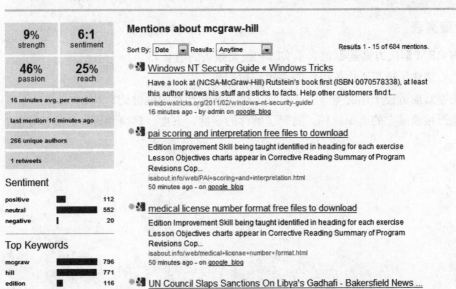

图 16-4　McGraw-Hill 的 SocialMention.com 结果

16.5　如何更好地利用声誉信息

不管精确与否、完整与否、公正还是歪曲，公众了解到的公司相关"信息"决定了他们对你的看法。不管真实与否，与你的产品相关的一篇失实的博客帖子都可能对你的公司造成巨大的影响。利用主动方法收集攻击你的声誉的人的信息，你就能快速地对抗任何品牌攻击，并且控制这种报道。通过主动地管理声誉，你能够：

- 有效地收集、聚合并传播有关品牌的信息。
- 预测威胁并快速反应。
- 对抗来源于多个地理位置的攻击。
- 方便业务伙伴之间协作保护品牌。
- 与客户交流事实。
- 利用免费工具提供符合成本效益的反馈和认识管理。

16.6　小结

在线声誉管理（ORM）是当今社会化网络领域中关键而持续的一个过程。第一步是确定应该监控的内容。大部分公司都需要监控员工、公众、竞争者和整个行业。第二步是确定如何最好地监控关键搜索词与与公司相关的重要活动。如何精确地报告数据是第三个步骤。最后，必须不断更新所用的工具。由于社会化媒体形式的变化，将会开发出新的工具以应对变化的环境。为了有效地完成 H.U.M.O.R. 矩阵，必须实施某种形式的 ORM 解决方案。

改进的检查列表

- 你的 ORM 解决方案是否包含了实时和摘要报告的组合？
- 你是否创建了适用于你的组织的关键词数据库？
- 你是否监控适合于你的竞争者、行业、供应商和产品的关键词？
- 你是否按照确定的组织目标，随时了解你的强度、态度、热情和延伸的基线度量？

第五部分

社会化媒体 3.0

第 17 章

评估你的社会化媒体战略

从第 1 章学习了在线环境的评估，为公司社会化媒体形象的安全工作做准备开始，你已经走过了一段很长的历程。从那时开始，已经介绍了许多基础知识，包括：

- 通过 H.U.M.O.R. 矩阵为安全策略创建一个框架。
- 识别威胁。
- 开发战略和最佳实践。
- 创建社会化媒体策略和规程。
- 实施监控和报告系统。

本章探讨你已经学习过的知识，并找出依然存在的难题。

17.1　JAG 做得如何

从本书的开始以来，虚拟公司 JAG 也走过了一段很长的历程。在 JAG 第一次进行 H.U.M.O.R. 矩阵自我评估时，该公司直率地给自己在所有领域上的表现都评为"差"。对于社会化媒体，该公司没有策略、没有保护自己的知识产权、没有为社会化媒体分配预算或者资源，没有工具或者系统，也没有监控相关的在线评论。JAG 不仅没有准备应对任何可能发生的情况，甚至没有专门花费时间来理解社会化媒体可能为其业务提供的机会。该公司的问题涵盖了从理解公司的竞争力到创建正面的口碑营销的各个方面。

随着时间的推移，JAG 理解了评估社会化媒体风险的重要性，因而开发并且实施了组织的策略和规程。JAG 在社会化媒体的安全使用、公司预期以及与 JAG 客户在网上的互动等方面对员工进行了培训，还实施监控工具减少声誉攻击的风险，并且度量公共舆论对其商业模型的影响。在表 17-1 中，你可以看到 JAG 已经完成了更新 H.U.M.O.R. 矩阵中安全态势衡量标准的工作，现在再观察 H.U.M.O.R. 矩阵，JAG 已经在每个领域都取得了进展，在所有项目上都可以自评为"普通"甚至更好。

表 17-1 6 个月后 JAG 社会化媒体环境的变化

人力资源 1—差 2—普通 3—最佳实践	6 个月内达到的 成熟度水平	12 个月内达到的 成熟度水平
人力资源策略		
明确的社会化媒体安全策略	3—已实施	3
HR 定义的社会化媒体行为准则	3—已实施	3
HR 管理社会化媒体的能力	2—工具已实施，人工审核流程	3
HR 的传播能力	2—正致力于部门间协调	3
通过策略和流程约束员工的能力	2—策略已发布，培训待完成	3
HR 管理培训的能力	2—已实施	3
HR 传达策略的能力	2—已实施	3
HR 对社会化媒体漏洞的响应能力	2—雇用外部 PR 公司进行	3
IT 安全策略		
社会化媒体策略的适用性	2—已实施	3
IT 策略中定义的社会化媒体安全技术	2—已实施	3
对社会化媒体漏洞做出响应的能力	2—与 HR 和市场部门协同	3
培训制度		
对员工进行社会化媒体使用培训	2—已有人工过程	3
对员工进行社会化媒体安全问题培训	1—需要自动化的过程	2
技术		
跟踪用户对社会化媒体访问的适用技术	2—已实施，采用 URL 过滤	3
跟踪社会化媒体利用规章的适用技术	1—需要跟踪所有规章	2
跟踪社会化媒体利用中数据存储的适用技术	2—已实施，每个网站都根据存储的数据归档	3
跟踪社会化媒体利用数据访问的适用技术	2—已实施，所有访问都已归档	3
跟踪社会化媒体利用中共享服务资源的适用技术	1—待实施	2
跟踪社会化媒体利用业务持续性的适用技术	2—已实施，为每个网站开发 BCP 计划	3
为社会化媒体利用提供支持服务的适用技术	1—待完成	2

（续）

人力资源 1—差 2—普通 3—最佳实践	6 个月内达到的 成熟度水平	12 个月内达到的 成熟度水平
知识产权		
跟踪知识产权不当使用的能力	2—已使用 Social Mention 等工具实施	3
跟踪公司对第三方知识产权不当使用的能力	1—待实施	2
版权		
跟踪公司版权数据的能力	2—已使用 BlogSearch 等工具实施	3
跟踪公司对第三方版权不当使用的能力	1—待实施	2
财务考虑		
跟踪用于社会化媒体的预算	2—由市场部和 IT 制订预算	3
跟踪参与度所需的工具成本	2—安排季度会议，审核社会化媒体工具上的预算支出	3
实时跟踪社会化界口碑所需的工具成本	2—已购买软件服务	3
度量品牌意识所需的工具成本	2—部署了 Radian6 之类的工具	3
跟踪正面、负面或者中性评论所需的工具成本	2—安装了 Social Mention 等工具	3
用于度量社会化媒体安全手段、软件和工时的工具成本	2—人工跟踪预算项目	3
确定的品牌资产价值	2—雇用外部 PR 公司进行度量	3
运营管理		
确定社会化媒体操作	2—已确定日常操作	3
由部门清晰定义的运营职责	2—已实施，由各个部门提供指导方针	3
运营活动映射到社会化媒体策略	2—已实施	3
主动监控社会化媒体威胁	2—使用 Radian6 等工具	3
公司使用的社会化媒体网站资产管理	2—使用的所有社会化媒体网站均已确认	3
跟踪允许使用社会化媒体的员工	2—已用监控软件实现	3
管理对社会化媒体安全工具操作人员的教育	2—已由 HR 完成	3
确定社会化媒体网站中的数据使用和存储的流程	1—需要更多的流程	2
从社会化媒体网站为业务持续性计划恢复信息的流程	1—需要更多的流程	2

（续）

人力资源 1—差 2—普通 3—最佳实践	6 个月内达到的 成熟度水平	12 个月内达到的 成熟度水平
声誉管理		
确定品牌资产的能力	2—与外部 PR 公司合作	3
确定品牌资产风险的能力	2—使用 Radian6 之类的服务	3
确定品牌攻击的能力	2—使用 Radian6 之类的服务	3
对品牌攻击的防御能力	1—有待实施	2
危机管理能力	2—利用外部的 PR 公司	3
市场部和 IT 部的协调能力	2—已有新的每周协调流程	3
管理声誉的工具	2—已有多种工具如 Social Mention 和 IceRocket	3

17.2　前方的挑战

当你一切准备就绪，能够快速而有效地响应、报告和补救各种情况时，你所处的才是一个安全的社会化媒体环境。但是，为了达到这一目标，必须预先实现相应的系统和策略。随着公司社会化媒体形象的成长，你将面对越来越多的安全挑战。你的战略和策略必须随着时间的推移而演化，因为工具和业务过程发生变化，在社会化媒体中频繁地变化。

17.2.1　确定实施过程

在使用 H.U.M.O.R. 矩阵评估公司的社会化媒体使用时，一些有漏洞的领域立即就显现出来，实施的优先级也很明显。例如，没有任何策略会允许员工随意张贴信息，而使公司暴露在攻击之下。如果你没有策略和监控工具，员工在社会化媒体渠道上发送机密信息的风险就比较高，你不可能会知道。当你识别环境中的缺陷，采取的措施降低机密泄露和名誉受损就迫在眉睫。

社会化媒体高速发展，相应地创造出用于在线参与的工具。这意味着，员工很有可能在工作时间内使用未经授权的社会化媒体工具，从而使公司处于数据丢失或者声誉受损的危险之中。关键在于清点所用的应用程序以了解工作时间承担的风险，并对工作时间之外张贴的信息进行监控。此外，你所实施的社会化媒体策略不仅要概述代表公司时所预期的行为，还必须指出可以安全使用的应用程序及其使用方法。员工也必须理解何时对有关公司的质询做出响应才是合适的，以及何时应该由指定的社区管理发言人处理这种响应。

详细列出公司知识产权、商标和版权，以避免信息泄漏和标志及品牌的错误使用。在这一过程中，可能需要创建数码版本的标志和品牌供员工及公众使用。

最后，实施监控工具以度量员工、客户和竞争对手的社会化媒体活动非常重要。聆听及研究在线评论既能告诉你未来采取的措施，还提供了对公司绩效的一种日常检查手段。

17.2.2   安全是一个活动的目标

任何当前实施的社会化媒体安全措施充其量都只是暂时的补救手段，因为社会化网络种类繁多，每个网络都有各自的安全漏洞和隐私风险。社会化网络本身不断变化，并且不断更新隐私保护方法，还往往因为商业原因降低隐私级别（正如 Facebook 所做的那样）。没有警惕性的用户可能在发现曾经受到保护的信息不再安全时才恍然大悟。你无法仅仅依靠社会化媒体网络来为你提供警告和安全。而且，新型的社会化共享网站正在出现，它们重新定义了人们与他人互动的方式。目前，问答网站和移动照片共享服务正在快速地得到采用。一般来说，新的社会化媒体网站和移动服务能够很好地整合到拥有数百万用户的现有社会化网络。现在可以即时为照片加上地理信息，共享照片，然后通过多个网站上的账户传播这些照片，这种功能提出新的安全挑战，如在移动电话上传时发生机密数据丢失。这些挑战难以预见，社会化网络就像沙漠中的沙丘一样不断地变化。抵御未来风险的唯一方法是从目前的安全措施中汲取教训，跟上新的服务和现有服务的变化，并且经常对环境进行重新评估。

17.2.3   管理和策略的持续更改

考虑社会化媒体变化的速度时，还要重点注意服务的采用速度以及人们学习使用这些新服务的速度。一般来说，使用社会化媒体有一条学习曲线，通过更多地参与和更加公开地分享，整个社会化界也沿着这一学习曲线发展。而且，每个新平台都有一些怪癖，用户必须学习和掌握它们。

社会化媒体的变化意味着，任何公司的客户随着时间的推移，在网上都会变得更加活跃，并将出现在更多的社会化网络上。员工将跟随这个趋势，采用新的社会化网络并且更加公开地参与交流。

因为这些推动力，社会化媒体策略、规程、控制手段和监控都必须经常更新，以跟上使用和行为的变化。过时的系统和策略给人带来虚假的安全感，从而造成最大的威胁。

17.2.4   检查你的来源

随着我们通过社会化网络和博客得到的信息越来越多，我们正在冒着失去 20 世纪中出现的传统媒体（公认的权威媒体品牌精心挑选每篇文章，保证其可靠性）的风险。当阅读《纽约时报》时，我们知道媒体在专业性、编辑过程、调查的质量以及道德上维持着特定的标准（即使如此，偶尔也会发生对报告准确性的争议）。但是，当阅读任何特定的博客时，如何确定它是可以信赖的？我们如何知道，所写的内容是否经过调查，并且表达了真相？你的策略在引用任何报道或者重发信息之前，是否需要验证信息来源？

数码技能是应对社会化网络的重要技能，参与网上交流的公司必须掌握这种技能。要知道哪些信息值得注意，以及何时、如何响应，就需要相当多的判断、复杂的思考和研究。在处理社会化媒体评论之前，必须知道它是否有熟悉和信任的来源，如果它的来源不可靠，了解这些评论的权威性、可靠性和影响力也同样重要。

上述问题的多种解决方案可以组合使用。第一种方案是在现有的客户关系管理（CRM）系统中构建一个社会化层次，以确定主要客户在网上参与的地方。客户阅读哪些博客，参与哪些社会化媒体平台？知道这一点不仅能够让你对评论的监控更加精确，而且能够告知市场部门应该在哪些场所进行宣传倡议。

第二种解决方案是交叉检查任何社会化媒体评论的作者以及他可能参与的其他社会化网络。例如，作者是否有 LinkedIn 简档？如果有，是否包含了第三方的鉴定？虽然在互联网上没有集中可信的身份验证机制，但是一些社会化网络（如 LinkedIn 和 Facebook）可以作为精确的代理服务器，因为人们通过连接和证明互相"担保"。匿名的评论应该更加全面地加以调查，但是从定义上说，匿名摧毁了可靠性。

第三种解决方案最为重要——通过核实来调查评论。这可能包括：如果出现服务问题，联络正在与客户互动的员工；如果客户抱怨产品缺陷，直接联络客户。

17.2.5　验证系统正在变化

用户注册为网站成员的方式已经出现了突变。根据网站，人们过去注册的方式往往是在一个表单上填写姓名、电子邮件、密码和网站要求的其他细节。但是，我们发现越来越多的第三方验证系统，特别是 Facebook Connect。Facebook 的成员可以使用 Facebook Connect 按钮来加入新的网站，单击该按钮之后，将会从 Facebook 账户加载用户的详情。其他网站可能使用类似的身份验证机制，这些机制一般由 Twitter、Google 或者其他服务提供。

随着这些系统越来越广泛地得以采用，人们也就越来越期待在网站上使用它们。这也意味着，在网站和社会化网络之间的信息共享更加快速而简单，有时候甚至是自动的。由于人们跨越网络共享变得简单，信息共享的速度得到提高，从而需要在多个网站上监控围绕品牌评论的社会化媒体活动。

不论人们是通过社会化网络还是使用电子邮件验证，都很难识别可以乱真的虚假社会化网络简档，或者使用化名的 Web 邮件地址。在一定程度上，在互联网上保持匿名相对简单，验证某个人并证实其身份有时候是个难题。竞争对手可能假扮客户，员工也可以假扮成匿名的人。这样的活动可能出现问题，身份可能最终通过跟踪 IP 地址发现，有时候对于公司或者个人来说将造成尴尬而代价沉重的后果。在 2009 年的一件里程碑式的案例中，纽约州总检察官 Andrew M. Cuomo 接手整容公司 Lifestyle Lift 的案子，该公司因为在互联网留言板和网址上发布虚假的客户正面评论而被处以 30 万美元的罚款⊖。

⊖　"Attorney General Cuomo Secures Settlement with Plastic Surgery Franchise That Flooded Internet with False Positive Reviews"（总检查官 Cuomo 对整形手术机构在互联网上发布虚假的正面评论处以罚款），总检查官办公室（2009 年 7 月 14 日），网址：http://www.ag.ny.gov/media_center/2009/july/july14b_09.html。

17.2.6　品牌攻击难以跟踪

匿名技术非常盛行，匿名攻击者可能竭尽全力隐藏踪迹。由于潜在的攻击可能发源于国外并且用外语组织，对你的品牌发动的攻击可能难以预见和跟踪。

在线论坛 4chan 及使用"Anonymous"昵称的成员因为生成流行的互联网"Memes"（通过互联网散布的概念）的能力，以及对公司、政府机构和其他网站发动协调一致的拒绝服务和其他类型攻击的能力而闻名。4chan 的用户已经实施了一些最为引人注目的协同行动，特别是对美国电影协会（Motion Picture Association of America，MPAA）、美国唱片业协会（Recording Industry Association of America，RIAA）和 MasterCard 集团的攻击。通过在 4chan 留言板上的帖子招募的匿名成员随后发动了保护 WikiLeaks 的攻击，这一案例在第 3 章中已经介绍过。跟踪黑客活动家组织（如 4chan 上的那些黑客）的意见能对预防品牌攻击提供很大的帮助，也能帮助你了解这类攻击可能的发起时间。

17.3　主动声誉管理

协调一致的集体攻击可能严重地损害品牌资产和网站，防御这些攻击是安全计划中的关键。但是，保持对品牌评论的持续警觉也同样重要。在大部分案例中，社会化媒体攻击的最终结果是对品牌的损害，而不是对计算机资产的破坏。围绕服务或者产品特性积累起来的负面评论可能摧毁公司花费多年的精力建立的品牌价值，从而造成永久性的伤害。声誉管理的主要技能是对影响品牌声誉的情况做出反应、报告和补救的能力，如果在这一方面处理不当，品牌可能遭到破坏甚至完全被摧毁。2011 年 2 月份，互联网安全公司 HBGary Federal 的电子邮件遭到"匿名"黑客集团的攻击，该品牌遭到了重大的打击[⊖]。HBGary 当时正在出席 RSA 安全会议，为此被迫退出会议。HBGary 未能很快地进行有力的回应，有关该公司的负面报道很多，泄露的电子邮件揭示了公司内的秘密谈话。一旦安全公司遭到渗透，它还怎么可能恢复对公司提供高质量服务能力的信心？HBGary 能否用更加协调一致的方式做出回应，以保护它的声誉？我们对此一无所知，该公司的响应过程绝对不例外。但是考虑到 HBGary 仍然在开展业务，确实说明该公司正在恢复声誉，客户也仍然依赖它的服务。

17.3.1　响应

响应能力取决于：

- 有监控评论的系统；
- 对张贴评论的人的权威性和影响力的了解；

⊖　Josh Hallida，《Anonymous: US Security firms 'Planned to Attack WikiLeaks'》（匿名：美国安全公司"计划攻击 WikiLeaks"），《卫报》（2011 年 2 月 15 日），网址：http://www.guardian.co.uk/media/2011/feb/15/anonymous-us-security-firms-wikileaks。

- 具备训练有素的社区管理员；
- 对社区现有关系的利用；
- 维护社会化网络上的积极姿态。

这些功能和能力得益于在构造它们的过程中进行的研究。换句话讲，没有这些能力，公司在有效交流的能力方面就会受到严重的限制。

有效响应的能力也取决于快速响应的能力。快速响应的监控周期为几分钟和几小时——而不是几天。一旦谣言和讽刺开始出现，最好尽快澄清事实，并且开启与社区沟通的渠道。

17.3.2　报告

对社会化媒体评论的报告灌输一种纪律，而且能在分析结果中得到宝贵的经验。随着时间的推移，公司知道需要跟踪哪些重要和相关的项目、评论发生的地点、发表评论的人以及这些评论可能出现的时间。报告还通过即刻突出消费者观点的变化，成为一种早期预警信号。报告有助于将市场和宣传活动与消费者的看法相互联系，识别可能的强烈反应或者攻击。最后，报告能够形成监管链文档和记录的一部分，能够提供所发生情况的重要背景信息。有效的报告必须提供支持决策过程的数据。

17.3.3　补救

成功的声誉管理依赖对困境加以补救的能力。除了响应之外，补救还涉及业务流程和公司里的关键利益相关方。当公司的客户社区讨论服务交付、产品特性、客户服务或者公司其他方面的问题时，必须采取措施满足客户的期望，如果他们受到了误导，那么关键是在论坛上描述事实，为讨论确定一个有利的基调。例如，第 3 章曾经讨论过，Taco Bell 面临对其食品质量的社会化媒体攻击时，该公司成功地通过广泛的社会化媒体响应，应对了社区对其食品配料的担忧。另一方面，当客户有合理的担忧时，社区管理员必须将消息反馈给高级管理人员，并采取措施应对这些问题。因此，Domino's Pizza 因为两名员工张贴的恶作剧视频而蒙羞的时候，该品牌采取措施审核其生产流程，改进所提供食品的质量，这些内部更改加上广泛的宣传活动，突出了该公司为挽救声誉所做出的努力。

17.4　小结

几乎每天都有新的社会化媒体工具发布，这对试图减少社会化媒体风险的公司带来了独特的挑战。员工、客户和竞争对手都有能力对你的公司造成损害，对于评估威胁、实施控制和提供持续的监控和报告来说，H.U.M.O.R. 矩阵这样的框架是必要的。

社会化媒体安全环境的建立仍然存在一些难题。安全性是一个活动的目标，任何社会化媒体安全性的实施至多只是一种临时的补救方法。协调一致的集体攻击可能严重破坏品牌资产和网站，避免这种攻击是安全性的关键。声誉管理中首要的能力是对影响品牌声誉的情况做出响应、报告和补救。有效的品牌声誉管理涉及一系列技能，这些技能需要花费时间去实现，涉及技术工具和系统，需要人力资源的评估，并且依赖于业务流程和有效的数码能力培训。成功的声誉管理取决于通过拓宽与社区的沟通渠道，对不利局面进行补救，以及在组织内部进行有效的更改以应对社区关注点的能力。

第 18 章
社会化媒体安全的未来

2010 年，Facebook 的用户花费 12.7% 的时间在该网站上，超过了 Google、Yahoo! 和 Microsoft。根据 comScore 的 "2010 U.S. Digital Year in Review" 调查报告[一]，Facebook 在 2010 年中占据了美国页面察看次数的 10%。社会化媒体使用的爆炸性增长说明世界正在进入社会参与时代。现在，你用来更新社会化媒体的移动设备还能与汽车、家庭、自动售货机和其他联网设备通信。连接到互联网的设备数在 2010 年中超过了 50 亿，根据 IMS 的研究，在 2020 年将会达到 220 亿。

社会化媒体整合到我们的个人生活和商务生活中。这两种生活正在汇聚，持续地提供机会和造成问题。随着在线世界越来越多地整合到商务的各个方面，离线世界变得越来越小。社会化网站的发展已经超出了人们之间的联系：它们是全球的商业平台，现在连接着几乎所有的公司和服务。随着更多的信息成为新平台的一部分，所有的用户和公司信息都能从平台上访问。这就提出了一个我们已经遇到的问题——信息的保密或者保密性的严重缺失。

隐私的缺失将使某些人不愿意加入发展中的社会化平台，这可能影响社会化平台在社区（甚至文化背景）中的成长和采用。如何克服隐私和安全的风险以及忧虑？是否有（或者将会有）一种数据保护模型，能够让后来的采用者有信心进入社会化网络？

在本章中，我们将确认社会化媒体中即将出现的主要关注点，以及预先应对这些新挑战的方法。我们将面临由所有设备相互连接引起的问题；隐私的侵蚀将是持续的现象；监管环境也可能帮助或者妨碍客户和公司的保护。

18.1 包罗万象的互联网

如果所有的设备都连接在一起，大型和小型公司的竞争空间就会趋于平衡。所有公司现在都有机会在产品开发生命期中，与它们的潜在客户进行直接的反馈和沟通，引导产品的开发。社会化媒体已经大大简化了这种交流，现在，人们能够实时访问更加可靠的数据。互连平台的结果是，产品开发过程按照人们不断变化的品味定制，这一过程可能提供更好的产品。利用社会化媒体，你可以在社会化网站上，简单地张贴调查公布调查研究和开发信息，并且启动原型来评估反馈。

这改变了公司启动产品的方式甚至加速这一过程。但是在将产品投入市场的竞争中，速度

[一] 《The 2010 U.S. Digital Year in Review》（2010 年美国数字年回顾），comScore（2010 年 2 月 7 日），网址：http://www.comscore.com/Press_Events/ Presentations_Whitepapers/2011/2010_US_Digital_Year_in_Review。

可能以牺牲安全性为代价。如果 Web 应用程序不再经过长期的测试，就可能产生更多的安全漏洞。由于社会化网络的漏洞，存储在这些云服务中的客户机密数据可能处于更大的风险之中，我们在本章的下一小节中将更深入地加以讨论。

社会化媒体也使得许多工作的成本下降。如果你的产品不需要巨额的杂志和电视广告费用，你的预算也就出现变化，很可能降低你的市场预算。小型公司能够利用社会化网络在新产品的营销中与大型公司竞争。费用的变化如此明显，使得小型公司能够向市场推出更多的产品。许多公司正式任命社会化媒体管理员（社区管理员），以处理通过社会化媒体网站的社会化营销，获得对用户的了解。这一新角色可能增加新的人员预算，但是使用社会化媒体平台能在许多领域节约成本。Twitter 和 Facebook 粉丝页面是免费的！赢家将会是那些积极参与社区的人，而不是在营销上投入更多资金的人。

使用互联网协议版本 6（IPV6）的下一代互联网应用程序将能够与连接到所有电子物品的设备通信。因此，该系统能够识别任何类型的物品，并且可能编码 50 万亿～100 万亿种物品，并且跟踪这些物品的活动。蜂窝电话和新兴的技术如互联网电视、平板电脑、网络家电以及电子书阅读器对于这种增长做出了重大的贡献。合作的社区围绕着互联的世界发展，而社会化媒体成为独立社区首创精神的激活、发展和有效利用的催化剂。这些社区尽管仍处于初级阶段，但是驱动着数百种产品、服务、策略甚至政府机构的发展——发生在埃及的革命就是社会化媒体这一用途的好例子。Twitter 和 Facebook 是两个主要的交流来源。政府甚至启动关闭互联网访问来阻止交流。中东的"阿拉伯之春"革命中对社会化媒体的使用为 Salesforce.com 的 CEO Marc Benioff 带来了灵感，揭开了新社会化网络工具的面纱（http://www.reuters.com/article/2011/08/31/us-salesforce-idUSTRE77U5PC20110831）。

由于这种不断增长的影响力，理解安全性在快速发展的"全球脑"中的作用就变得非常重要了。

18.2 发展中的对"全球脑"的威胁

全球脑（Global Brain）一词最早由 Peter Russell 在 1982 年出版的《The Global Brain》书中定义，指的是包含人、数据和通信加上地球上无处不在的处理系统之间的互联技术所形成的全球智能网络。因为互联网连接设备变得更快速和更智能，并且接管了更多我们的工作，因此受到黑客攻击、恶意软件和病毒发展带来的威胁。我们现在不仅有了连接到互联网的计算机，还可能有几十个在多个互联平台上访问和分发个人数据的设备，它们更容易遭到攻击。

你的汽车 GPS 或者移动电话的地理位置服务可能被用于跟踪和监控行为模式。这些模式之后可能被用于企业间谍行为、数据盗窃甚至实体攻击。例如，在最近的社会化媒体相关攻击中，来自墨西哥的 19 岁男子 Pedro Lopez Biffano 被指控在社会化网站上与受害人成为朋友之后，劫持了 10 多位受害者⊖。他首先与受害人成为朋友，然后哄骗他们与自己会面，在会面时绑架受害人索要赎金。如果一个人在社会化网络上很活跃，"好友"们能够建立这个人所做的每件事情的完整档案——找出他生活的地方、住处、旅行的去向，所有这一切都是实时进行的。

从多个社会化媒体账户上、跨越多个设备获取信息的能力虽然能够为我们提供许多方便，但是事实已经证明，这种能力可能招致灾难性的信息泄露。因为捕捉这些信息几乎是没有成本的，只需要少量的资金，攻击者就能设计新的骗局并发起攻击。在 Pedro Lopez Biffano 的案例中，他几乎没花多少钱，就利用 Facebook 欺骗他的"好友"与之会面。尽管所有设备都已经可以联网，公司或者法规上都还没有着手处理隐私方面的关注点，为最终用户提供合适的保护。新技术将控制权从集中的服务器转向更加难以限制的移动设备和用户控制环境，用户对自己的安全性也就承担更多的责任。

18.2.1　失控

当用户在真正喜欢你的产品时，他们可能获取你的内容，进行修改并且发起自己的口碑营销活动，产品的市场生命期也就随之改变。这种情况很好，但是因为消费者在社会化网络上有更多的自由，甚至拥有修改你的内容的能力，你也就失去了更多对市场的控制。社会化网站上的 IP 盗窃风险更高，这类网站具备传播特性，甚至可能在你还不知道发生什么事情的时候就轻易地散布你的数据。公司面临越来越多的挑战，包括：

- 失去对品牌信息的控制。
- 试图控制最终用户。
- 无法度量品牌的影响因素。
- 消费者修改品牌信息。
- 在社会化媒体上投入资金而没有明确的回报。

18.2.2　产品和数据盗窃

公司面临的主要风险是在产品开发工作中使用社会化媒体网站，从而造成对数据安全性的威胁。"众包"（Crowed-sourcing）可能使你的公司处于竞争之中。在这种竞争条件之下，你难以获得绝妙的想法，想法很容易被复制，如果复制的人有资金的支持以及快速执行的能力，他们就能够完善该产品、投产并且获得比你的公司更多的市场份额。

使用社会化媒体网站进行企业间谍活动更为容易，创作假情报也是如此。收集人员和竞争项目的资料比以前更加简单，员工可能张贴正在从事的项目的细节或者他们将要去的地方（如客户或者合作伙伴的网站）。因为攻击者对其目标了解更多，因此数据盗窃也变得更简单。利用社会化网络上这么多关于个人和公司的数据点，社会化工程攻击也就更加流行，并且将

⊖　《Mexican Teenager Used Social Websites to Kidnap People》（墨西哥青年利用社会化网站劫持人质），NDTV（2011年 1 月 17 日），网址：http://www.ndtv.com/article/world/mexican-teenager-used-social-websites-to-kidnap-people-79781。

会持续增加。

隐私问题和身份盗窃正在突增。"成为"其他人更加简单,因为人们生活的许多部分都出现在社会化网络上,使得社会化工程和验证机制攻击成为可能,这类攻击很容易损害个人或者公司的声誉。

18.2.3   隐私的侵蚀

客户或者公司放到社会化媒体的任何信息都无法保密。一旦你的员工发送了某些机密信息,不管是疏忽或者故意,这些信息都不可能收回。如果你希望有隐私,那么就应该采用离线的信息交换,但是对于当今的公司来说这是不实际的。一旦社会化网站的应用中有了你的数据,你就失去了对数据使用的控制。你再也无法控制包含你的企业数据的环境。

如果你抱怨令人不快的老板,谈论正在从事的最新项目,或者张贴在病假期间的照片,这些都会被你的"好友"们谈论。由于应用程序连接到你的简档,实际上也就成为你的好友,它们能够自动地与你的数据交互,根据你的帖子或者 Tweet 来针对你,并且用编程的方式更简单地获得所有有关的信息。由于你在网上讨论将要做的事情和将要去的地方,对隐私的威胁扩展到了你的实际位置。

18.2.4   以地理位置为目标

应用程序正在转向地理位置功能。为智能电话开发的"应用"(App)将会添加地理位置功能,瞄准你的当前位置。Facebook Places 等应用能够确定你所在的位置,方便好友们寻找你。Foursquare 允许朋友将你加入聚会。你可以使用 AroundMe 应用寻找最近的饭店、旅馆甚至医院。地理位置服务有许多好处,但是强大的功能意味着更大的责任。这些应用能够保护你免遭潜在攻击吗?或者说,它们是否为你提供限制和阻止发送你的地理位置的能力?

举个例子,假设你打算在一位潜在客户的办公室与之会面并共进午餐。你用 Foursquare "登录"到客户办公室的位置,这样就将向现实世界中的潜在攻击者提供许多有关你所在的地方和所会见的人的信息。如果你拍下聚会的照片,用 iPhone 上传到 TwitPic 并打开了地理信息功能,查看照片的人就能得到拍摄照片的经纬度。掠夺者可能因为个人原因或者为了企业间谍活动,在你所用的社会化网络(如 Gowalla、Facebook Places 或 Foursquare)上跟踪你,发现你的实际位置。现在销售的许多移动应用程序都有某种基于位置的服务,使其更容易与其他网站共享位置——也就更容易跟踪你的行动。

18.2.5   对家用设备的攻击

迄今为止,侵犯隐私和身份盗窃都是来自于 Web 应用程序、失窃的数据库等传统位置,以及现在的社会化媒体信息抓取。从个人或者公司使用的所有社会化媒体平台编辑一个相关的数据点列表是很容易的。随着联网设备的增长,所连接的设备已经从你的手机和电视转移到家庭保安系统甚至中央空调;现在和未来,更多的信息将被移植到互联网上并且被社会化媒体网站所用。你的兴趣、每天购买和使用的物品都是这些联网设备的一部分，这些宝贵的信息可以用于好的目的和邪恶的目的。当所有设备都联网（可能连接到互联网）时，使用数据可能很珍贵。考虑一下病毒或者恶意软件能够禁用联网的家庭保安系统的情况，这将会真正地影响到你的安全。

18.2.6　对品牌的攻击

你的公司发布到互联网上的内容，不管是通过企业市场活动还是员工在个人时间张贴的，都为你的品牌在空中形成的大型数据库做出了贡献。你的所有客户和潜在客户以及竞争对手都能看到有关你的品牌的相同信息，并且可以联络你或者全世界的人，谈论他们对你的品牌的任何意见。许多公司跟踪其品牌的相关信息。当公司对客户的行为有了了解，他们就可以围绕这些行为制作广告。

你的竞争对手可以使用这些相同的信息收集技术，了解你的公司的所有情况，并且找到品牌的弱点加以攻击。如果竞争对手发现客户喜欢你的产品，它们可以很简单地复制你的想法，启动一条竞争的产品线。如果他们发现客户因为你的产品而不愉快，就可以利用形势偷走客户并破坏你的声誉。恶意和不道德的竞争对手甚至可以创建伪造的简档，用你的名义张贴令人尴尬的信息、谎言或者误导性的声明。我们预测，逐步升级到品牌攻击的企业间谍活动更多地隐藏在虚假的简档背后，这类活动变得越来越容易。随着人们越来越理解这一点，竞争对手的攻击将有增无减。

18.2.7　"你是我的了！"

互联网上所有的信息革新已经造成了一个所有权的问题。谁真正拥有存储在 Facebook 或者 Twitter 的服务器上的个人信息和发送消息的数据库？如果美国国会图书馆已经对 Twitter 消息进行编目，是否意味着政府拥有你的 Tweet？在 Facebook 透露它存储和拥有用户发送帖子的数据库之后，越来越多人提出了隐私的问题。根据 Facebook 模棱两可的隐私策略，即使用户已经删除简档，它仍然有权利使用和保留信息。Facebook 已经修改了它的隐私策略，但是一年后会发生什么？——会不会又恢复原状？你或者你的公司使用的 20 个其他社会化媒体网站情况又是如何？它们在信息所有权上的策略是什么样的？一旦你发出自己的信息，它就存储在你所无法控制的服务器上，对你来说它实际上已经丢了。

18.2.8　不一致的法规

由于越来越多的公司因为黑客攻击、错误的配置和未经教育的用户活动而丢失客户数据，引起了政府部门的注意。许多国家正在改进它们的消费者隐私保护法。许多行业具备消费者数据管理方面的规章。越来越容易发生的攻击事件对选民产生了影响，迫使政府着手增加一些社会化媒体法规。如果你在不同的国家中开展业务，就必须应付多种法律。应对不同的法律法规将会增加业务成本。

现在，各个国家的社会化媒体法规不一致，可能影响到你的安全性。2010 年 11 月，欧盟委员会公布了一项战略，"在所有隐私领域保护个人数据，包括实施法律，同时减少商业方面的繁文缛节，保证数据在欧盟内自由循环。[⊖]" 欧盟委员会的战略提出了通过一系列关键目标实现欧盟数据保护法规框架现代化的建议：

加强个人权力，使个人数据的收集和使用限制到必要的最小限度。个人数据收集和使用的方法、原因、使用人和使用时长都应该以透明的方式清晰地通知个人。谁拥有你的私人数据这一问题已经成为企业和政府的重大问题，并将在未来数年内继续成为难题。

根据 Pew 的互联网与美国生活项目[⊜]，在寻求健康问题在线支持的互联网用户中，24% 的人用真实的姓名和电子邮件地址注册。他们所张贴的每句话、每个问题和回复现在都存储在云或者某个硬盘上。但是不同的国家以各不相同的方式处理真实的数据。如果你来自美国，你的数据上的隐私限制要比进入德国的医疗门户网站时更少，因为欧盟的数据隐私法更加严格。

18.3　进攻是最好的防守

要克服隐私和安全问题方面的忧虑，第一步是进行关于负责任地使用社会化媒体的必要教育。我们提倡实施一个流程，处理现在和未来将要使用的任何社会化媒体平台。有了一致的流程，公司就不会在新的社会化媒体工具流行、客户和员工迁移到不同的网站时毫不知情。公司可以利用在线或者当面培训计划，这些计划覆盖了如何明智地使用社会化媒体，以及员工如何学习目前和将来使用的任何技术中所需要的基本安全性要求。

其次，有了合适的工具，你就能够保护你的公司、品牌和隐私。我们已经讨论了许多对此有帮助的工具，而且每个月都有新的工具发布。和所有工作类似，没有正确的工具，你就无法达成你的目标。不管你使用免费还是付费的工具，它们都必须能够真正地帮助你管理当前的社会化媒体环境。

最后，在管理社会化媒体声誉时要保持主动。如果出现流言，不管对你的公司是正面还是负面，你都可以立刻行动，在某种程度上管理这一流言。你的公司可以用正面的响应来扑灭谎言，也可以有效地交流公司可能出现的错误；你的公司可以快速地发起正面的评论，扩展网络上的报道并增加你的品牌价值。应该积极主动地利用你所拥有的实时响应能力，而不是缓慢而被动地做出回应。

⊖　《European Commission Announces Intention to Strengthen EU Data Protection Rules》（欧盟委员会宣布加强欧盟数据保护法规的意图），K&L Gates（2010 年 11 月 9 日），网址：http://www.ediscoverylaw.com/2010/11/articles/news-updates/european-commission-announces-intention-to-strengtheneu-data-protection-rules/。

⊜　《86% of Internet Users Want to Prohibit Online Companies From Disclosing Their Personal Information Without Permission》（86% 的互联网用户希望禁止在线公司在未经许可的情况下披露他们的个人信息），Pew 互联网与美国生活项目，http://www.pewinternet.org。

18.4　深入考虑安全模型

　　不管你是否相信，有许多的公司对社会化媒体知之甚少或者一无所知，更不要说社会化媒体安全了。它们因为某种原因犹豫于是否加入，但是并不能阻止第三方在社会化媒体圈内影响品牌。我们在本书中整合的流程，其中的一部分就是用于应对这些挑战的。通过设计一个处理社会化媒体安全性关键关注点的模型，公司就能开发一个计划，获得利用社会化媒体的能力。传统的安全模型（如 ISO 标准和 NIST 标准）为实现安全目标的安全流程提供了易于理解的渐进式指南。社会化媒体安全可以利用 H.U.M.O.R. 矩阵或者其他模型完成相同的过程。这样，公司就拥有了可以遵循的路线图，从而获得某种安定感。

18.5　小结

　　我们已经用 H.U.M.O.R. 矩阵组合了一个渐进式框架，帮助你跟踪社会化媒体安全战略。由于社会化媒体技术不断变化，你必须有一个足够灵活的过程，不管使用何种形式的技术，都能提供减少风险的必要工具。社会化网络上的威胁将会很快地扩展，但是使用本书中描述的技术，你就能预见到这些变化，并且实施正确的控制手段，缓解潜在的灾难。一定要安全而负责任地使用社会化媒体。

　　请访问 www.securingsocialmedia.com 和我们分享你的社会化媒体经验！

附录

资源指南

你的社会化媒体工具箱必须加以完善，以覆盖活动监控和报告的所有基础，我们在本书中已经利用了许多不同的工具，有些工具是多功能的，有些则非常特殊。这里列出的并不是所有可用的工具，而且由于社会化媒体形势的快速变化，有些工具可能在一年内消失或者扩展了功能。市场上也会很快出现新的工具，所以你必须持续研究所需要的工具类型。

资源	URL	描述	章节	免费 / 付费
Addict-o-matic	www.addictomatic.com	活动跟踪工具	4、13、15	免费
Meltwater（原为 BuzzGain）	http://buzz.meltwater.com/	活动跟踪工具	15	付费
BuzzLogic	www.buzzlogic.com	活动跟踪工具	15	付费
BuzzStream	www.buzzstream.com	活动跟踪工具	15	免费
Google Alerts	www.google.com/alerts	活动跟踪工具	1、3、4、13、14、15、16	免费
Google Blogsearch	www.blogsearch.google.com	活动跟踪工具	12、14、16	免费
Google Insights for Search	www.google.com/insights/search	活动跟踪工具	14	免费
HootSuite	www.hootsuite.com	活动跟踪工具	8	付费
HowSociable	www.howsociable.com	活动跟踪工具	15	免费
IceRocket	www.icerocket.com	活动跟踪工具	2、12、13	付费
Keotag	www.keotag.com	活动跟踪工具	16	免费
KnowEm	www.knowem.com	活动跟踪工具	10	免费
Lithium	www.lithium.com	活动跟踪工具	14	付费
Livedash	www.livedash.com	活动跟踪工具	15	免费
MyBuzzMetrics	http://www.nielsenonline.com/	活动跟踪工具	15	付费
Samepoint	www.samepoint.com	活动跟踪工具	15	免费
ScoutLabs	www.scoutlabs.com	活动跟踪工具	15	付费
Seesmic	www.seesmic.com	活动跟踪工具	8	免费

（续）

资源	URL	描述	章节	免费 / 付费
Social Cast	www.socialcast.com	活动跟踪工具	12	付费
Social Mention	www.socialmention	活动跟踪工具	1、2、13、15、16	免费
Socialmetrix	www.socialmetrix.com	活动跟踪工具	15	付费
Sprout Social	www.sproutsocial.com	活动跟踪工具	15、16	付费
StatsMix	www.statsmix.com	活动跟踪工具	15	免费
Topsy	www.topsy.com	活动跟踪工具	13	免费
Trackur	www.trackur.com	活动跟踪工具	16	免费
Trendrr	www.trendrr.com	活动跟踪工具	15	免费
Yahoo! Pipes	www.yahoo.com/pipes	活动跟踪工具	3、13	免费
Biz360	www.attensity.com/home/	分析	15	付费
Compete.com	www.compete.com	分析	13	付费
Dow Jones Insight	www.dowjones.com/product-djin-sight.asp	分析	15	付费
Google Trends	www.google.com/trends	分析	14	免费
Heartbeat	http://www.sysomos.com/products/overview/heartbeat/	分析	15	付费
RapidMiner	www.rapid-i.com	分析	16	付费
SM2	sm2.techrigy.com	分析	15	付费
SocialSafe	www.socialsafe.net	备份 / 恢复	10	付费
Blogger.com	www.blogger.com	博客	2	免费
WordPress	www.wordpress.com	博客	2、6、13	免费
Symantec Vontu	www.vontu.com	数据丢失预防	2	付费
Trustwave Vericept	www.vericept.com	数据丢失预防	2	付费
Facebook Places	www.facebook.com/places	社会化网络地理位置工具	3、12、13	免费
Foursquare	www.foursquare.com	社会化网络地理位置工具	2、3、8、10、13	免费
Slideshare	www.slideshare.com	信息共享门户	10	免费

（续）

资源	URL	描述	章节	免费 / 付费
Wikipedia	www.wikipedia.com	信息共享门户	6、13	免费
Gowalla	www.gowalla.com	基于位置工具	3、8	免费
Scvngr	www.scvngr.com	基于位置工具	3	免费
Tagged	www.tagged.com	基于位置工具	10	免费
TwitHire	www.twithire.com	微博任务搜索	12	免费
TwitJobSearch	www.twitjobsearch.com	微博任务搜索	12	免费
TweetDeck	www.tweetdeck.com	微博工具	3、8、13	免费
Twitter	www.twitter.com	微博工具	2、4、6、10、13、16	免费
FireEye	www.fireeye.com	监控工具	13	付费
Specter 360	www.specter360.com	监控工具	13	付费
Digg	www.digg.com	新闻汇聚	10	免费
Google News	news.google.com	新闻汇聚	16	免费
Meltwater	www.meltwater.com	新闻汇聚	13	付费
Reddit	www.reddit.com	新闻汇聚	2	免费
StumbleUpon	www.stumbleupon.com	新闻汇聚	2	免费
Technorati	www.technorati.com	新闻汇聚	3、16	免费
Yahoo!	www.yahoo.com	新闻汇聚	16	免费
Basecamp	www.basecamphq.com	在线项目管理	2	付费
Flickr	www.flickr.com	照片共享网站，社会化网络	2、10、16	免费
Dupli Checker	www.duplichecker.com	剽窃检查	13	免费
The Plagiarism Checker	www.dustball.com/cs/plagiarism.checker	剽窃检查	8	免费
PlagiarismDetect	www.plagiarismdetect.com	剽窃检查	13	免费
Brandwatch	www.brandwatch.com	声誉管理	15	付费
Naymz	www.naymz.com (now visible.me)	声誉管理	16	免费
Radian6 Salesforce	www.radian6.com	声誉管理	1、3、12、13、15	付费

（续）

资源	URL	描述	章节	免费/付费
Reputation.com	www.reputation.com	声誉管理	1、3、8、13、14、15、16	付费
VocusPR	www.vocus.com	声誉管理	15	付费
WhosTalkin.com	www.whostalkin.com	声誉管理	15	付费
Del.icio.us	www.delicious.com	社会化书签	16	免费
Furl	www.diigo.com/	社会化书签	16	免费
Bebo	www.bebo.com	社会化网络	10	免费
Facebook	www.facebook.com	社会化网络	2、4、6、8、10、13	免费
Google+	plus.google.com	社会化网络	2	免费
Google Buzz,	www.google.com/buzz	社会化网络	2	免费
hi5	www.hi5.com	社会化网络	10	免费
LinkedIn	www.linkedin.com	社会化网络	8、10、13	免费
MySpace	www.myspace.com	社会化网络	2、10、16	免费
Tumblr	www.tumblr.com	社会化网络	10	免费
Squid Proxy	www.squid-cache.org	URL 过滤	13	免费
Bitly	www.bitly.com	URL 缩短	3	免费
Kiss.ly	Now bitly.com	URL 缩短	4	免费
TinyUrl	www.tinyurl.com	URL 缩短	4	免费
YouTube	www.youtube.com	视频共享	10	免费
McAfee Web Gateway formerly Webwasher)	www.mcafee.com	Web URL 过滤	13、16	付费
Websense	www.websense.com	Web URL 过滤	2	付费

华章科技

Social Media Time
新媒体时代

营销、公关、管理第一品牌图书